职业教育精品实用教材

电 工 学

主 编 李 赏 王跃东

西北工業大學出版社

【内容简介】 本书主要内容包括直流电路、磁场与电磁感应、正弦交流电路、三相交流电路、变压器与三相异步电动机、工作机械的基本电气控制电路、常用电子元器件及其应用电路，书中还设置了诸如“小思考”、“小提示”、“资料卡片”等栏目，帮助学生在学习的过程中加深印象，达到更有效的学习效果。另外，在重点章节附有实验，以巩固学生对所学知识的掌握和运用。

图书在版编目（CIP）数据

电工学/李赏，王跃东主编．—西安：西北工业大学出版社，2008.6（2016.8 重印）
职业教育精品实用教材
ISBN 978-7-5612-2392-5

Ⅰ．电… Ⅱ．①李… ②王… Ⅲ．电工学—职业教育—教材 Ⅳ．TM1

中国版本图书馆 CIP 数据核字（2008）第 076047 号

出版发行：西北工业大学出版社
通信地址：西安市友谊西路 127 号 邮编：710072
电　　话：(029)88493844 88491757
网　　址：www.nwpup.com
印 刷 者：陕西丰源印务有限公司
开　　本：787 mm×1 092 mm 1/16
印　　张：12.25
字　　数：293 千字
版　　次：2008 年 6 月第 1 版 2016 年 8 月第 2 次印刷
定　　价：30.00 元

出版说明

为了更好地贯彻《中共中央国务院关于深化教育改革全面推进素质教育的决定》精神，全面落实《面向21世纪教育振兴行动计划》中提出的职业教育课程改革和教材建设规划，职业教育精品实用教材编写组组织相关力量对实现职业教育培养目标、保障重点专业建设的主干课程进行了规划和编写。

职业教育精品实用教材是面向职业教育的规范性教材，严格按照国家最新颁发的教学大纲编写，并通过了专家的审定。本套教材深入贯彻素质教育的理念，突出职业教育的特点，注重对学生的创新能力和实践能力的培养，在内容编排、例题设置和图示说明等方面努力创新，在满足不同学制、不同专业以及不同办学条件教学需求的同时，实现教学效果的最优化。

我们希望各地、各校在使用本套教材的过程中，及时提出改进意见和建议，使之不断地得到完善和提高。

职业教育精品实用教材编写组

前　言

随着社会经济的发展，对专业技术人才的需求日趋旺盛，也对技术人才的专业知识和操作技能提出了更高的要求。为了更好地适应社会对电工电子类人才的需求，职业学校电工电子类专业的招生规模也不断扩大，教学内容和教学方法也在不断调整。

本书根据国家教育部最新颁布的教学指导要求编写，可作为职业技术学校电工电子技术类专业教材，也可作为职工培训教材和职业技能鉴定指导教材。

本书的编写力争体现职业教育的性质、任务和培养目标，相关专家审定后认为本书符合职业教育的课程教学基本要求，符合职业教育的特点和规律，具有职业教育特色。

本书在内容组织上紧扣职业学校学生的实际情况，具有深入浅出、通俗易懂、操作性强的特点。另外，本书尽可能多地在教材中充实新知识、新技术、新设备和新材料等方面的内容，力求教材具有较鲜明的时代特征。在教材的编写模式方面尽可能使用图片、实物照片或表格形式将各知识点生动地展示出来，力求给学生营造一个更加直观的认知环境。通过本书的学习，能培养学生理论联系实际、严谨求实、团结协作的精神，能有效地提高学生独立分析、解决问题的能力。

本书主要内容包括直流电路、磁场与电磁感应、正弦交流电路、三相交流电路、变压器与三相异步电动机、工作机械的基本电气控制电路、常用电子元器件及其应用电路，书中还设置了诸如“小思考”、“小提示”、“资料卡片”等栏目，帮助学生在学习的过程中加深印象，达到更有效的学习效果。另外，在重点章节附有实验，以巩固学生对所学知识的掌握和运用。

本书教学建议约为100课时，课时分配建议如下：

章　次	课　时　数
第1章 直流电路	14
第2章 磁场与电磁感应	12
第3章 正弦交流电路	16
第4章 三相交流电路	12
第5章 变压器与三相异步电动机	10
第6章 工作机械的基本电气控制电路	18
第7章 常用电子元器件及其应用电路	18
合　计	100

在编写过程中，编者参阅了大量的相关专业书籍和资料，在此向原著作者表示衷心的感谢。

由于编者的编写经验有限，书中难免有疏漏和不足之处，恳请广大读者提出宝贵的意见，以便进一步完善。

编　者

目　录

第1章 直流电路

1. 理解电压、电流参考方向的意义。
2. 理解电路基本定律并能正确应用。
3. 了解电源的有载工作、开路与短路状态，并能理解电功率和额定值的意义。
4. 掌握分析与计算简单直流电路的方法。

电路是指由一些电气设备或器件组成的，以备电流流过的通路。若工作时电流的大小和方向不随时间变化，称为直流电路。

本章主要涉及电工学的理论基础，包括电路的组成及作用，电路中基本的物理量，电路中元件的电流、电压关系以及电路的基本定律和定理。

第1节　电路中基本的物理量

一、电路的组成和作用

1. 电路的组成

为了完成某种功能，将电气元件或设备按一定方式连接起来而形成的系统，通常用以构成电流的通路。从日常生活中使用的用电设备到工业、农业生产中用到的各种生产机械的电气控制部分及计算机、各种测试仪表等，从广义上说，都是实际的电路。如图 1.1 所示为手电筒电路。

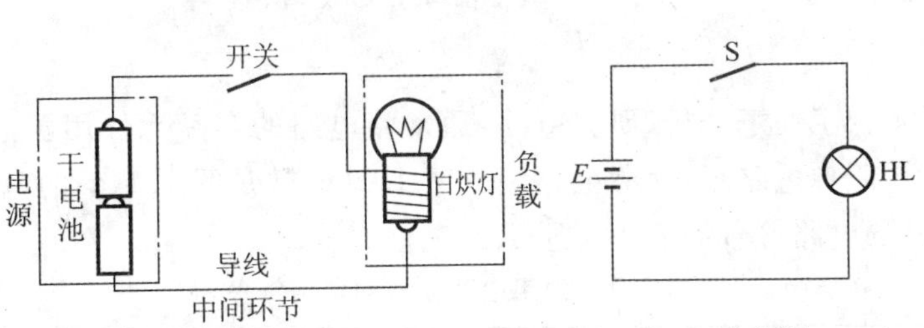

(a) 结构图　　(b) 电路图

图 1.1　手电筒电路

从图中可以看出，一般电路主要由电源、负载和中间环节三个部分组成，下面分别予以介绍。

(1)电源。电源是供给电路电能的设备，它将化学能、光能、机械能等非电能转换为电能，如干电池、蓄电池、太阳能电池、发电机等。

(2)负载。负载是各种用电设备，它将电能转换成其他形式的能量，如电灯、电动机、电视机等。

(3)中间环节。它把电源和负载连接起来，起传输和分配电能或对电信号进行传递和处理的作用，如导线、开关等。

2. 电路的作用

实际电路的种类繁多，但就其作用来说，可以概括为两个方面：

(1)电能的传输、分配与转换。典型例子是电力系统中的输配电线路及用户负载构成的系统。在这一系统中，由发电机将其他形式的能量转换成电能，再通过变压器、输电线送到负载，负载再将电能转换成光能、机械能、热能等(如电灯、电动机、电炉等)，如图 1.2(a)所示。对于这类电路，一般要求在传输和转换过程中，尽可能地减少能量损耗以提高效率。

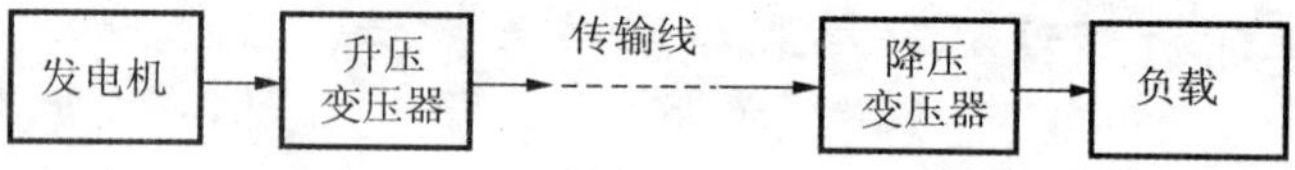

(a) 电力电路

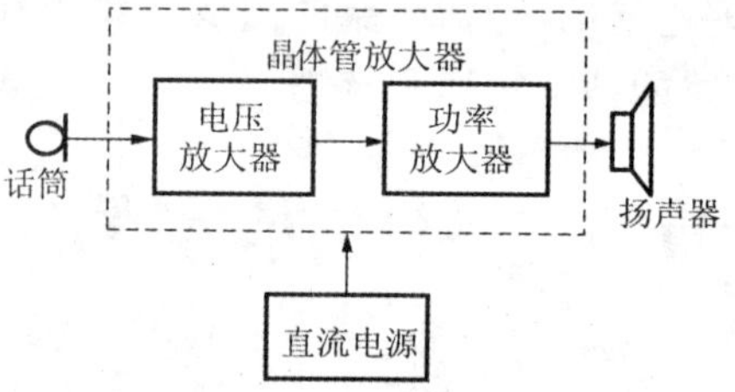

(b) 扩音机电路

图 1.2 电路的功能

(2)信息的传递与处理。典型的例子有电话机、收音机、电视机、扩音机等，它们是将声音或图像等转换为电信号处理，放大后送到负载，负载再将电信号转换成声音或图像等，如图 1.2(b)所示。这类电路，虽然也有能量的传输和转换，但其数值很小，一般人们关心的是信号传递的质量，如要求不失真、准确、灵敏、快速等。

3. 电路图

在实际工作中，为了便于分析、研究电路，通常将电路的实际元件用国家标准规定的符号来表示，这种图称为原理电路图，简称电路图。图 1.1(b)就是图 1.1(a)的电路图。

常用电路元件的电路符号如表 1.1 所示。

表 1.1 常用电路元件的电路符号

直流电源 E		电容 C		开关 S	
固定电阻 R		电压源 U_S		熔断器 FU	
可变电阻 R_P		电流源 I_S		电压表	Ⓥ
电感 L		电灯 HL	⊗	电流表	Ⓐ

4. **电路的状态**

(1)通路。通路是指处处连通的电路。通路也称闭合电路,简称闭路,此时电路中有工作电流。

(2)开路。开路又称断路,指电路中某一部分断开,如开关断开,或出现熔断器熔丝烧断、导线断线的故障。开路时,电路中没有电流通过,但电源电压仍存在。

(3)短路。短路指电路中某一通路的电阻很小,可以忽略的情况。例如,连接灯泡的两根导线如果触碰在一起,形成实际上是零电阻的电路。当电路短路时,通过导线的电流非常大,并出现导线过热、电源烧毁等现象,因此,通常不允许短路。

现在我们知道了电路的基本组成,那如何分析电路的性能呢?通常利用电流、电压、电阻和功率这几个基本物理量,下面予以详细介绍。

二、电流(I)

1. **电流的形成**

电荷的定向运动形成电流。在金属导体中,电流是自由电子在电场的作用下做定向运动形成的。在某些液体或气体中,电流则是带正、负电荷的离子在电场力的作用下有规则的运动形成的。

2. **电流的大小**

电流的大小等于单位时间内通过某一导体横截面的电荷量,用 I 来表示。电流这一名词既表示一种物理现象,也表示一个物理量。若在 t 秒内通过导体横截面的电荷量为 Q 库仑,则电流 I 就可以用下式表示

$$I=\frac{Q}{t}$$

例如,在 1 秒内通过导体横截面的电荷量为 1 库仑,则导体的电流就是 1 安培,简称 1 安,电流的单位安培用字母 A 表示。除安培外,常用的电流单位还有毫安(mA)、微安(μA)等。电流各单位之间的转换关系为

$$1\ \text{A}=10^3\ \text{mA}=10^6\ \mu\text{A}$$

3. **电流的方向**

电流既有大小,也有方向。习惯上规定以正电荷的运动方向为电流的方向(实际方向)。在金属导体中,虽然电流实际上是自由电子定向移动形成的,但其效果与等量的正电荷反向流动完全相同,因此电流方向和电子的移动方向相反。

在一段无分支的电路中,电流处处相等,因为在电荷移动过程中,不可能在某一点聚集或消失,这一规律称为电流的连续性原理。

在分析较为复杂的直流电路时,往往难以事先判断某支路中电流的实际方向;对交流电来讲,其方向随时间而变,在电路图上也无法用一个箭头来表示它的实际方向。为此,在分析和计算电路时,常引入电流参考方向的概念,参考方向又叫假定正方向,简称正方向。电流的正方向可以任意选定,所选定的方向可能与电流的实际方向一致,也可能相反,如图 1.3 所示。

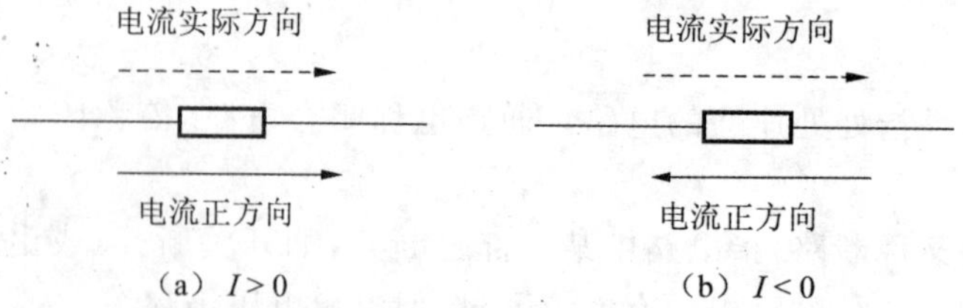

图 1.3 电流的方向

我们规定，若电流的实际方向与选定的电流正方向一致，则电流为正值，即 $I>0$；若电流的实际方向与选定的正方向相反，则电流为负值，即 $I<0$。这样我们就可以在选定的电流正方向下，根据电流的正、负值确定某一时刻电流的实际方向。

4. 电流的测量

测量电流大小的仪器叫做电流表。用电流表测量直流电流的电路图，如图 1.4 所示。

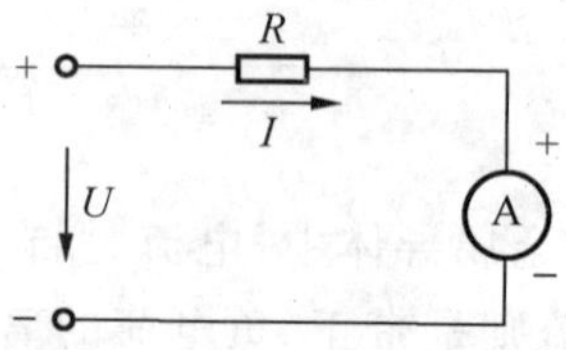

图 1.4 直流电流的测量

在使用电流表时应注意以下几点：

(1)测量直流电流、交流电流要分别使用直流电流表、交流电流表。

(2)电流表必须串联在要测量电流的电路中。

(3)测量直流电流时，电流应从直流电流表的“+”接线柱流入，从“−”接线柱流出。千万不能接错，否则既影响正常测量，又容易损坏电流表。

(4)合理选择电流表的量程。

5. 电流的分类

在不同的电压作用下，电流可分为以下 3 种：

(1)直流电流(DC)：指电子在导体中沿着同一个方向运动的电流，如图 1.5(a)所示。

(2)脉动直流电流：指电流方向不变，电流大小随时间而变化的电流，如图 1.5(b)所示。

(3)交流电流(AC)：指电流的大小、方向都随时间而变化的电流，如图 1.5(c)所示。

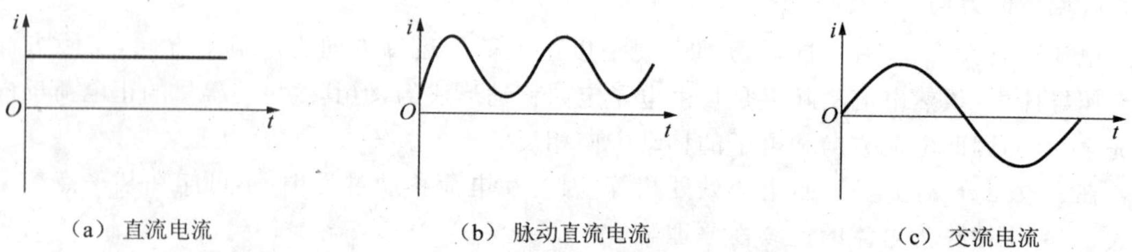

图 1.5 电流的分类

三、电压、电位和电动势

在图 1.1 所示的手电筒电路中，白炽灯发光是因为白炽灯中有电流通过，其两端存在电压，即白炽灯两端的电位不同，而这正是由电源(干电池)所引起的。

1. **电压(U)**

(1)电压的大小。由电场知识可知,电场力能够移动电荷做功。在图1.6所示电路中,极板a带正电,极板b带负电,a、b间存在电场。极板a上的正电荷在电场力的作用下从a经过白炽灯移到极板b,从而形成了电流,使白炽灯发光,这说明电场力做功产生了电流。

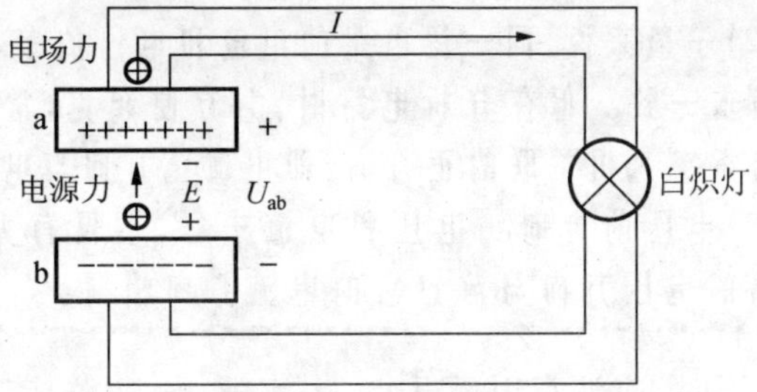

图1.6　电压的定义

用物理量电压来衡量电场力做功的能力,其定义为:单位正电荷q从a点移动到b点电场力所做的功为W_{ab},则电压U_{ab}为

$$U_{ab}=\frac{W_{ab}}{q}$$

在国际单位制中,电压的单位是伏特(V)。当电场力把1库仑(C)的电荷量从一点移到另一点所做的功为1焦耳(J)时,则这两点间的电压为1伏特(V)。常用电压单位有千伏(kV),毫伏(mV)和微伏(μV),它们的关系是

$$1\ kV=10^3\ V, 1\ V=10^3\ mV=10^6\ \mu V$$

(2)电压的方向。与前面讨论的电流方向一样,电压方向也有实际方向与正方向(参考方向)之分。通常规定电路中两点之间电压的实际方向是由高电位点指向低电位点的,也就是说,沿着电压的实际方向,电位是逐渐降低的。电压的正方向可以任意选定,如图1.7所示。

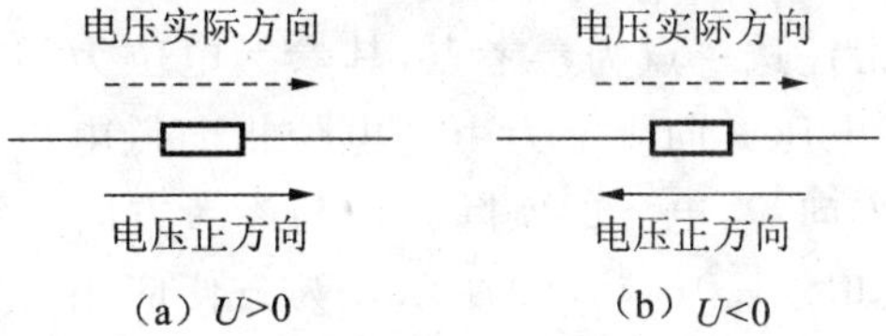

图1.7　电压的方向

当电压的实际方向与它的正方向一致时,电压为正值,即$U>0$;反之,当电压的实际方向与正方向相反时,电压为负值,即$U<0$。这样,在分析电路时,借助电压的正方向及电压的正、负值,就很容易确定电压的实际方向。

(3)电压的测量。电压和电流一样,不仅有大小,而且有方向。负载两端的电压方向与流过它的电流方向相同。

测量电压大小的仪器称为电压表。如图1.8所示为直流电压测量电路。

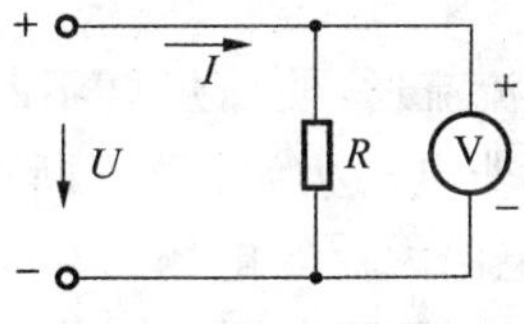

图1.8　直流电压测量电路

小提示

正方向在电路分析中起着十分重要的作用。关于电流和电压的正方向，需要注意以下三点：

(1)电流和电压的正方向可以任意选定。但一经指定，在电路分析和计算过程中，不应改变。

(2)一般来说，同一段电路的电流和电压的参考方向可以各自指定，不必强求一致。但在分析电路时，为方便起见，常将电流和电压二者的正方向指定为相关联的正方向，即电流正方向与电压正方向选为一致。

(3)电压的方向。电压和电流一样，不仅有大小，而且有方向。负载两端的电压方向与流过它的电流方向相同。

在使用电压表测量电压时，应注意以下几点：

1)测量直流电压、交流电压要分别使用直流电压表、交流电压表。

2)电压表必须并联在要测量电压的电路两端。

3)测量直流电压时，直流电压表上的"+"、"−"接线柱，必须与要测量电路的极性一致。千万不能接错，否则既影响正常测量，又容易损坏电压表。

4)合理选择电压表的量程。

2. 电位(V)

在图 1.6 中，当电场力移动正电荷从 a 经过白炽灯到 b 时，就将电能转换为光能，所以正电荷在 a 点具有比 b 点更大的能量。我们把单位正电荷在电路中某点所具有的能量称为该点的电位，用 V 表示，如 a 点的电位为 V_a，b 点的电位为 V_b。由此可知，电路中两点之间的电压就是这两点的电位之差，即

$$U_{ab}=V_a-V_b$$

为便于分析，在电路中常任选一点为参考点，其参考电位为零，则电路中某点与参考点之间的电压就是该点的电位。电压方向规定为由高电位指向低电位，即电位降方向。在电路分析中，也常选取电压的参考方向，当电压的实际方向与参考方向一致时，电压为正，即 $U_{ab}>0$；反之，电压为负，即 $U_{ab}<0$，如图 1.9(a)、(b)所示。为方便应用与计算，常将某一元件上的电流参考方向和电压参考方向选取一致，即选取成关联参考方向，如图 1.9(c)所示。

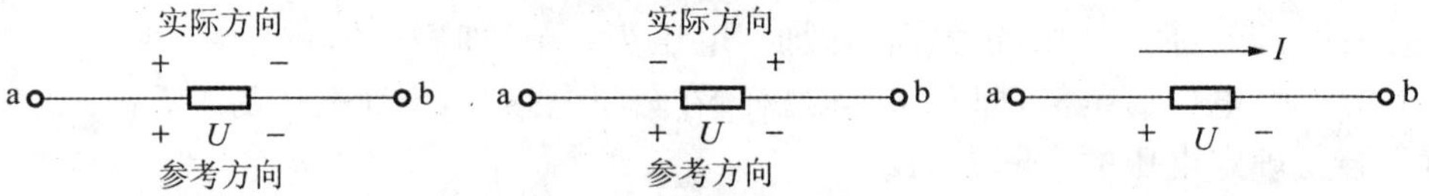

(a) $U>0$　　(b) $U<0$　　(c) 关联参考方向

图 1.9　电压的参考方向

3. 电动势(E)

在图 1.6 中，为维持电路中的电流流通，使白炽灯不断发光，必须保持电路 a、b 两端间的电压 U_{ab} 恒定不变，这就需要电源力(非电场力)源源不断地把正电荷由负极 b 移向正极 a，以维持 U_{ab} 不变，这一装置称为电源。电源力克服电场力移动正电荷从负极到正极所做的功，用物理量电动势来衡量。电动势在数值上等于电源力把单位正电荷从负极 b 经电源内部移到正

极 a 所做的功，用 E 表示，即

$$E=\frac{W_{ba}}{q}$$

电动势的方向由负极指向正极，即电位升高的方向，其单位也是伏特(V)。

实验1 练习使用测电笔和万用表

一、测电笔的使用

测电笔简称电笔，是检验导线、电器和电气设备是否带电的一种常用工具。测电笔分为钢笔式(见图 1.10(a))、旋具式(见图 1.10(b))和数字式(见图 1.10(c))等，其结构如图1.11所示。

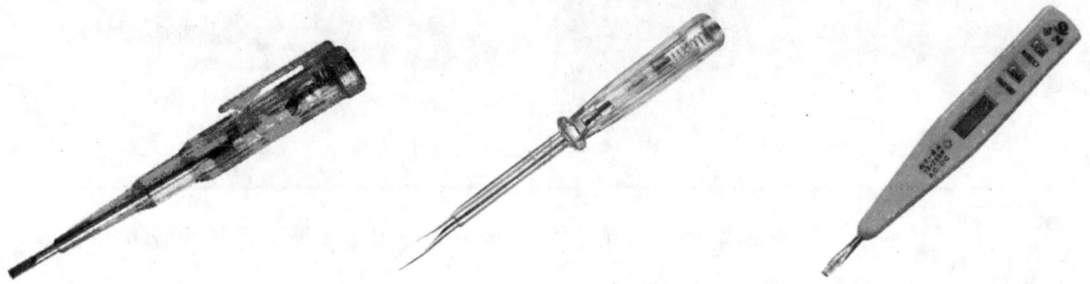

(a)钢笔式　　(b)旋具式　　(c)数字式

图 1.10　测电笔

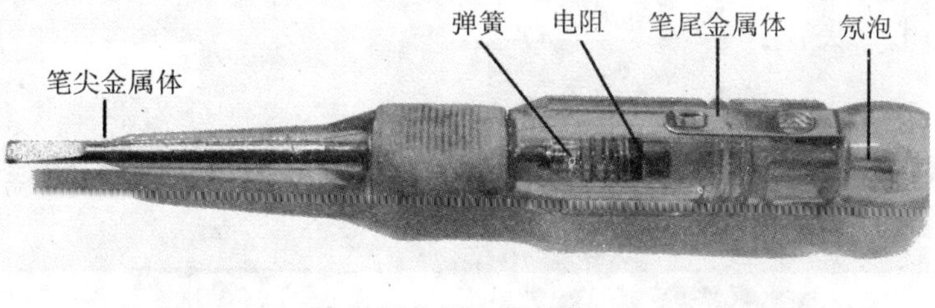

图 1.11　测电笔结构

测电笔的使用方法如图 1.12 所示。

测电笔使用方法和注意事项如下：

(1)使用前，先要在有电的电源上检测电笔能否正常发光。

(2)在明亮的光线下测试时，往往不容易看清氖泡的辉光，应当避光检测。

(3)旋具式电笔的金属探头只能承受很小的扭矩，使用时应注意，以防损坏。

(4)测电笔用来区分相线和零线，氖泡发亮的是相线，不亮的是零线。

(5)测电笔可以用来判断电压的高低，如氖泡发暗红色、轻微亮则电压低；如氖泡发黄红色、很亮则电压高。

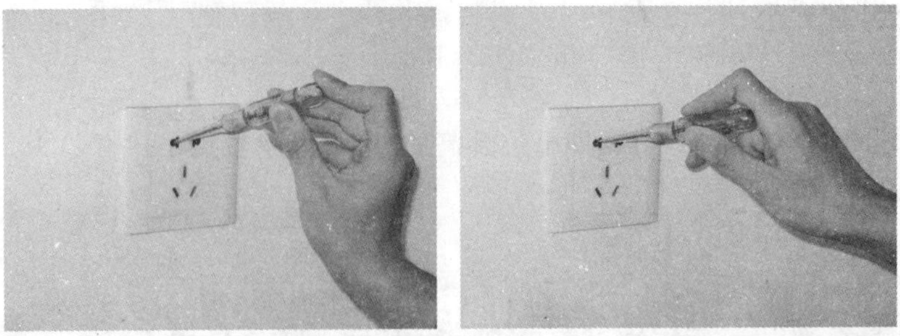

(a)正确用法

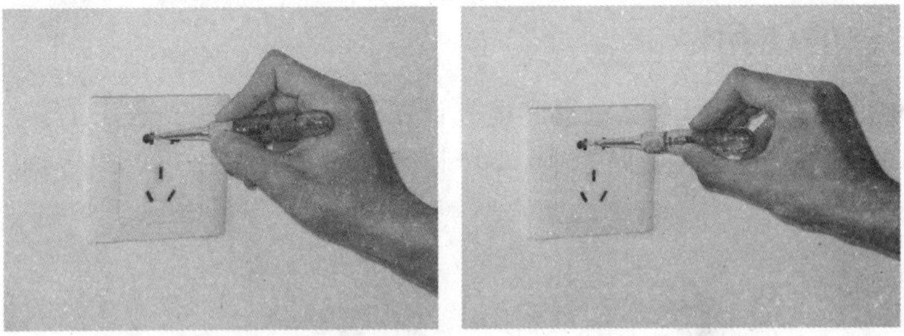

(b)错误用法

图 1.12　测电笔的使用方法

小提示　当测电笔的金属笔尖已经接触带电体时，切不可用手或身体的其他部位再去接触笔尖！

二、万用表的使用

1.概述

万用电表又称万用表，它是一种便携式电工仪表，通常分为数字式和指针式两种，如图 1.13所示。数字式万用表读数直观方便，而指针式万用表能方便快速地观察近似值或被测数值的变化情况。

(a)数字式

(b)指针式

图 1.13　万用表

2. 万用表的使用

(1)万用表使用前的准备工作。万用表在使用前，应首先检查其测试棒(表笔)是否完好，接线有无损坏；其次，指针式万用表应观察指针是否指在标度盘的零位上，如果没有指在零位上，可以使用机械零位调整器(调零器)进行调整；最后，将测试棒的红黑插头分别插入标有“+”、“−”的插孔中。

(2)万用表的使用方法。

1)直流电流的测量。将转换开关旋至直流电流的适当量程挡，再把红、黑表笔串接到被测电路中，使被测电流从红表笔流入，黑表笔流出。测量时，切记不要将表笔直接跨接在直流电源的两端，以防仪表因超负荷而损坏。

2)直流电压的测量。测量直流电压前，应弄清被测电压的正负极。如果事先无法预知，则应先选用最大量程挡，将红黑表笔很快地碰一下测量点，根据表针的旋转方向判断出被测电压的正负极。

测量时，一般先将转换开关旋至直流电压的最大量程挡，用两根表笔接触被测电压的测量点，再根据指示值的大约数值选择适当的量程。

3)电阻的测量。将转换开关旋至欧姆的适当量程挡，先将两根表笔短接，再调整零位调整器，使指针指示在欧姆标度尺 0 Ω 的位置上，如果无法使指针指在零位，则要及时更换表内电池。测量时将两根表笔分别接触被测电阻的两端，读出读数并乘以该量程挡的倍率，就是被测电阻的阻值。如在 $R\times1$ k 挡，其倍率数是 1 000。

为了提高测试精度，指针所指示的被测电阻的值应尽可能地指在刻度中间段，即全刻度起始 20%～80%的弧度范围内。

(3)使用万用表的注意事项。具体如下：

1)在测量电压及电流尤其是高电压大电流时，不要旋转转换开关。

2)读取被测量数值时，操作者的视线应与仪表的刻度盘平面及指针垂直。

3)使用万用表的欧姆挡时要把表内电池的正极与“−”插口相连，电池的负极与“+”插口相连。即黑表笔接表内电池的正极，红表笔接表内电池的负极。

4)万用表使用完毕后，为防止损坏，应将转换开关转到交流电压的最高挡或空挡上。

【实验】

1. 测量直流电压

(1)调节直流电源输出电压。

(2)将万用表转换开关置直流电压挡，根据被测电压大小选择适当量程。

(3)将万用表红、黑表笔与被测电压正、负端并联，读出电压值。

2. 测量交流电压

(1)将万用表转换开关置 500 V 交流挡。

(2)如图 1.14 所示，分别测量交流电压 U_{AO}、U_{AB}、U_{AC}。

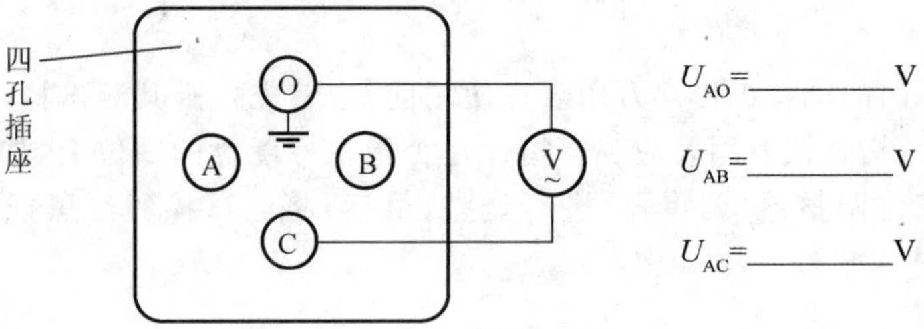

图 1.14　测量交流电压

第 2 节　电阻和欧姆定律

一、电阻

1. 电阻的大小

当电流通过导体时，由于做定向移动的电荷会和导体内的带电粒子发生碰撞，因此导体在传导电流的同时也对电流有一定的阻碍作用，我们把这种对电流的阻碍作用称做电阻。导体的电阻一般用 R 表示。

任何物质都有电阻值，电阻值非常小的物质称为导体，电阻值很大的物质称为非导体或绝缘体，导电能力介于导体和绝缘体之间的物体称为半导体。在电路中，经常要用到具有一定电阻值的元器件，即电阻器，电阻器简称电阻。

电阻的单位是欧姆(Ω)，简称欧。比较常用的还有千欧(kΩ)、兆欧(MΩ)等。

$$1\ \text{k}\Omega=10^3\ \Omega,1\ \text{M}\Omega=10^3\ \text{k}\Omega=10^6\ \Omega$$

2. 电阻的测量

一般情况下，使用万用表的欧姆挡测量电阻的大小。在测量时应注意以下几点：

(1)测量电路中的电阻时，应先切断电源，不能带电测量。

(2)先估计被测电阻的大小，再选择适当的倍率挡，然后调零。调零即将两支表笔接触，旋动调零器，使指针指在零位。

(3)测量时双手不可碰到电阻引脚及表笔金属部分。

(4)测量电路中某一电阻时，应将电阻的一端断开，以免接入其他电阻。

小思考

测量电阻时，双手为何不可碰到电阻引脚及表笔金属部分？

3. 电阻器的外形及其符号

常见的电阻器的外形及其符号如表 1.2 所示。

表 1.2　常见的电阻器的外形及其符号

类型	名称	外形	电路符号
固定电阻器	碳膜电阻器		
	水泥电阻器		
	金属膜电阻器		
	热敏电阻器		
可变电阻器（电位器）	开关电位器		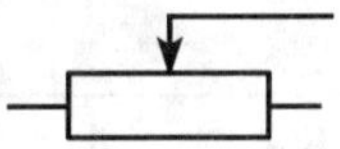
	碳膜电位器		
	直滑式电位器		

续表

类型	名称	外形	电路符号
可变电阻器 （电位器）	微调电位器		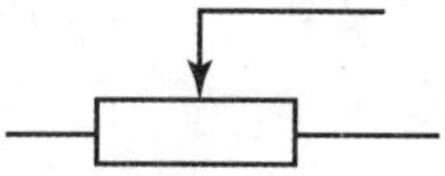

4. **电阻器的主要参数**

（1）额定功率。电阻器在电路中长时间连续工作不损坏，或不显著改变其性能所允许消耗的最大功率称为电阻器的额定功率。电阻器的额定功率并不是电阻器在电路中工作时一定要消耗的功率，而是电阻器在电路工作中所允许消耗的最大功率。不同类型的电阻器具有不同系列的额定功率，如表 1.3 所示。

表 1.3　电阻器的功率等级

名称	额定功率/W					
实芯电阻器	0.25	0.5	1	2	5	—
线绕电阻器	0.5 25	1 35	2 50	6 75	10 100	15 150
薄膜电阻器	0.025 2	0.05 5	0.125 10	0.25 25	0.5 50	1 100

（2）标称阻值。阻值是电阻的主要参数之一，不同类型的电阻，阻值范围不同，不同精度的电阻其阻值系列亦不同。根据国家标准，常用的标称值系列如表 1.4 所示。E24、E12 和 E6 系列也适用于电位器和电容器。

表 1.4　标称值系列

标称值系列	精度	电阻器、电位器、电容器标称值							
E24	±5%	1.0 2.2 4.7	1.1 2.4 5.1	1.2 2.7 5.6	1.3 3.0 6.2	1.5 3.3 6.8	1.6 3.6 7.5	1.8 3.9 8.2	2.0 4.3 9.1
E12	±10%	1.0 3.3	1.2 3.9	1.5 4.7	1.8 5.6	2.2 6.8	2.7 8.2	—	—
E6	±20%	1.0	1.5	2.2	3.3	4.7	6.8	8.2	—

资料卡片

绝缘电阻和接触电阻

(1)绝缘电阻。绝缘体并非绝对不导电，只不过其电阻率很大，可以近似认为不通过电流。但当使用条件有变化时，如温度或湿度升高、工作电压增大等情况下，绝缘体的电阻会减小，漏电流会增大。为了使电路能安全工作，必须经常检测电气设备的绝缘电阻不小于规定值，以确保安全。

(2)接触电阻。在分析电路时，一般认为闭合的开关电阻为零，其实在开关接触部分总会存在一点电阻，我们称为接触电阻。产生接触电阻的原因是两个导体接触部分总会有凹凸不平。另外，若接触部分被污染或由于腐蚀、过热产生氧化物，都会使接触电阻增大，在实际应用中须加以注意。

5.导线的电阻

导线的电阻由以下四个独立因素决定。

(1)导线的长度。任何导线的电阻都与它的长度成正比，如相同质量的导线，2 m 导线的电阻是 1 m 导线的电阻的 2 倍。

(2)导线的横截面积。导线的横截面积是与导线轴成 90°切开导线所形成的切口的表面积。通常导线横截面积的单位是平方毫米(mm^2)。

一定长度的导线越粗，电阻越小，电流越易通过。而一定粗细的导线越长，电阻越大，电流越难通过。

(3)导线的材料。不同的材料，其导电能力有很大的差异。电阻率就是与材料及温度有关的物理量，电阻率用字母 ρ 表示，单位是欧姆·米(Ω·m)。电阻率的大小等于在一定温度下，长度为 1 m，横截面积为 1 m^2 的导线的电阻。

导体、半导体和绝缘体的电阻率示意图如图 1.15 所示。

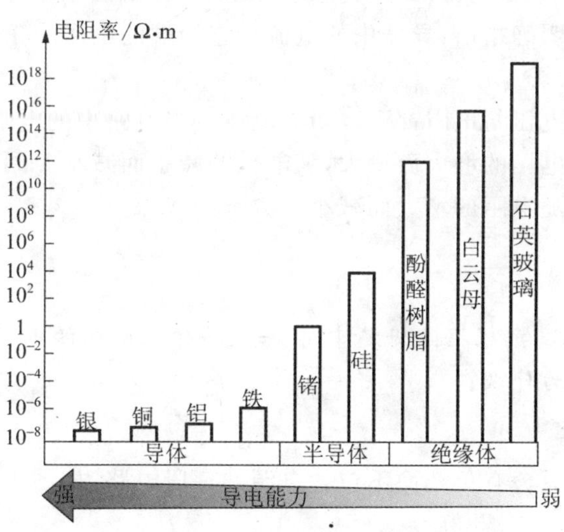

图 1.15 导体、半导体和绝缘体的电阻率

在常温下，金属导体的电阻率一般约为 $10^{-8}\sim10^{-6}$ Ω·m；绝缘体的电阻率一般约为 $10^{8}\sim10^{18}$ Ω·m；半导体的电阻率一般约为 $10^{-5}\sim10^{6}$ Ω·m。

从图中可以看出，银是电的最好导体，但由于其价格高，在实际应用中很少使用。铜的导电性与银的导电性几乎一样，但价格相对便宜，因此，铜适合做绝大多数类型的导线。铝导线用在需要考虑导线重量因素的地方。铜与其他金属的合金（如锰铜、康铜等）则被广泛用在热元件的制造和其他电气设备中。由于云母、石英等材料的电阻率很大，所以常被用做绝缘材料。

一定材料的导线，它的电阻与长度成正比，与横截面积成反比。这一关系是在一定温度下得出的，通常称为电阻定律，用公式表示为

$$R=\rho\frac{L}{S}$$

式中，R 为导线的电阻，单位为 Ω；L 为导线的长度，单位为 m；S 为导线的横截面积，单位为 m^2；ρ 为电阻率，单位为 Ω·m。

(4)导线的温度。导线的电阻一般为常数，与电流或电压无关。但是，如果电流过大，则会因导线的温度升高而使其电阻变大。例如，白炽灯发光时，灯丝的电阻要比它不发光时的电阻大得多。碳棒是个例外，因为它的电阻随温度的升高而降低。某些合金，如锰铜等，在一个较大的温度范围内，电阻却基本不变，因此通常用来制作标准电阻。

小思考

白炽灯通常是在刚通电时容易烧断灯丝，这是为什么？

电流通过导线时会使导线发热，因此，为使导线的温度不超过规定值，必须限制电流的大小。导线的电阻还会随环境温度的变化而变化，例如，当环境温度升高时铜的电阻会增大。

二、欧姆定律

掌握电路中控制电流大小的方法十分重要。1827 年，德国物理学家欧姆在他的著作《伽伐尼电路的数学论述》中明确指出，导体中的电流与它两端的电压成正比，与它的电阻成反比，这就是著名的欧姆定律。

根据欧姆定律可知，电压与电阻都可以影响电流。当电路中的电阻是常数时，电流随电压的变化而变化，即电流随电压的增大而增大，随电压的减小而减小。同理，当电压是常数时，电流随电阻的减小而增大，随电阻的增大而减小。

小思考

某同学认为，根据欧姆定律，在一段导体上所加的电压越大，这段导体的电阻就越大，这种认识对吗？为什么？

1. 部分电路欧姆定律

所谓部分电路，是指只含有负载而不包含电源的一段电路，如图 1.16(a)虚线框所示。

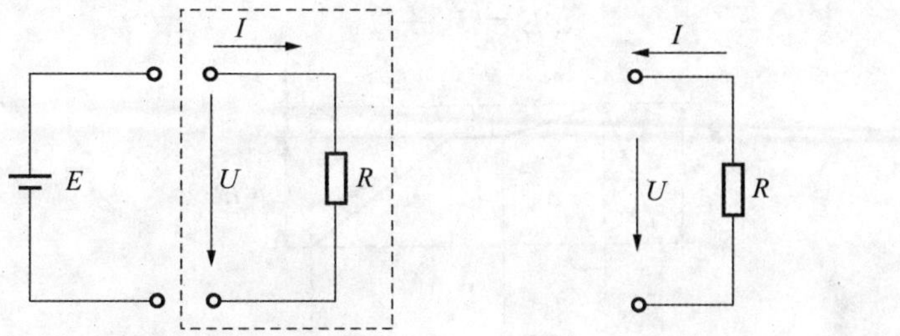

(a) 电压和电流参考方向相同　　(b) 电压和电流参考方向相反

图1.16　部分电路

部分电路中，导体的电流与导体两端的电压成正比，与导体的电阻成反比。即

$$I=\frac{U}{R}$$

欧姆定律的另外两种表达方式为

$$U=IR$$

$$R=\frac{U}{I}$$

如图1.16(b)所示电路中，改变了电流 I 的参考方向，相应的欧姆定律表达式为

$$I=-\frac{U}{R}$$

2. 全电路欧姆定律

所谓全电路，是指含有电源的闭合电路，如图1.17所示。电源内部的电路称为内电路，如发电机的线圈、电池内的溶液等。电源内部的电阻称为内电阻，简称内阻，用 r 表示。电源外部电路称为外电路，外电路中的电阻称为外电阻，用 R 表示。

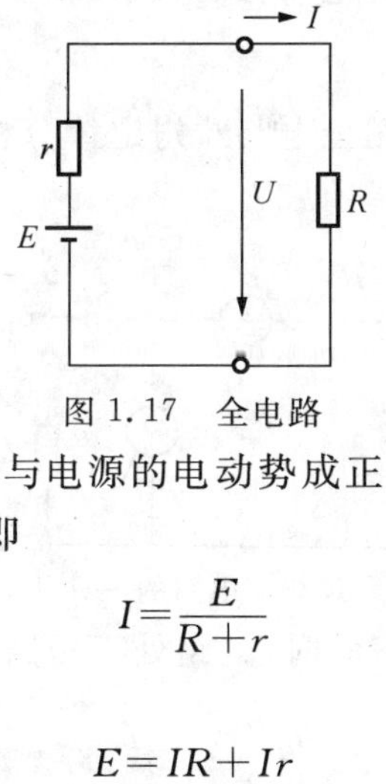

图1.17　全电路

全电路中，闭合电路传导的电流与电源的电动势成正比，与电路的总电阻(总电阻为内电路电阻与外电路电阻之和)成反比，即

$$I=\frac{E}{R+r}$$

由上式可得

$$E=IR+Ir$$

结合图1.18可以看出，IR 为外电阻上的电压降，也是电源两端的电压(简称端电压)，用 $U_{外}$ 表示；Ir 为内电阻上的电压降，用 $U_{内}$ 表示。在电源内部，由负极到正极电位升高，升高的数值等于电源的电动势 E。这样，全电路欧姆定律又可以表示为：在闭合电路中，电源的电动势等于 $U_{外}$ 和 $U_{内}$ 之和，即

$$E=U_{外}+U_{内}$$

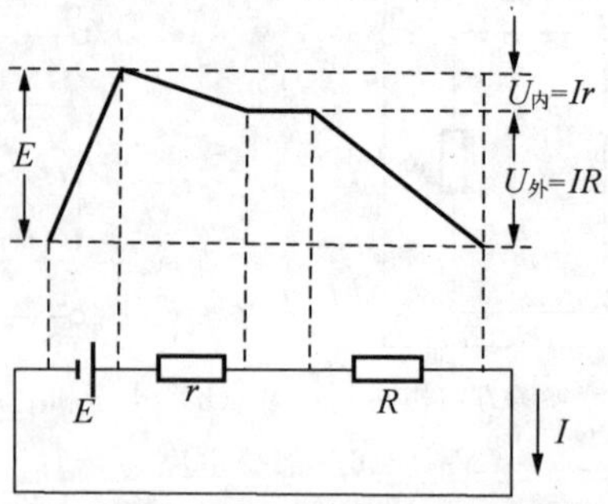

图 1.18　电源电动势的组成

由此可见，当电源电动势 E 和内阻 r 一定时，电源端电压 $U_{外}$ 将随着负载电流 I 的变化而变化。通常把电源端电压随负载电流变化的关系特性称为电源的外特性，其关系特性曲线称为电源的外特性曲线，如图 1.19 所示。

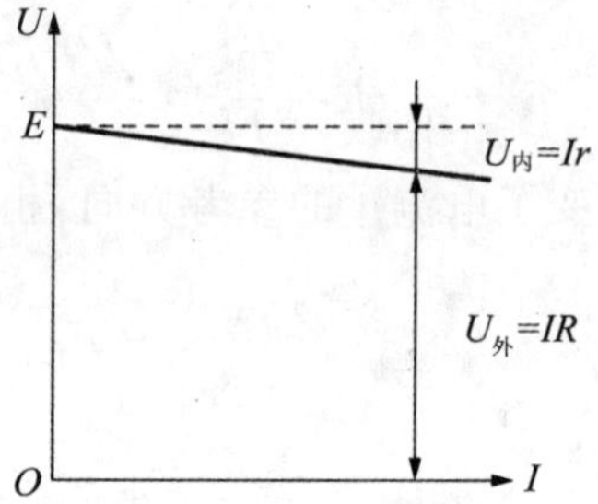

图 1.19　电源的外特性曲线

从图中可以看出，电源端电压随着电流的增大而减小。电源内阻越大，直线倾斜得越厉害。直线与纵轴交点的纵坐标为电源电动势的大小。

3. **电路分析**

下面以图 1.20 所示电路为例，用全电路欧姆定律分析电路在三种不同状态下，电源端电压和输出电流之间的关系。

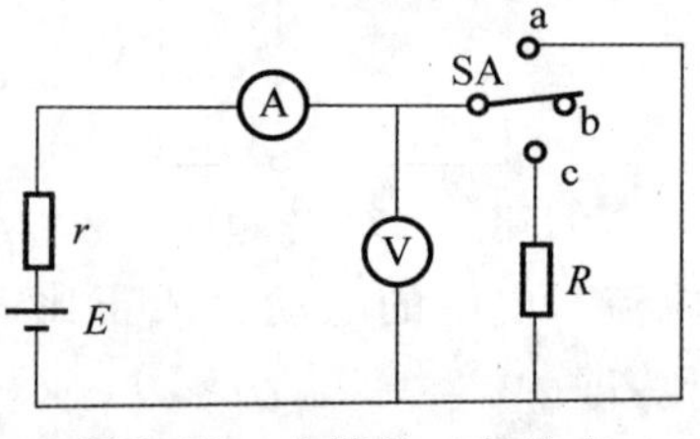

图 1.20　电路的三种状态

(1)短路。当开关 SA 接到位置"a"时，电路处于短路状态。此时电源两极被导线直接连接，电路中的短路电流为

$$I_{短}=\frac{E}{r}$$

由于电源内阻一般都很小，所以短路电流 $I_{短}$ 极大，此时电源对外输出电压 $U_{外}=0$。

(2)开路。当开关 SA 接到位置"b"时，电路处于开路状态。此时负载相当于无穷大或电路中某处连接导线断开，电路中电流 $I_{开}=0$，电源对外输出电压 $U_{外}=E$，即电源的开路电压等于电源的电动势。

(3)通路。当开关 SA 接到位置“c”时,电路处于通路状态。电路中电流为

$$I_{通}=\frac{E}{R+r}$$

电源对外输出电压为

$$U_{外}=E-U_{内}=E-Ir$$

由此可见,当电源电动势和内阻一定时,端电压随输出电流的增大而减小。通常把通过大电流的负载称为大负载,通过小电流的负载称为小负载。也就是说,在电源的内阻一定时,电路接大负载时,端电压 $U_{外}$ 下降较多;接小负载时,端电压 $U_{外}$ 下降较少。

小思考

一台性能良好的收录机,用电池供电。使用一段时间后,发现收音时声音正常,而播放磁带时则不能正常工作,为什么?

第3节 电功与电功率

一、电功(W)

如图 1.21 所示,要把箱子搬到车上有两种方式:图(a)是通过人力,图(b)是通过电机。

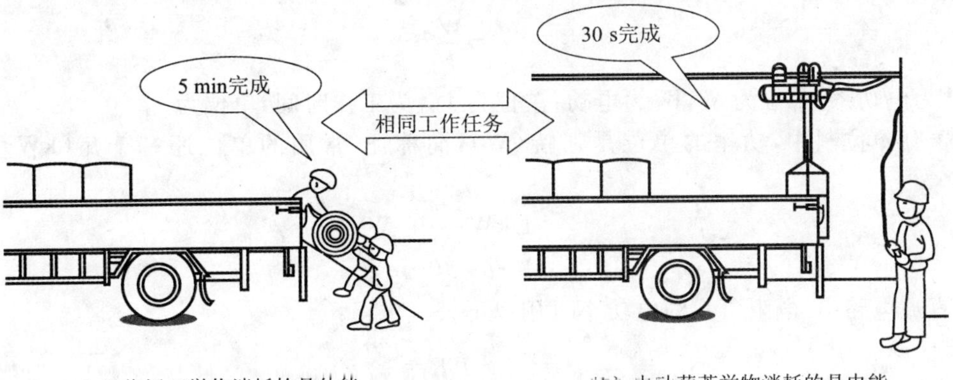

(a) 搬运工举物消耗的是体能　　(b) 电动葫芦举物消耗的是电能

图 1.21 人力做功和电流做功

虽然搬运方式不同,但要将一个物体移动,必须对其做功。图 1.21(a)中是人力对物体做功,消耗的是人体内能;图 1.21(b)中是电机对物体做功,消耗的是电能。

在电路中,当电子沿电路移动形成电流时,也必须要对电子做功。对电子做功就要消耗电能,电能就是表示在一段时间内电流所做的功,因此电能也称为电功。

> **小提示**
>
> 电流做功的过程,实质上就是将电能转化为其他形式的能的过程。例如,电流通过电动机做功,电能转化为机械能;电流通过电炉做功,电能转化为热能;电流通过电灯做功,电能转化为热能和光能;电流通过电解槽做功,电能转化为化学能;等等。

通常电功用字母 W 表示。电功的单位是焦耳(J),简称焦。在直流电路中,电阻负载的电功用下列公式求得:

$$W=UIt$$

式中,W 为电功,单位为 J;U 为负载两端的电压,单位为 V;I 为流过负载的电流,单位为 A;t 为工作时间,单位为 s。

利用欧姆定律,功的表达式还可以表示为

$$W=I^2Rt$$

$$W=\frac{U^2}{R}t$$

在生产和生活中,电能还有一个常用的单位是千瓦时(kW·h),即生活中常说的1度电,它与焦耳的关系是

$$1\ \text{kW·h}=3.6\times10^6\ \text{J}$$

二、电功率(P)

在图1.21中,虽然两种方式完成的是相同的工作任务,对物体做功也是一样的,但手工搬运需要较长时间,而用电机很快就完成任务。为了表示这一区别,于是便提出了功率的概念。

功率就是用来描述做功快慢程度的物理量。将一定数值的功完成得越快,功率就越大。电功率就是单位时间内电流所做的功,即

$$P=\frac{W}{t}$$

式中,P 为电功率,单位为 W;W 为电功,单位为 J;t 为工作时间,单位为 s。

在国际单位制中,功率的单位是瓦特(W),简称瓦,常用的单位还有千瓦(kW)和毫瓦(mW)。

$$1\ \text{kW}=10^3\ \text{W}$$

$$1\ \text{W}=10^3\ \text{mW}$$

在直流电路中,电阻负载的电功率可用以下公式求得:

$$P=UI=I^2R=\frac{U^2}{R}$$

当电路两端有1 V的电压,并产生1 A的电流时,电路的电功率就是1 W。在实际工作中,直流电路的功率通常采用电动式瓦特表来测量。

电灯、电动机的电功率只表示其工作能力的大小,而它们所完成的工作量(即电功)不仅取决于其功率的大小,还取决于其工作时间的长短。因此,用户在支付电费时,是根据负载消耗电能的多少来支付费用,并不是根据负载电功率的大小来支付费用。

负载消耗电能的多少可以用电能(度)表来测量。电能表分为单相电能表和三相电能表两种,如图1.22(a)、(b)所示,它们分别用于单相交流电路和三相交流电路。

(a) 单相电能表

(b) 三相电能表

图 1.22　电能表

【例 1－1】一台彩色电视机，其电功率是 140 W，如果每天工作 5 h，每度电的费用是人民币 0.82 元。求 1 个月(按 30 天计算)要付多少电费？

分析：先计算电视机在 30 天内消耗了多少电能，再求出应支付的电费。

解：电视机 1 个月消耗的电能为

$$W=Pt=140\times10^{-3}\times5\times30=21\ \text{kW}\cdot\text{h}$$

电视机 1 个月要付的电费为

$$0.82\times21=17.22\ \text{元}$$

三、焦耳-楞次定律

电流通过导体时，导体就会发热，将电能转换为热能，这种现象叫做电流的热效应。英国物理学家焦耳和俄国物理学家楞次各自独立发现了电流通过导体时的热效应规律：电流通过导体产生的热量，与电流的平方、导体的电阻及通电时间成正比。这一规律就是焦耳-楞次定律。电能转换为热能的关系可表示为

$$Q=I^2Rt$$

式中，Q 为导体上产生的热量，单位为 J；I 为电流，单位为 A；R 为电阻，单位为 Ω；t 为时间，单位为 s。

【例 1－2】一个电热水器接在电压为 220 V 的电源上，通过它的电流为 5 A，问通电 1 h 它能产生多少热量？

分析：像电热水器这样的电阻负载，电流产生的热量与电功相等。即

$$Q=W=UIt$$

解：电热水器通电 1 h 产生的热量为

$$Q=W=UIt=5\times220\times60\times60\times1=3.96\times10^6\ \text{J}$$

在生产和生活中，很多用器都是根据电流的热效应制成的。如电灯、电烙铁、电烘箱、熔断器等在工厂中最常见；电熨斗、电吹风等在家庭中最常见。但电流的热效应也有其不利的一面，如电流的热效应会使电路不该发热的地方(如导线等)发热，不但消耗能量，而且会使用电器的温度升高，加速绝缘材料的老化，甚至烧坏设备。

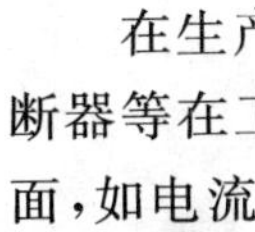

小思考

1. 电炉的电阻丝烧断后，再将其搭接起来，电炉会比原来热得更快，这是为什么？

2. 点亮的几十瓦的灯泡，用手靠近感觉很热，而正在运转的几千瓦的电动机，用手触摸外壳却并不感觉热，这是为什么？

四、负载的额定值

任何电气设备和元器件在工作时都会发热，为了保证电气设备和元器件能长期安全工作，必须规定一个最高工作温度。工作温度取决于发热量，而发热量又取决于电流、电压或功率。我们把电气设备和元器件安全工作时所允许的最大电流、最大电压和最大功率分别叫做额定电流、额定电压和额定功率。一般元器件和电气设备(如灯泡、电动机)的额定值都标在其明显位置，而导线及其他元器件和电气设备的额定值要从产品说明书或电工手册中获得。

在实际工作中，元器件和电气设备所消耗的实际功率取决于工作电压。如额定值为"220 V 100 W"的白炽灯，只有接在 220 V 的电源上，它的实际功率才是 100 W；当电源电压低于 220 V 时，它的实际功率小于 100 W，若电压很低，白炽灯甚至不能发光；当电源电压高于 220 V 时，它的实际功率就会超过 100 W，若电压过高，将会烧坏白炽灯。所以在使用电器时，必须先弄清其额定电压与供电电压是否一致，千万不要把它接在超过其额定电压的电源上。

通常把元器件和电气设备在额定功率下的工作状态叫做额定工作状态，也叫满载；低于额定功率的状态叫做轻载；高于额定功率的状态叫做过载或超载。

若电气设备过载运行，很容易被烧坏，所以一般不允许其过载。为此通常要在电路中安装保护装置，如熔断器、热继电器等。

【例 1－3】阻值为 1 210 Ω、额定功率为 40 W 的白炽灯两端允许加的最大电压是多少？允许流过的最大电流是多少？

分析：白炽灯两端允许加的最大电压和允许流过的最大电流分别是它的额定电压和额定电流。先由 $P=U^2/R$ 求出最大电压，再根据欧姆定律求出最大电流。

解：由 $P=U^2/R$ 可得白炽灯两端允许加的最大电压为

$$U=\sqrt{PR}=\sqrt{40\times 1\,210}=220\ \text{V}$$

白炽灯允许流过的最大电流为

$$I=\frac{U}{R}=\frac{220}{1\,210}\approx 0.18\ \text{A}$$

五、电源与负载的判别

在电路中，如果未知电源与负载，可根据电路图中电压和电流的实际方向确定某一电路元件是电源(或处于电源状态)还是负载(或处于负载状态)。

具体判断方法如下：

(1) 如果电路中 U 和 I 的参考方向即为实际方向(见图 1.23)，则：

1) 电源 U 和 I 的实际方向相反，电流从"＋"端流出，发出功率；

2) 负载 U 和 I 的实际方向相同，电流从"＋"端流入，取用功率。

(2) 由 U 和 I 的参考方向来确定电源与负载，如果两者的参考方向选得一致(见图 1.24)，则：

电源　$P=UI$(负值)

负载　$P=UI$（正值）

如果 U 和 I 的参考方向选得相反，则电源的功率为正值，负载为负值。

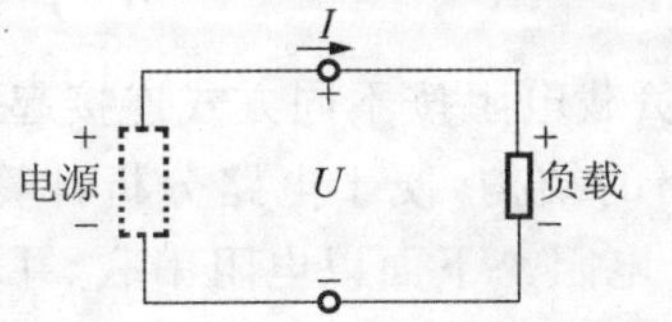

图 1.23　由 U 和 I 的实际方向确定电源与负载

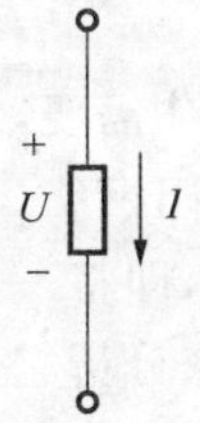

图 1.24　由 U 和 I 的参考方向确定电源与负载

资料卡片

超　导　体

我们知道，任何导体都具有一定的电阻。大多数导体的电阻随着温度的升高而变大，随着温度的降低而减小。但有些物质在温度很低时，会发生电阻突然减小至零的特殊现象，这种现象称为超导现象，处于这种状态的物质称为超导体。超导体电阻突然变为零的温度称为超导临界温度。

这种神奇的材料会给人类带来什么呢？

由于导体有电阻，所以当电流流过导体时，导体会发热，这样就白白损耗了大量的电能。但如果使电流流过超导体，则其既不发热，也不损耗电能。所以若用超导材料做成输电线，则不仅在输电线上没有电能的损耗，而且也可节约大量用于建设变电站的资金，同时还可避免由于高压送电引起的火灾和触电事故。

当前，虽然超导已经应用到许多重要的领域，如超导磁体、超导加速器、超导发电机、超导导线等，如图 1.25 所示。但是超导的广泛应用还要克服许多障碍，超导世界的奥秘还有待进一步揭示。有位超导专家说过："如果在常温下，例如 300 K（26.85 ℃）左右能实现超导电现象，这将使现代文明的一切技术发生变化。"

科学家们正在超导世界中探索性能更好的高温超导材料，研究高温超导在技术中的应用。我们可以预见，超导将在能源、通信、计算机、医疗以及交通等领域大显身手，为人类造福。

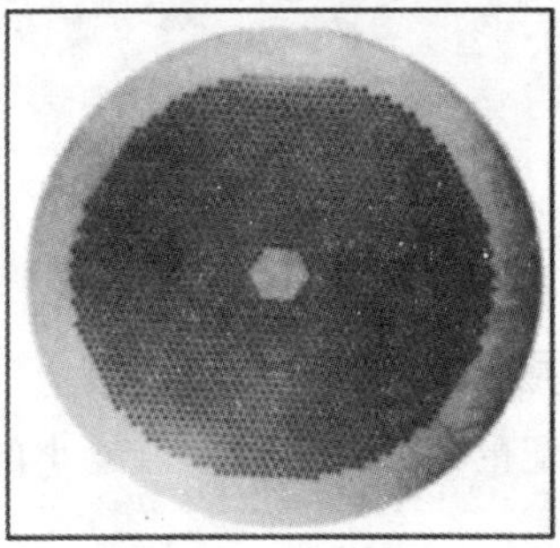

（a）含有 2 120 根钛合金纤维的超导导线

（b）功率为 20 000 kW 的超导发电机

图 1.25　超导体的应用

第 4 节　电阻的串联、并联和混联

由于不同的工作需要，实际中的电路，常常是由许多负载电阻按不同方式连接起来所组成的一个较复杂的电阻网络。在电路分析时，为了简化电路的结构，便于电路分析计算，需要对电阻网络进行简化，即将一个复杂的电阻网络等效成一个电阻。下面以电阻串联、并联和混联的连接方式为例，来分析它们的等效电路及特点。

一、电阻串联

1. 电阻串联电路的特点

几个电阻逐个顺次连接起来，中间无分支的连接方式，称为电阻的串联，如图 1.26 所示。

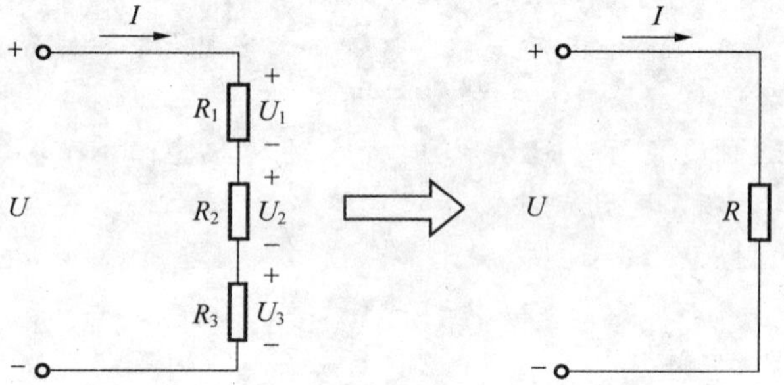

(a)电阻的串联　　(b)等效电路

图 1.26　电阻的串联

串联电路的特点：

(1)通过各电阻的电流相等。即

$$I=I_1=I_2=\cdots=I_n$$

(2)电路端口的总电压等于各个电阻上电压之和，即

$$U=U_1+U_2+\cdots+U_n$$

(3)几个电阻串联，可用一个总电阻来等效。总的等效电阻等于各个电阻之和，即

$$R=R_1+R_2+\cdots+R_n$$

(4)电路分压公式为

$$U_1=\frac{R_1}{R_1+R_2+\cdots+R_n}U$$

$$U_2=\frac{R_2}{R_1+R_2+\cdots+R_n}U$$

……

$$U_n=\frac{R_n}{R_1+R_2+\cdots+R_n}U$$

由分压公式可知，串联电路中，阻值越大的电阻分配的电压越大，阻值越小的电阻分配的电压越小。

2. 电阻串联电路的应用

电阻串联电路的应用有很多种，下面简要归纳两种：

(1)获得较大阻值的电阻,如图 1.27 所示。

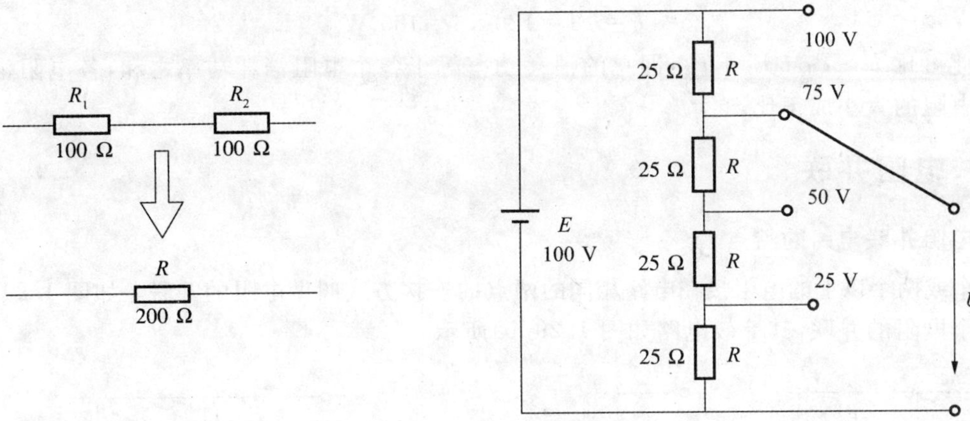

图 1.27　获得较大阻值的电阻

(2)限制和调节电路电流,如图 1.28 所示。

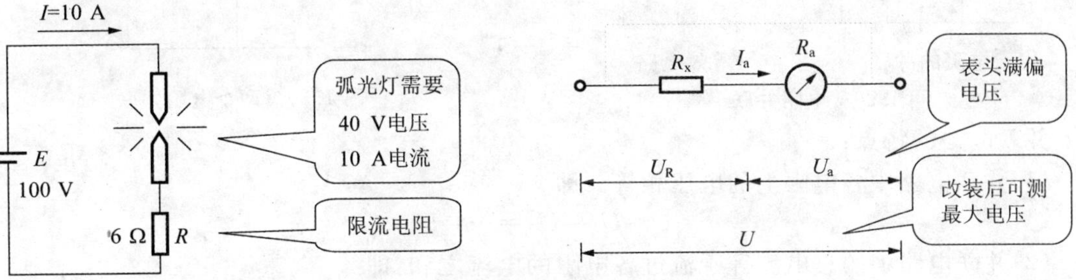

图 1.28　限制和调节电路中的电流

【例 1－4】如图 1.26 所示电路中,已知 $R_1=4\ \Omega$,$R_2=8\ \Omega$,$R_3=18\ \Omega$,电压 $U=120$ V。求电路总的等效电阻 R,通过电路的电流 I,电阻 R_1、R_2、R_3 上的电压 U_1、U_2、U_3 以及所消耗的功率 P_1、P_2、P_3。

解:(1)电路总的等效电阻为

$$R=R_1+R_2+R_3=4+8+18=30\ \Omega$$

(2)电路中电流为

$$I=\frac{U}{R}=\frac{120}{30}=4\ \text{A}$$

(3)各电阻上的电压为

$$U_1=IR_1=4\times4=16\ \text{V}$$
$$U_2=IR_2=4\times8=32\ \text{V}$$
$$U_3=IR_3=4\times18=72\ \text{V}$$

上述电压也可用分压公式计算。由以上计算可见 $U=U_1+U_2+U_3$,即总电压等于各分压之和,各电阻上的电压和电阻的大小成正比。

(4)各电阻消耗的功率为

$$P_1=U_1I=16\times4=64\ \text{W}$$
$$P_2=U_2I=32\times4=128\ \text{W}$$
$$P_3=U_3I=72\times4=288\ \text{W}$$

电路消耗的总功率为

$$P=UI=120\times4=480\ \mathrm{W}$$

由此可见 $P=P_1+P_2+P_3$，即总的消耗功率等于各个电阻消耗功率之和，各电阻消耗的功率与电阻的大小成正比。

二、电阻并联

1. 电阻并联电路的特点

两个或两个以上的电阻接在电路相同的两点的连接方式叫做电阻的并联。如图 1.29(a)所示是三个电阻的并联，其等效电路如图 1.29(b)所示。

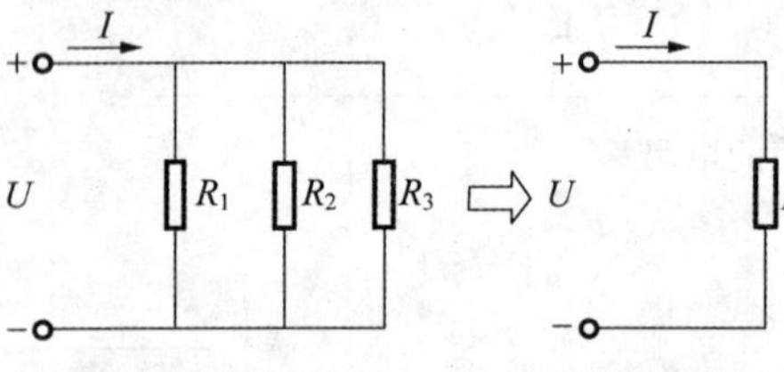

(a)电阻的并联　(b)等效电路

图 1.29　电阻并联

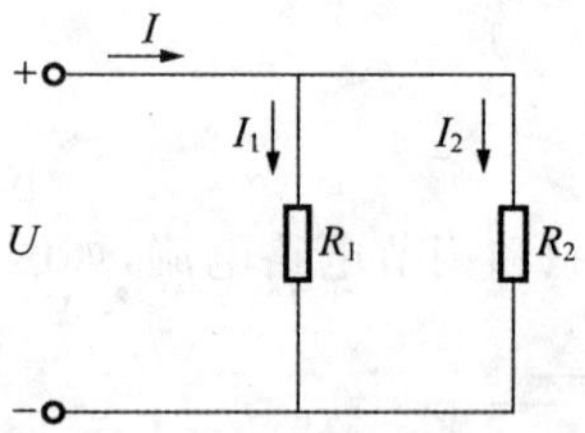

图 1.30　两个电阻并联

并联电路的特点：

(1)并联电路中各电阻上的电压相等。即

$$U=U_1=U_2=\cdots=U_n$$

(2)并联电路中的总电流等于流过各电阻的电流之和，即

$$I=I_1+I_2+\cdots+I_n$$

(3)并联电路的等效电阻(即总电阻)的倒数等于各并联电阻的倒数之和，即

$$\frac{1}{R}=\frac{1}{R_1}+\frac{1}{R_2}+\cdots+\frac{1}{R_n}$$

或

$$G=G_1+G_2+\cdots+G_n$$

G 称为电导，它是电阻的倒数，单位为西门子，简称西(S)。

若是两个电阻并联，如图 1.30 所示，则并联后的总电阻为

$$R=\frac{R_1R_2}{R_1+R_2}$$

若 n 个相同的电阻 R 并联，则各电阻上电流都相等，总电阻等于 R/n。

(4)分流公式。两个电阻 R_1、R_2 并联，则

$$I_1=\frac{U}{R_1}=\frac{IR}{R_1}=\frac{R_2}{R_1+R_2}I$$

$$I_2=\frac{U}{R_2}=\frac{IR}{R_2}=\frac{R_1}{R_1+R_2}I$$

分流公式表明，在并联电路中，电流的分配与电阻成反比，即阻值越大的电阻所分配到的电流越小，阻值越小的电阻所分配到的电流越大。

2. 电阻并联电路的应用

(1)凡是额定工作电压相同的负载都可采用并联的工作方式。这样每个负载是一个可独

立控制的单元，任一负载的正常启动或关断都不影响其他负载的工作。例如，在日常生活中，家中的电视机、电冰箱、风扇、电灯等电气设备就是并联工作的。

(2)获得较小的电阻。把几个较大阻值的电阻并联，在公共端得到的电阻阻值比任何一个电阻都小。

(3)扩大电流表的量程。

小思考

几个电阻串联，总电阻为什么会增大？几个电阻并联，总电阻为什么会减小？

【例1—5】如图1.30所示电路，已知 $R_1=3\ \Omega$，$R_2=6\ \Omega$，电压 $U=10$ V。求：

(1)电路总的等效电阻 R。

(2)电路总电流 I 和各电阻上的电流 I_1、I_2。

(3)电路总的消耗功率 P 和各电阻所消耗的功率 P_1、P_2。

解：(1)由公式 $R=\dfrac{R_1R_2}{R_1+R_2}$ 可知，电路总的等效电阻为

$$R=\frac{R_1R_2}{R_1+R_2}=\frac{3\times6}{3+6}=2\ \Omega$$

(2)电路总电流

$$I=\frac{U}{R}=\frac{10}{2}=5\text{ A}$$

各电阻上的电流

$$I_1=\frac{U}{R_1}=\frac{10}{3}\approx3.33\text{ A}$$

$$I_2=\frac{U}{R_2}=\frac{10}{6}\approx1.67\text{ A}$$

I_1、I_2 也可用分流公式计算。

由上述计算可见，$I=I_1+I_2$，即总电流等于各个分电流之和，电阻上的电流与电阻的大小成反比。

(3)电路总的消耗功率

$$P=UI=10\times5=50\text{ W}$$

各电阻消耗的功率

$$P_1=UI_1=10\times\frac{10}{3}\approx33.3\text{ W}$$

$$P_2=UI_2=10\times\frac{10}{6}\approx16.7\text{ W}$$

由上述计算可知，$P=P_1+P_2$，即总的消耗功率等于各个电阻消耗功率之和，电阻消耗的功率与各电阻的大小成反比。

三、电阻混联

既有串联又有并联的电路称为混联电路。混联电路的形式多种多样，但可以利用电阻串联、并联关系进行化简。

【例 1－6】计算如图 1.31(a)所示电路的等效电阻。

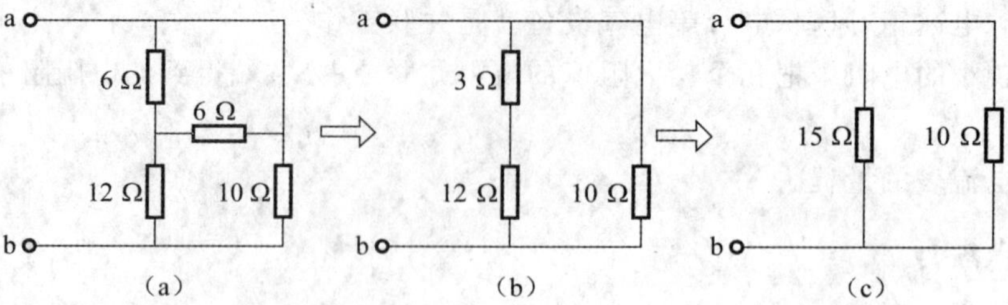

图 1.31

解:(1)两个 6 Ω 的电阻为并联,其等效电阻为

$$R=\frac{6\times6}{6+6}=3\ \Omega$$

(2)3 Ω 与 12 Ω 两个电阻为串联,如图 1.31(b)所示,其等效电阻为

$$R=3+12=15\ \Omega$$

(3)15 Ω 与 10 Ω 两个电阻为并联,如图 1.31(c)所示,其等效电阻为

$$R=\frac{15\times10}{15+10}=6\ \Omega$$

第 5 节　基尔霍夫定律

前面介绍的电路中都只有一个电源,但在实际应用中,一个电路可由多个电源组成。如图 1.32 所示电路,是由两个电源、三个电阻连接而成,利用欧姆定律已经无法直接求解。我们把这种不能用电阻串联、并联化简求解的电路称为复杂电路。

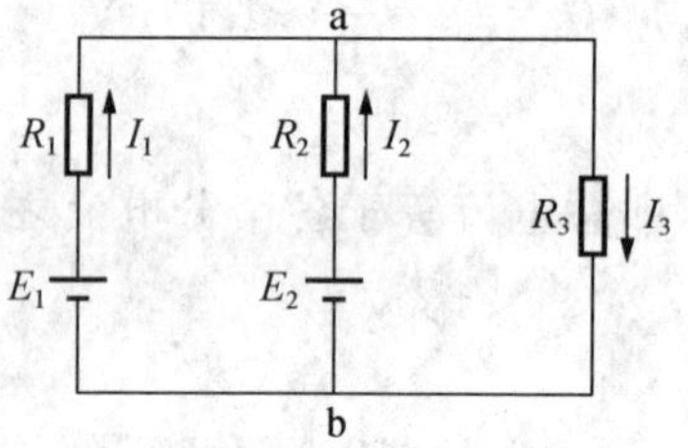

图 1.32　复杂电路

1847 年,德国物理学家基尔霍夫阐述了复杂电路中电流和电压的关系,即基尔霍夫电流定律和基尔霍夫电压定律,并用来分析求解复杂电路。

下面先介绍几个名词。

(1)支路。电路中的每个分支称为支路。如图 1.32 中 aR_1E_1b、aR_2E_2b 和 aR_3b 都是支路,其中前两条支路称为含源支路,后一条支路称为无源支路。

(2)节点。三条或三条以上支路的连接点称为节点。如图 1.32 中的 a 点和 b 点。

(3)回路。电路中的任一闭合路径称为回路。如图 1.32 中 $bE_1R_1R_2E_2b$、$bE_2R_2R_3b$ 和 $bE_1R_1R_3b$ 都是回路。

(4)网孔。网孔是指内部不含有支路的回路,即"空心"回路。图 1.32 中 $bE_1R_1R_2E_2b$ 和 $bE_2R_2R_3b$ 是网孔,而 $bE_1R_1aR_3b$ 不是网孔。

一、基尔霍夫电流定律(KCL)

基尔霍夫电流定律，简称KCL，又称为节点电流定律，它反映了电路中某节点上各个支路电流之间的关系，即流入某个节点的电流之和等于流出该节点的电流之和。如在图1.32中

$$I_1+I_2=I_3$$

或者

$$I_1+I_2-I_3=0$$

即流经某一节点的电流代数和等于零，$\sum I_{入}=\sum I_{出}$ 或者 $\sum I=0$。

【例1－7】在图1.33中，给定参考方向条件下，节点a处各电流为 $I_1=1\ \mathrm{A}$，$I_2=-3\ \mathrm{A}$，$I_3=4\ \mathrm{A}$，$I_4=-5\ \mathrm{A}$，求 I_5。

解：由公式得

$$I_1-I_2+I_3+I_4-I_5=0$$

将已知数值代入得

$$1-(-3)+4+(-5)-I_5=0$$

即

$$I_5=3\ \mathrm{A}$$

I_5 为正值，说明 I_5 的实际方向与参考方向一致，是流出节点a的电流。

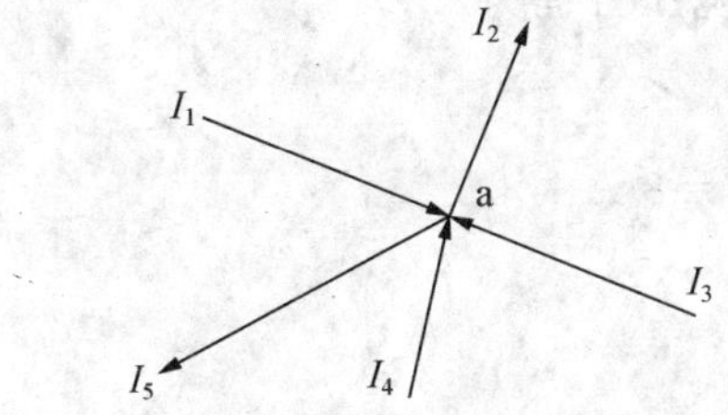

图1.33　基尔霍夫电流定律

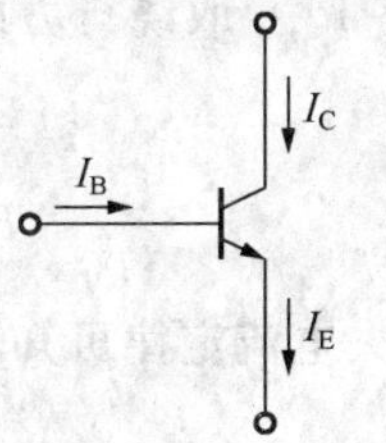

图1.34　晶体管的电流关系

【例1－8】如图1.34所示为一个晶体管的模型图，已知 $I_B=20\ \mathrm{mA}$，$I_C=1\ \mathrm{A}$，求 I_E。

解：晶体管可以看做假想的闭合节点，根据基尔霍夫电流定律

$$I_E=I_B+I_C=20\ \mathrm{mA}+1\ \mathrm{A}=1.02\ \mathrm{A}$$

二、基尔霍夫电压定律(KVL)

基尔霍夫电压定律，简称KVL，又称为回路电压定律，它反映了回路中各个元件上电压之间的关系。基尔霍夫电压定律指出，沿电路中任一回路绕行一周，其回路中各段电压的代数和为零，即

$$\sum U=0$$

或电压源电压的代数和等于电阻上电压降的代数和，即

$$\sum E=\sum IR$$

根据这一定律列出的方程式叫回路电压方程式。在列方程前首先要确定各电压的正负。通常情况下，先在回路中选择一个绕行方向。回路的绕行方向原则上是可以任意选定的，但是绕行方向一旦选取后，在解题过程中不再改变，并以这个方向作为标准且根据各电压的参考方向来确定各电压的正负。

式$\sum U=0$中正负规定为：回路中电压参考方向与绕行方向一致时为正，相反时为负。

式$\sum E=\sum IR$中电压源电压正负号规定为：电压源电压参考方向与绕行方向一致时为负，相反时为正。电阻电压降正负号的规定为：流经电阻上的电流方向与绕行方向一致时电压降取正，相反时取负。

下面通过一个具体的例题来说明如何利用以上两个定律求解电路。

【例 1－9】如图 1.35 所示，已知 $R_1=5\ \Omega$，$R_2=10\ \Omega$，$R_3=15\ \Omega$，电源电压 $E_1=180\ \text{V}$，$E_2=80\ \text{V}$，$I_1=12\ \text{A}$，求 I_2 和 I_3。

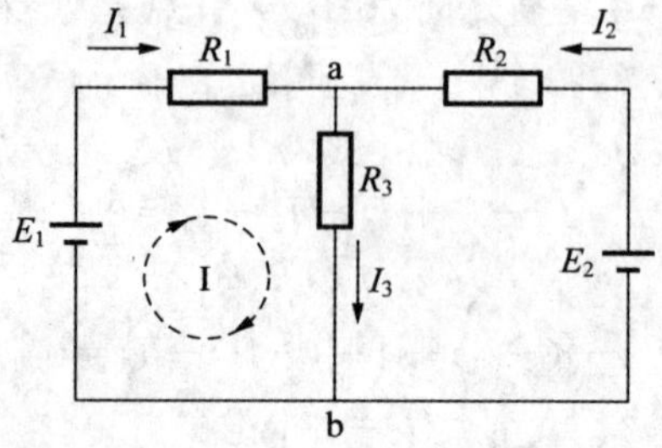

图 1.35 基尔霍夫电压定律

解：在回路Ⅰ中，取绕行方向为顺时针方向，则回路的电压方程为

$$I_1R_1+I_3R_3-E_1=0$$

$$I_3=\frac{E_1-I_1R_1}{R_3}=\frac{180-12\times5}{15}=8\ \text{A}$$

由基尔霍夫电流定律可知 a 节点电流方程

$$I_1+I_2-I_3=0$$

所以

$$I_2=I_3-I_1=8-12=-4\ \text{A}$$

负号的意思是 I_2 的实际方向与参考方向相反。

本章习题

1.1 只 110 V 8 W 的指示灯，现在要接在 380 V 的电源上，问要串联多大阻值的电阻？应选用多大瓦数的电阻？

2.图 1.36 是电源有载工作的电路。电源的电动势 $E=220\ \text{V}$，电阻 $R_0=0.2\ \Omega$，$R_3=10\ \Omega$，$R_2=6.67\ \Omega$；线路电阻 $R_1=0.1\ \Omega$。求负载电阻 R_2 并联前后：

(1)电路中的电流 I；

(2)电源端电压 U_1 和负载端电压 U_2；

(3)负载功率 P。

当负载增大时，总的负载电阻、线路中电流、负载功率、电源端和负载端的电压是如何变化的？

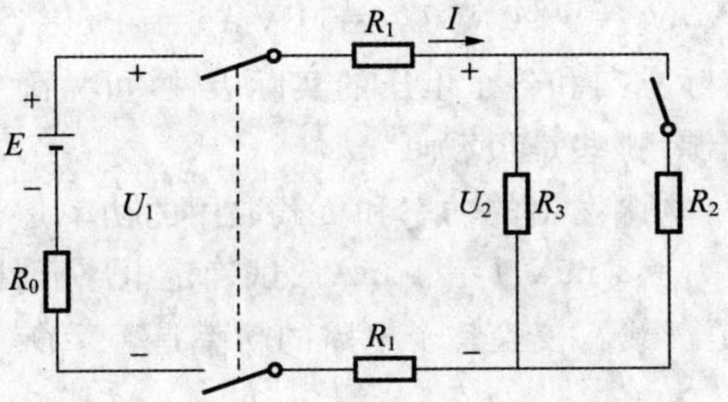

图　1.36

3. 试求如图 1.37 所示部分电路中的电流 I、I_1 和电阻 R，设 $U_{ab}=0$。

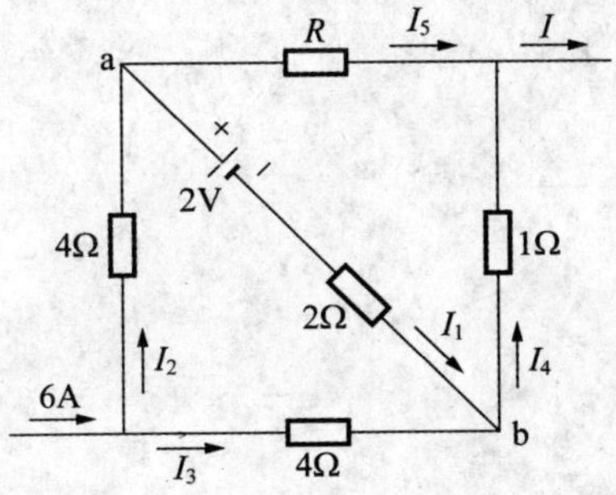

图　1.37

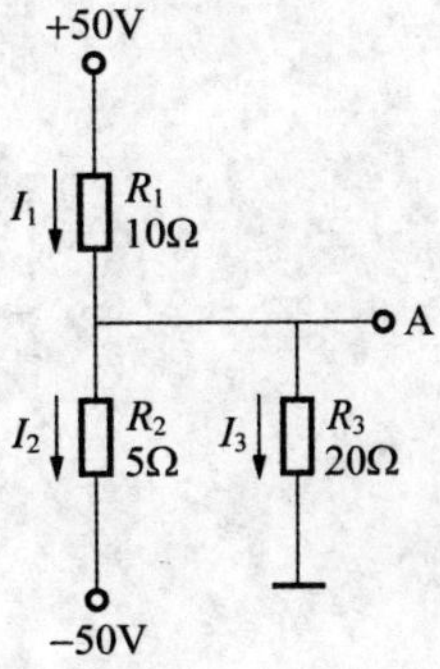

图　1.38

4. 在图 1.38 中，求 A 点的电位 V_A。

5. 图 1.39 所示电路中，$E=6$ V，$R_1=6$ Ω，$R_2=3$ Ω，$R_3=4$ Ω，$R_4=3$ Ω，$R_5=1$ Ω，试求 I_3、I_4。

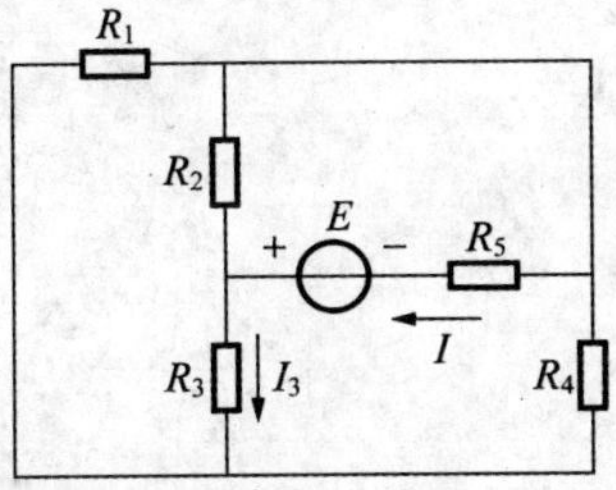

图　1.39

6. 如图 1.40 所示，五个元件分别代表电源或负载，电流和电压的参考方向如图所示。

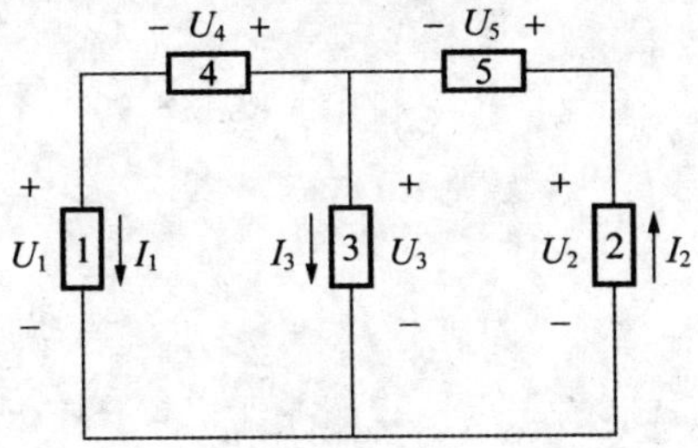

图　1.40

通过实验测量得知：

$$I_1=-4\ \text{A},\ I_2=6\ \text{A},\ I_3=10\ \text{A}$$

$$U_1 = 140\ \text{V}, U_2 = -90\ \text{V}, U_3 = 60\ \text{V}, U_4 = -80\ \text{V}, U_5 = 30\ \text{V}$$

(1)标出各个电流的实际方向和各个电压的实际极性(可另画一图);

(2)判断哪些元件是电源,哪些是负载;

(3)计算各元件的功率,电源发出的功率和负载取用的功率是否平衡?

7. 在图1.41中,已知 $I_1 = 3\ \text{mA}$, $I_2 = 1\ \text{mA}$。试确定电路元件3中的电流 I_3 和其两端电压 U_3,并说明它是电源还是负载。校验整个电路的功率是否平衡。

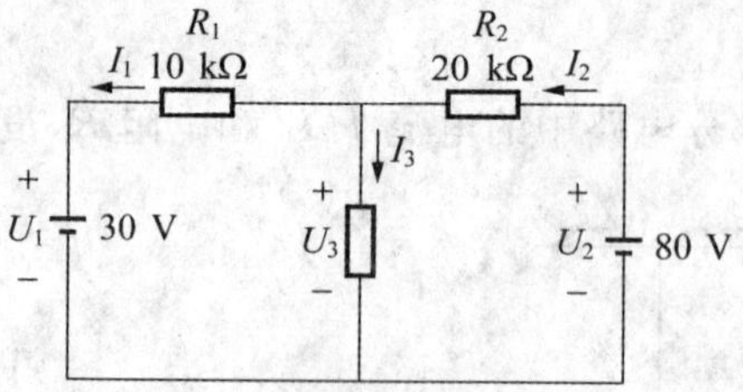

图 1.41

第2章 磁场与电磁感应

1. 理解磁场几个物理量的意义。

2. 掌握电流磁场的概念。

3. 熟练掌握楞次定律、法拉第电磁感应定律的应用;了解自感和互感的基本知识。

人们很早就对电现象和磁现象有了初步认识,但在很长的一段时期里,人们一直把它们当做两种截然不同的自然现象。直到1820年,丹麦物理学家奥斯特才架起了一座连通电和磁的桥梁,使人们开始认识到电和磁之间有着不可分割的联系。

本章主要介绍电流与磁场之间的关系及电磁感应定律,作为今后学习交流电、变压器和电动机等方面知识的基础。

第1节 磁场及其主要物理量

在现代社会,磁的应用极其广泛,从磁悬浮列车、发电机、变压器、电动机,到电子计算机、电视机、录音机、电话机,无不与磁现象有关。

一、磁的基本知识

1. 磁体

铁、钢、钴、镍及其合金具有相互吸引的特性,这种特性就是磁性。具有磁性的物体叫磁铁,也叫磁体。虽然自然界中所有的物质都具有一定的磁性,但绝大多数物质的磁性很弱,这些物质被称为非磁性物质。

磁铁分天然磁铁(如天然磁铁矿石 Fe_3O_4)和人造磁铁两大类。常见的人造磁铁有条形、针形和(马)蹄形,如图2.1所示。

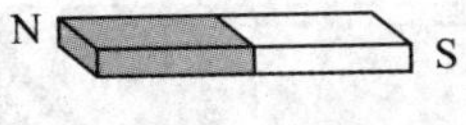

(a) 条形磁铁

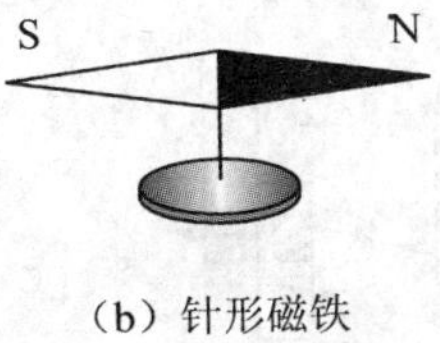

(b) 针形磁铁

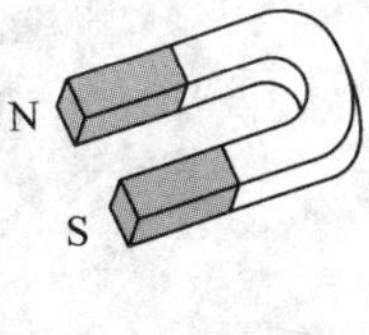

(c) 蹄形磁铁

图2.1 常见的人造磁铁

2. 磁极

磁铁的两端磁性最强,称为磁极。一个在空气中被支持且能自由转动的针形磁铁(磁针),

静止时它的轴线总是对准南北方向，我们把磁铁指向地理位置北方的一端称为北极（N极），磁铁指向地理位置南方的一端称为南极（S极）。无论磁铁多么小，它都有北极和南极，也就是说磁极总是成对出现的。

当两个磁铁互相靠近时，它们之间存在着相互作用力，这种作用力称为磁力。与电荷间的相互作用力相似，磁极间也具有相互作用力，即同名磁极互相排斥，异名磁极互相吸引，如图2.2所示。

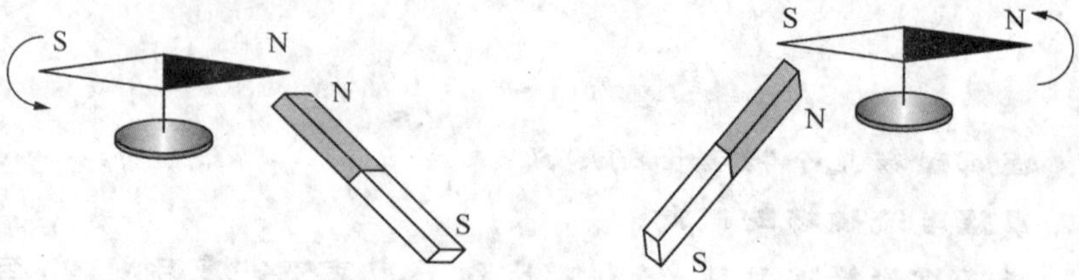

（a）同名磁极互相排斥　　　（b）异名磁极互相吸引

图2.2　磁极间的相互作用

资料卡片

磁悬浮列车最基本的原理就是磁极的同性相斥，异性相吸原理。如图2.3所示，车身和路面都安装有电磁铁。其中，车身磁场和路面磁场产生浮力，使列车悬浮，如图2.4(a)所示；车身磁场和推进磁场产生直线作用力，使列车前进，如图2.4(b)所示。

图2.3　磁悬浮列车

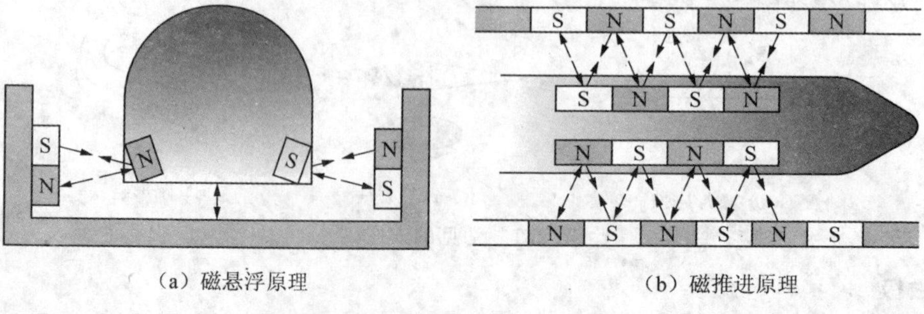

（a）磁悬浮原理　　　（b）磁推进原理

图2.4　磁悬浮列车原理

3. 磁场

在磁铁之间有磁力作用时，磁铁并没有相互接触，而是相隔一定的距离。我们把在磁铁周围肉眼看不见的磁力所作用的空间称为磁场。

磁场既有强弱，又有方向。在磁场中的任意一点，磁针北极的受力方向（即磁针在静止时北极所指的方向），我们规定为该点的磁场方向。

4. 磁感线

不同的磁铁吸引铁屑的能力不同，那是因为它们的磁场强度不同。为了形象描述磁场的存在，并描绘出磁场的强弱和方向，人们通常用假想的磁感线来表示，如图 2.5 所示，图(a)为几种磁场磁感线的示意图，图(b)为条形磁铁与周围铁屑模拟的磁感线形状。

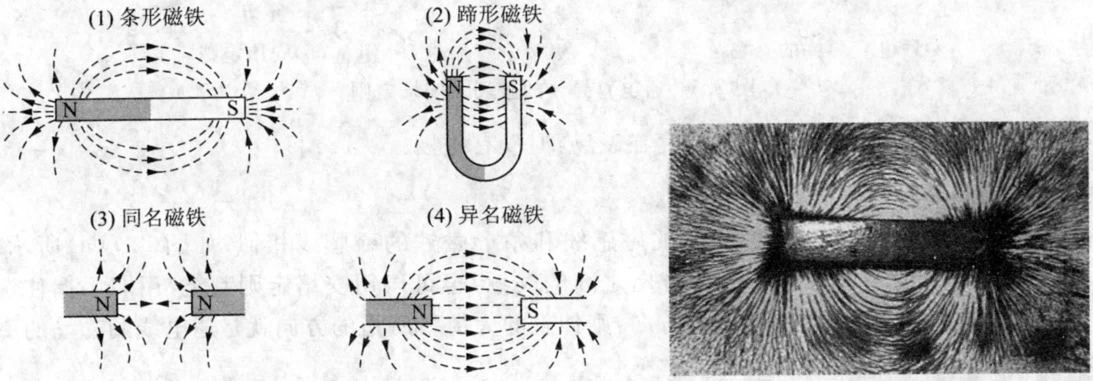

(a)不同磁场磁感线的示意图　　(b)条形磁铁的磁感线

图 2.5　磁感线

磁感线具有如下特点：

(1)磁感线是互不交叉的闭合曲线。在磁体外部，磁感线由 N 极指向 S 极；在磁体内部，磁感线由 S 极指向 N 极。

(2)磁感线上任意一点的切线方向，就是该点的磁场方向，即小磁针 N 极的指向。

(3)磁感线越密，磁场越强；磁感线越疏，磁场越弱。磁感线均匀分布且又相互平行的区域，称为均匀磁场；反之则称为非均匀磁场。

二、电流产生的磁场

1820 年 7 月，丹麦物理学家奥斯特(1777—1851)做了一个著名的实验：他将一个小磁针移近一根通有电流的导体，意外地发现小磁针发生了偏转，这说明通电的导体产生了磁场，小磁针受到磁场力的作用而偏转。实验还进一步发现，通过导线的电流越大，或者磁针离通电导线越近，这种偏转作用就越强。如果改变导线中电流的方向，磁针方向也会随着改变。切断导线中的电流，磁场随之消失，小磁针回到原位。通过连续 3 个多月的深入研究，奥斯特发现，通电导体周围和磁铁周围一样，存在着磁场，这一现象就是电流的磁效应。后人把奥斯特研究电流的磁效应的实验称为奥斯特实验。

1. 通电直导体的磁场

通电直导体周围存在着磁场，它的磁感线是一些以导体上各点为圆心的同心圆，如图

2.6(a)所示。直导体中电流的方向和磁感线的方向之间的关系可以用安培定则(也叫右手螺旋法则)来判定:用右手握住直导体,让伸直的大拇指指向电流的方向,则四指环绕直导体的方向就是磁场的方向,如图 2.6(b)所示。

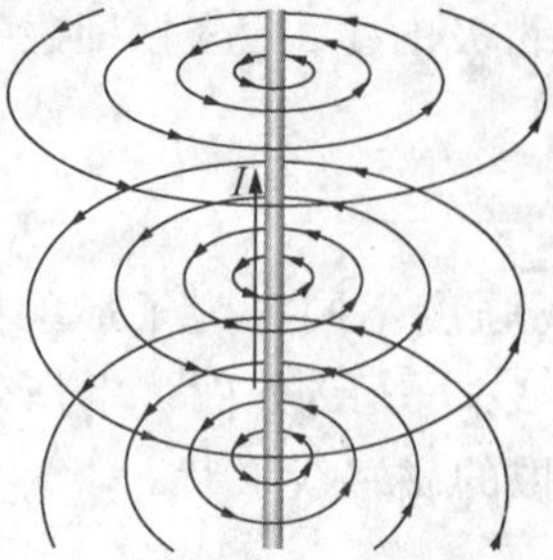

(a)通电直导体的磁场

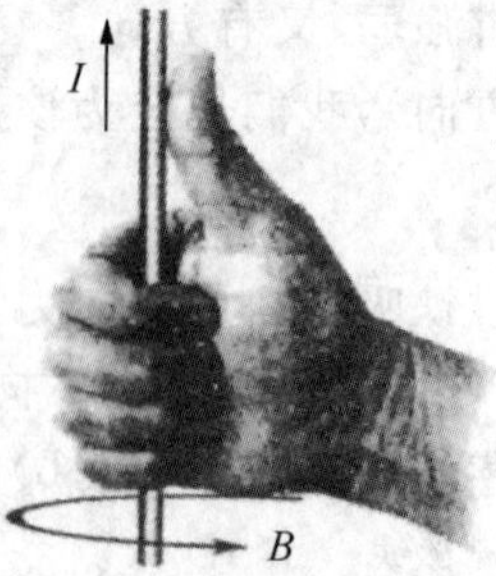

(b)安培定则

图 2.6　通电直导体的磁场及安培定则

必须注意,虽然通电直导体周围存在磁场,但没有磁极。

2. 通电线圈的磁场

通电线圈的周围也存在磁场,它的磁感线和条形磁铁的磁感线相似,如图 2.7(a)所示。通电线圈中电流的方向和磁感线的方向之间的关系,也可以用安培定则判定:用右手握住线圈,让弯曲的四指指向线圈中电流的方向,则伸直的大拇指所指的方向就是通电线圈磁场的 N 极,如图 2.7(b)所示。

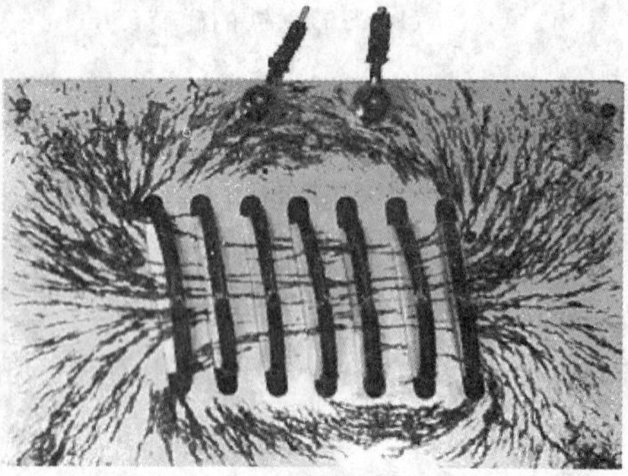

(a)通电线圈的磁场

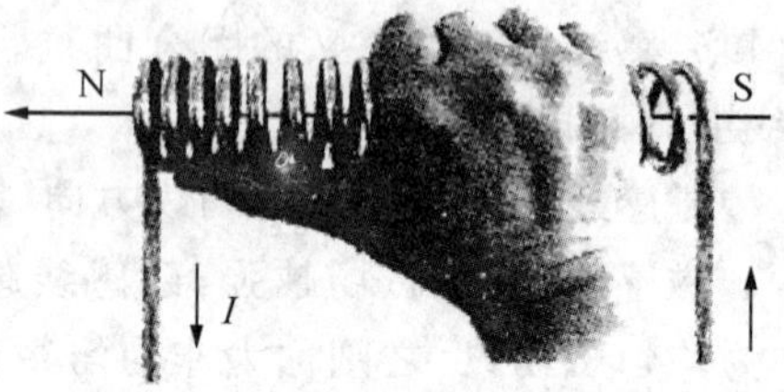

(b)安培定则

图 2.7　通电线圈的磁场及安培定则

实验证明,通电线圈的磁场强弱,与线圈的绕线匝数以及通入的电流大小成正比。电流 I 与匝数 N 的乘积称为磁动势。如果把线圈套在铁芯上,电流通过线圈时产生的磁场会把铁芯磁化,铁芯被磁化后产生的磁场将比电流的磁场增强几百倍、几千倍,甚至上万倍。电磁铁就是根据这个原理制成的。

小提示

电话机中装有电磁铁,由于流过电话的电流不断地改变方向,使电磁铁发生振动,于是就产生了我们所听到的声音。

小思考

1. 地球是一个大的磁铁，它的 N 极和 S 极分别在什么地方？为什么用指南针可以辨别方位？

2. 磁感线会不会交叉？为什么？

三、磁场的主要物理量

1. 磁通量

为了表示磁场在空间的分布情况，可以用磁感线的多少和疏密程度来描述，不过它只能定性分析。为此引入了磁通量这一物理量来定量描述磁场在一定空间的分布情况。

通过与磁场垂直的某一面积上的磁感线的总数，叫做通过该面积的磁通量，简称磁通，用字母 Φ 表示。它的单位是韦伯(Wb)，简称韦。

当面积一定时，通过该面积的磁通越多，磁场就越强。这一点在工程上有极其重要的意义，如：变压器、电磁铁提高效率的重要因素之一就是减少漏磁通，也就是希望全部磁感线尽可能多地通过铁芯的截面积，以减少漏磁损耗，提高效率。

2. 磁感应强度

磁场中各点的磁场强弱用磁感线的密集度来表示。我们把磁感线的密集度称为磁感应强度，又称磁通密度，它是垂直于磁场方向单位面积内所通过的磁感线的条数。每单位横截面积上的磁感线条数越多，磁感应强度越大，磁场就越强。

磁感应强度用字母 B 表示，它的单位是特斯拉(T)，简称特。

磁感应强度是一个矢量。磁场中某点的磁感应强度的方向，就是该点的磁场方向。

若磁场中各点的磁感应强度大小相等、方向相同，则该磁场称为匀强磁场。在匀强磁场中，磁感线分布均匀、互相平行且方向相同。

在匀强磁场中，磁通和磁感应强度的关系为

$$B=\frac{\Phi}{S}$$

式中，B 为匀强磁场的磁感应强度，单位为 T；Φ 为面积 S 上的磁通，单位为 Wb；S 为垂直于磁感应强度的面积，单位为 m^2。

【例 2－1】在匀强磁场中，磁感应强度 B 为 1.6 T，求在垂直于磁场的一块面积 $S=8\ cm^2$ 上通过的磁通。

解：

$$\Phi=BS=1.6\times8\times10^{-4}=1.28\times10^{-3}\ Wb$$

3. 磁化

原来不显磁性的物质，放入磁场中而获得磁性的过程称为磁化。各种物质在外磁场中都会发生磁化，但不同的物质磁化程度是不同的。其中，铁、钴、镍及其合金很容易被磁化，通常称为铁磁材料。

把外磁场移走后，铁磁材料仍然具有的磁性称为剩磁。在铁磁材料中，有一种材料叫硬磁材料，如碳钢、钡铁氧体等，它们的剩磁强，适合制造永久磁铁，在磁电系电表、扬声器、录音机、电话机等电气设备中应用广泛。另外，还有一种材料叫软磁材料，如纯铁、硅钢等，它们的剩磁很弱，适合制造电动机、发电机、变压器、电磁铁、继电器等电气设备中的铁芯。

4.**磁路**

磁化后的铁磁材料成为磁铁，它不但会产生一个附加磁场与原有的外磁场叠加，使磁场发生变化，而且还能够将绝大部分磁感线约束在一定的闭合路径上。我们把磁感线所通过的闭合路径称为磁路。

第 2 节　磁场对电流的作用

我们知道，磁极之间的相互作用是通过磁场产生的。既然电流能产生磁场，那么磁场对电流有没有作用呢?

一、磁场对通电直导体的作用

如图 2.8 所示，将一根直导体悬挂在一个蹄形磁铁的两极之间，使导体和磁感线垂直。

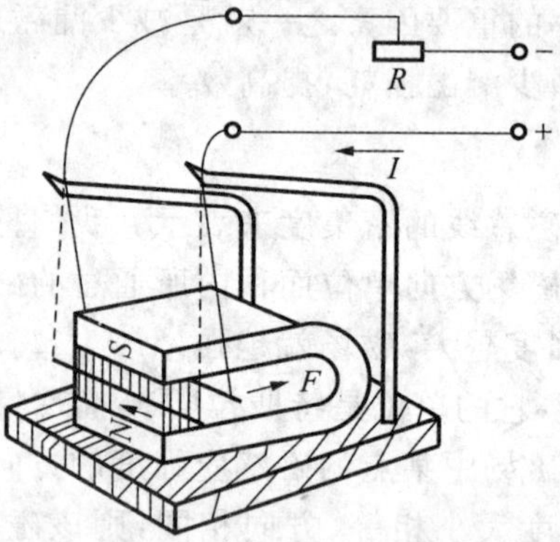

图 2.8　磁场对通电直导体的作用

当没有电流通过导体时，导体静止不动；当有电流通过导体时，导体就向磁铁内部运动；如果改变导体中电流的方向或改变磁极的极性，则导体向磁铁外部运动。实验表明，通电导体在磁场中受到磁场对它的作用力。我们把磁场对通电导体的作用力称为电磁力。

进一步的实验表明：

(1)电磁力的大小与磁场的磁感应强度、导体中的电流及导体在磁场中的有效长度有关。在匀强磁场中，电磁力的大小为

$$F=BIL\sin\alpha$$

式中，F 为电磁力的大小，单位为 N；B 为匀强磁场的磁感应强度，单位为 T；I 为导体中的电流，单位为 A；L 为导体的长度，单位为 m；α 为导体与磁感线的夹角，单位为(°)或 rad。

由上式可知，当导体与磁感线的方向垂直时，即 $\alpha=90°$时，$\sin\alpha=1$，则导体所受到的电磁力最大，即 $F=BIL$；当导体与磁感线的方向平行时，即 $\alpha=0°$时 $\sin\alpha=0$，则导体不受电磁力，即 $F=0$。

(2)电磁力的方向与导体中的电流方向及磁场方向有关。它们的方向关系可用左手定则来判别：平伸左手，使大拇指与其余四指垂直，让磁感线垂直穿过掌心(或让掌心正对磁场的 N

极),并使四指指向导体中电流的方向,则大拇指所指的方向就是电磁力的方向,如图 2.9 所示。

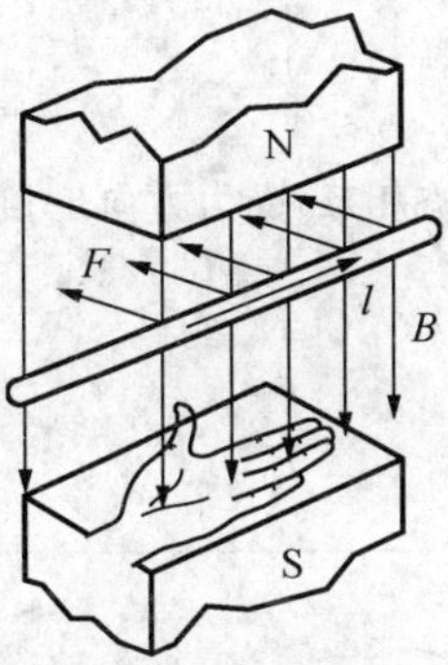

图 2.9　左手定则

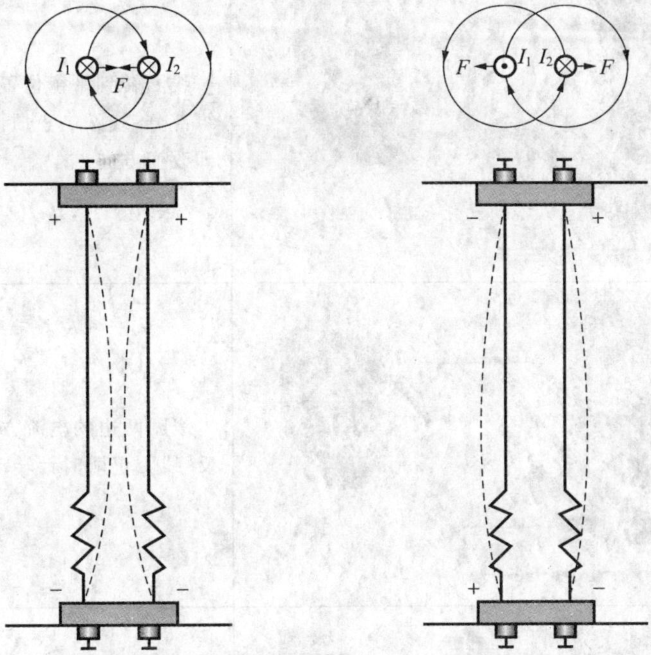

(a) 通入同方向电流的平行导线相互吸引　(b) 通入反方向电流的平行导线相互排斥

图 2.10　通电平行导线间的作用力

电流与磁场之间存在着相互作用力,电流与电流之间是否也存在着相互作用力呢? 1820 年 9 月,法国物理学家安培(1775—1851)在奥斯特实验的基础上深入研究,仅仅用了一个多星期就发现:两根通电的平行导线之间存在着相互作用力,当电流方向相同时它们相互吸引,如图 2.10(a)所示;当电流方向相反时,它们相互排斥,如图 2.10(b)所示。

二、磁场对通电线圈的作用

磁场对通电矩形线圈的作用是电动机旋转的基本原理,其工作原理如表 2.1 所示。

表 2.1　电动机工作原理

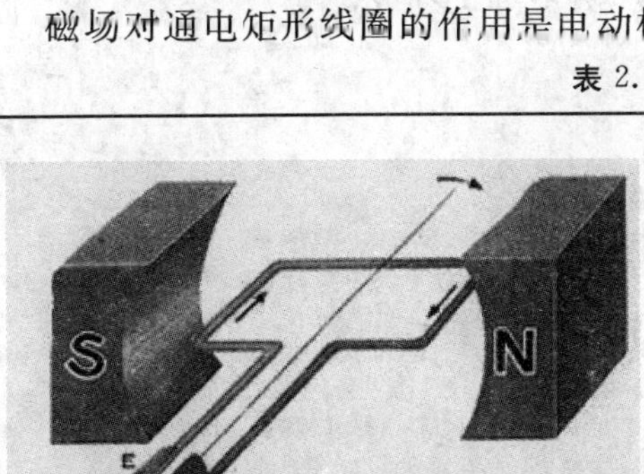	在匀强磁场中放入一个线圈,当给线圈通入电流时,它就会在电磁力的作用下旋转起来。线圈的旋转方向可按左手定则判断,当线圈平面与磁感线平行时,线圈在 N 极一侧的部分所受电磁力向下,在 S 极一侧的部分所受电磁力向上,线圈按顺时针方向转动,这时线圈所产生的转矩最大

续表

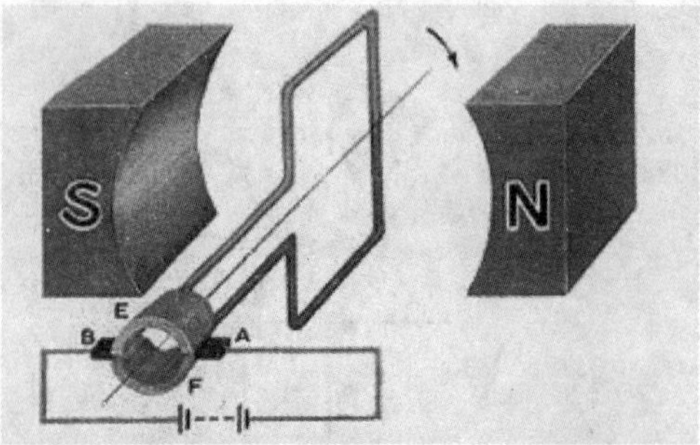	线圈转到平衡位置时，两电刷恰好接触两半环间的绝缘部分：线圈由于惯性继续转动，转过平衡位置后，电流即改变方向
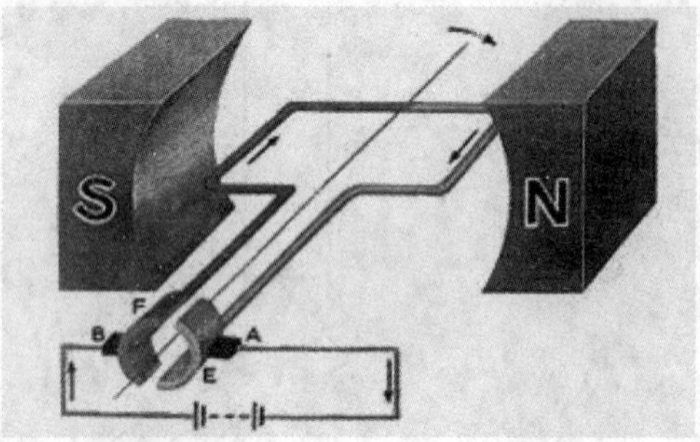	线圈两边的电流方向与开始状态相反，受力方向也相反，线圈仍顺时针转动
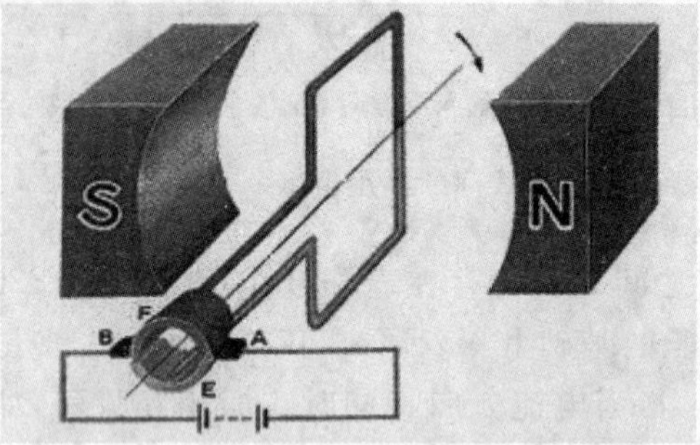	线圈又转到平衡位置，换向器又自动改变电流方向

表格所列图中 A、B 为电刷，E、F 为换向器的两个半环。

由于此种电动机的电源是直流电源，所以称为直流电动机。此外，许多利用永久磁铁来使通电线圈偏转的磁电式仪表，也是利用这一原理制成的，如图 2.11 所示。

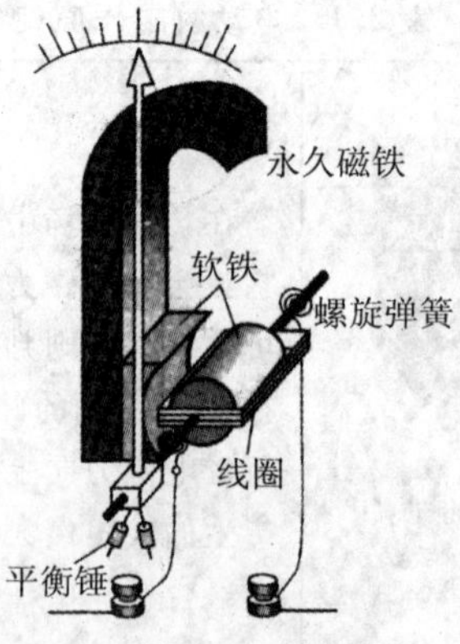

图 2.11　磁电式仪表

小思考

表 2.1 中，当线圈与磁感线垂直时，电磁转矩为零，你能说出其中的原因吗？

第 3 节　电磁感应

一、电磁感应现象及其产生条件

前面我们已经论述了电能产生磁的基本原理，那么，磁能否产生电呢？英国科学家法拉第在 1831 年发现了磁能够转换为电，即磁生电的重要事实及其规律——电磁感应定律。

为了理解电磁感应定律，我们先来观察两种实验现象。

1. 直导体切割磁感线产生感应电动势

如图 2.12 所示，当导体在磁场中静止不动或沿磁感线方向运动时，检流计的指针不偏转，这说明导体回路不产生电流。当导体向右运动时，检流计指针向右偏转一下；当导体向左运动时，检流计指针向左偏转一下，这说明导体回路有电流存在。

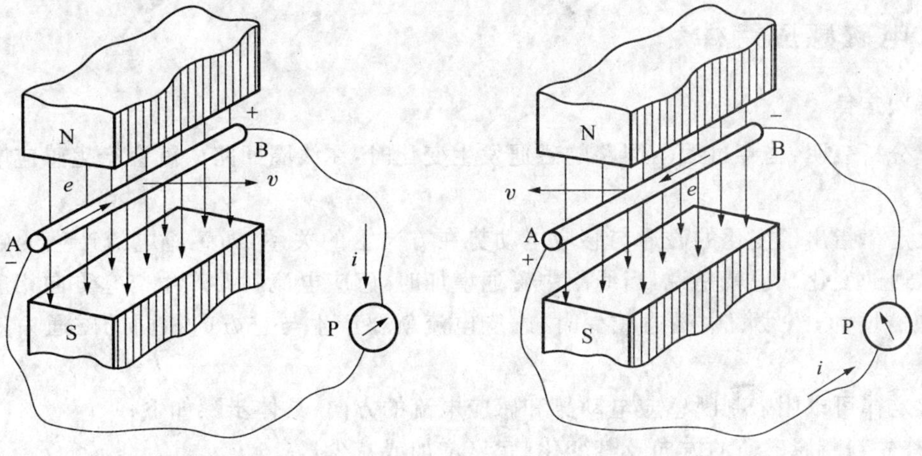

（a）导体向右运动　　（b）导体向左运动

图 2.12　直导体的电磁感应现象

2. 线圈中磁通变化产生感应电动势

如图 2.13 所示，当将一块条形磁铁瞬时插入线圈时，我们会观察到检流计指针向一个方向偏转；如果条形磁铁在线圈内静止不动时，检流计指针不发生偏转；将条形磁铁由线圈中迅速拔出时，又会观察到检流计指针向另一方向偏转。

上述实验现象说明：当导体相对于磁场运动而切割磁感线或者线圈中的磁通发生变化时，在导体或线圈中都会产生感应电动势。若导体或线圈构成闭合回路，则导体或线圈中将有电流流过。如果把图 2.12 的直导体回路看成是一个单匝线圈，那么导体中的电流也是由于磁通的变化而引起的。

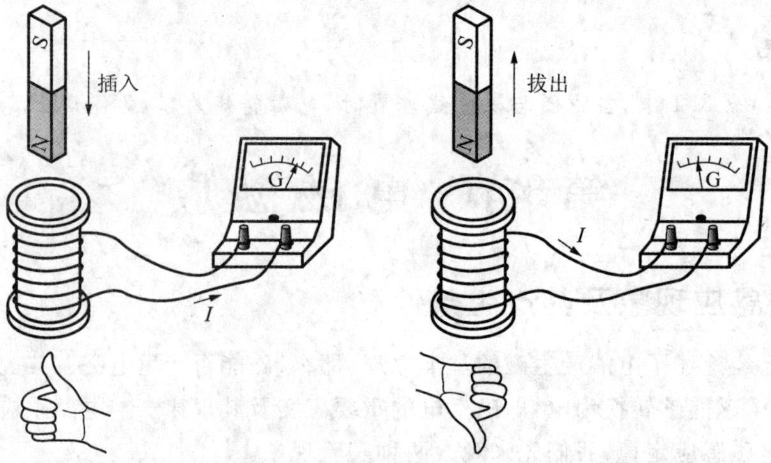

(a) 插入　　　　(b) 拔出

图 2.13　线圈的电磁感应现象

我们把这种由于磁通变化而在导体或线圈中产生感应电动势的现象称为电磁感应现象。由电磁感应产生的电动势叫做感应电动势或感生电动势；由感应电动势引起的电流叫做感应电流或感生电流。

二、电磁感应定律

1. 楞次定律

以上分析表明：当穿过线圈回路的磁通发生变化时，在线圈回路中就会产生感应电动势和感应电流。

楞次定律指出了变化的磁通与感应电动势在方向上的关系，即感应电流产生的磁通总是阻碍原磁通的变化。也就是说，当线圈中磁通增加时，感应电流就要产生与它方向相反的磁通去阻碍它的增加；当线圈中磁通减少时，感应电流就要产生与它方向相同的磁通去阻碍它的减少。

楞次定律可以用来判断感应电动势和感应电流的方向，具体步骤如下：

(1)首先判断原磁通的方向及其变化趋势(增加或减少)。

(2)其次确定感应电流的磁通方向应和原磁通同向还是反向。

(3)最后根据感应电流产生的磁通方向，用右手螺旋定则确定感应电动势或感应电流的方向。

应当注意的是，判断时必须把产生感应电动势的线圈或导体看作电源。

在图 2.13(a)中，当把磁铁插入线圈时，线圈中磁通就会增加。根据楞次定律，感应电流的磁场应阻碍原磁通的增加，则线圈感应电流产生的磁场方向应为上 N 下 S，再由右手螺旋定则可判断出感应电流的方向是由右端流进检流计。

当磁铁拔出线圈时，如图 2.13(b)所示，用同样的方法可判断出感应电流应当由左端流进检流计。

直导体中感应电动势的方向，可用右手定则判断。如图 2.14 所示，右手平展，使大拇指与其余四指垂直，并且都跟手掌在一个平面内。把右手放入磁场中，使磁感线垂直穿入手心(当磁感线为直线时，相当于手心面向 N 极），大拇指指向导线运动方向，则四指所指方向为导线中感应电流的方向。

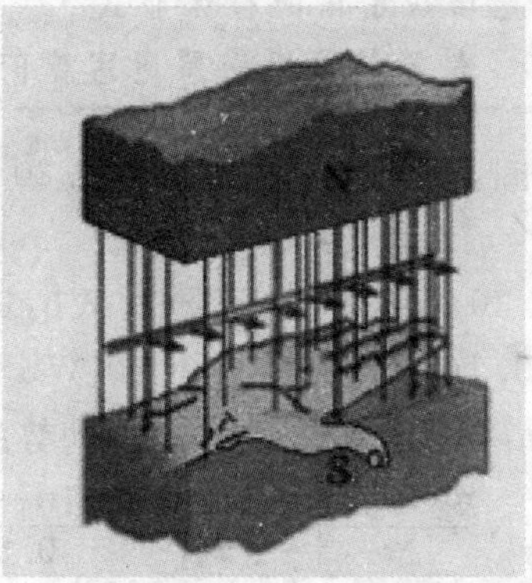

图 2.14　右手定则

小提示

一般来说，如果导体和磁感线之间有相对运动时，用右手定则判断电流方向较为方便；如果导线与磁感线之间无相对运动时，只是穿过闭合回路的磁通发生了变化，则用楞次定律来判断感应电流的方向。

电磁学中，右手定则判断的主要是与力无关的方向。

2. 法拉第电磁感应定律

感应电动势的大小与哪些因素有关呢？在图 2.13 所示的实验中，我们发现：检流计指针偏转角度的大小与磁铁插入或拔出线圈的速度有关，当磁铁运动速度越快时，检流计指针偏转角度越大；反之越小。而磁铁插入或拔出的速度，反映的是线圈中磁通变化速度的快慢。

上述现象可以总结为：线圈中感应电动势的大小与穿过同一线圈的磁通变化率（磁通变化快慢）成正比。这一规律叫做法拉第电磁感应定律。

设通过线圈的磁通量为 Φ，则单匝线圈中产生的感应电动势的大小为

$$e=\left|\frac{\Delta\Phi}{\Delta t}\right|$$

对于 N 匝线圈，其感应电动势为

$$e=\left|N\frac{\Delta\Phi}{\Delta t}\right|$$

式中，e 是在 Δt 时间内感应电动势的平均值，单位为 V；N 为线圈的匝数；$\Delta\Phi$ 为线圈中磁通的变化量，单位为 Wb；Δt 为磁通变化所需的时间，单位为 s。

对于在磁场中切割磁感线的直导体来说，依据式 $e=\Delta\Phi/\Delta t$ 可推导出计算感应电动势的具体公式为

$$e=BLv\sin\alpha$$

式中，e 感应电动势，单位为 V；B 为磁场中的磁感应强度，单位为 T；L 为导体在磁场中的有效长度，单位为 m；v 为导体在磁场中的运动速度，单位为 m/s；α 为导体运动方向与磁感线之间的夹角。

由上式可以看出，当导体垂直切割磁感线时，即 $\alpha=90^\circ$ 时，产生的感应电动势最大；当导体运动的方向与磁感线平行时，即 $\alpha=0^\circ$ 时，不产生感应电动势。

小提示

直导线是线圈不到 1 匝的特殊情况。

右手定则是楞次定律的特殊形式。

$e=BLv\sin\alpha$ 是法拉第电磁感应定律的特殊形式。

【例 2－2】有一个 100 匝的线圈，在 0.50 s 内磁通由 0.20 Wb 减小到 0.10 Wb。求线圈中感应电动势的大小。

分析：在 0.50 s 内磁通由 0.20 Wb 减小到 0.10 Wb，即在 0.50 s 内磁通的变化量为

$$0.10-0.20=-0.10\ \text{Wb}$$

解：根据法拉第电磁感应定律，可求出线圈中感应电动势的大小为

$$e=\left|N\frac{\Delta\Phi}{\Delta t}\right|=\left|N\frac{\Phi_2-\Phi_1}{\Delta t}\right|=\left|100\times\frac{0.10-0.20}{0.50}\right|=20\ \text{V}$$

【例 2－3】在一个磁感应强度 $B=0.20$ T 的匀强磁场中，有一根长度 $L=0.50$ m 的直导体以 6.0 m/s 的速度垂直切割磁感线。求直导体中感应电动势的大小。

分析：利用公式 $e=BLv\sin\alpha$，代入已知量即可计算出直导体中感应电动势的大小。

解：直导体中感应电动势的大小为

$$e=BLv\sin\alpha=0.20\times0.50\times6.0\times\sin90^\circ=0.60\ \text{V}$$

小思考

1. 在什么条件下，线圈中能产生感应电动势？有感应电动势产生，就一定有感应电流产生吗？

2. 有人把用楞次定律判断感应电流方向的方法归纳为四个字“增反减同”，你是怎样理解这四个字的？

第 4 节　自感、互感和涡流

一、自感

1. 自感现象

在图 2.15 所示电路中，当开关 S 合上瞬间，灯泡 HL_1 立即发光，但灯泡 HL_2 却由暗逐渐变亮。

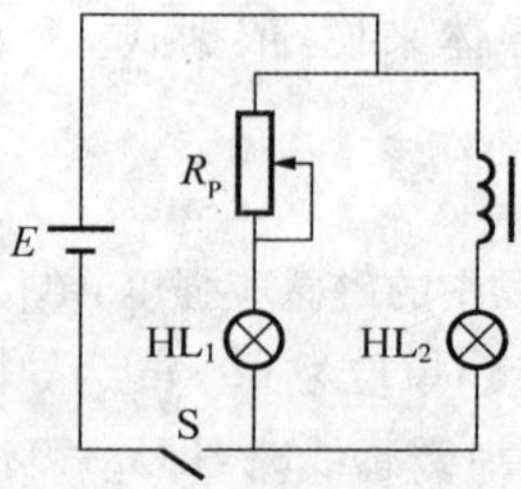

图 2.15　自感现象

产生该现象的原因是开关 S 闭合瞬间，通过线圈的电流发生了由无到有的变化，线圈中的磁通也随之变化，因而线圈中产生了较高的感应电动势。根据楞次定律可知，感应电动势要阻碍线圈中电流的变化，HL_2 支路中电流的增大必然要比 HL_1 支路迟缓些，因此灯泡 HL_2 也亮得迟缓些。

从上述实验可以看出，当线圈中的电流发生变化时，线圈中就会产生感应电动势，这个电动势总是阻碍线圈中原来电流的变化。这种由于流过线圈本身的电流发生变化而引起的电磁感应现象称为自感现象，简称自感。在自感现象中产生的感应电动势称为自感电动势，用 e_L 表示，自感电流用 i_L 表示。

2. 自感系数

自感电流产生的磁通称为自感磁通。当同一电流通入结构不同的线圈时，所产生的自感磁通量是不相同的。为了衡量不同线圈产生自感磁通的能力，引入自感系数(简称电感)这一物理量，用 L 表示，它在数值上等于一个线圈中通过单位电流所产生的自感磁通。即

$$L=\frac{N\Phi}{I}$$

式中，N 为线圈的匝数；Φ 为每一匝线圈的自感磁通。

L 的单位是亨利，用 H 表示。常采用较小的单位有毫亨(mH)和微亨(μH)。

线圈的电感是由线圈本身的特性决定的。线圈越长，单位长度上的匝数越多，截面积越大，电感就越大。有铁芯的线圈，其电感要比空心线圈的电感大得多。

3. 自感电动势

自感现象是电磁感应现象的一种特殊情况，它必然也遵从法拉第电磁感应定律。将 $N\Phi=LI$ 代入 $e_L=N\Delta\Phi/\Delta t$ 可得自感电动势

$$e_L=L\frac{\Delta I}{\Delta t}$$

电感线圈与电容器相似，都是电路中的储能元件。电感线圈中磁场能量为

$$W_L=\frac{1}{2}LI^2$$

由此可见，线圈的电感反映了它所储存磁场能量的能力。

4. 自感现象的应用

荧光灯就是利用自感现象进行工作的。

荧光灯电路如图 2.16 所示。在开关接通瞬间，线路上的电压全部加在启辉器两端，迫使启辉器辉光放电。辉光放电所产生的热量使启辉器中双金属片变形，并与静触片接触，使电路接通，电流方向如图 2.16(a)所示。经过片刻，启辉器自动断开，电路的电流突然中断，在这个瞬间，镇流器两端产生一个很高的自感电动势，此高压与电源电压一起加在被预热了的灯管两灯丝之间，使管内氩气电离导电，进而使管内的水银变为蒸气，最后水银蒸气被电离导电如图 2.16(b)所示。放电时辐射出的紫外线激励管壁上的荧光粉，发出像日光一样的光线。荧光灯管壁上涂不同的荧光粉，可得到不同颜色的光线。

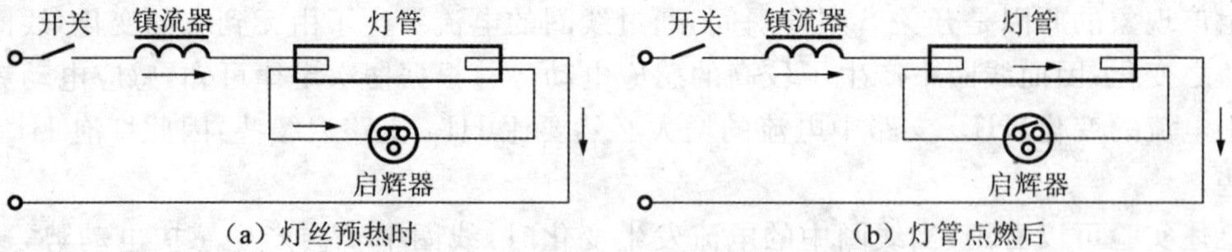

图 2.16　荧光灯电路图

二、互感

1. 互感现象

在图 2.17 所示实验电路中，当电阻的阻值发生变化时，检流计的指针会发生偏转。这是由于线圈 A 中的电流发生了变化，从而引起磁通 Φ 的变化，其中穿过线圈 B 的磁通必然也发生变化。这样在线圈 B 中便产生了感应电动势和感应电流。

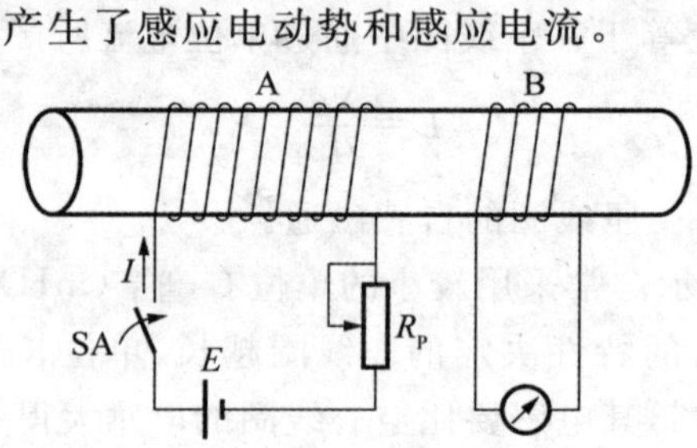

图 2.17　互感

我们把这种由于一个线圈中的电流发生变化，而在另一线圈中产生感应电动势的现象叫做互感现象，简称互感。由互感产生的感应电动势叫做互感电动势，用 e_M 表示。即

$$e_M = M\frac{\Delta I_1}{\Delta t}$$

式中，M 称为互感系数，单位和自感相同，也是亨(H)。

2. 互感线圈的同名端

应用互感可以很方便地将能量或信号由一个线圈传递到另一个线圈。当两个或两个以上线圈彼此耦合时，常常需要知道互感电动势的极性。

利用线圈同名端，可以很容易判断互感电动势的极性，以及了解线圈的绕向。由于线圈绕向一致而产生感应电动势的极性始终保持一致的端子称为线圈的同名端，用"·"或"*"表示。

如图 2.18 中，SA 闭合瞬间，A 线圈有电流 I 从 1 端流进，根据楞次定律，在 A 线圈两端产生自感电动势，极性为左正右负。利用同名端可确定 B 线圈的 4 端和 C 线圈的 5 端皆为自感电动势的正端。因此，1、4、5 就是一组同名端。

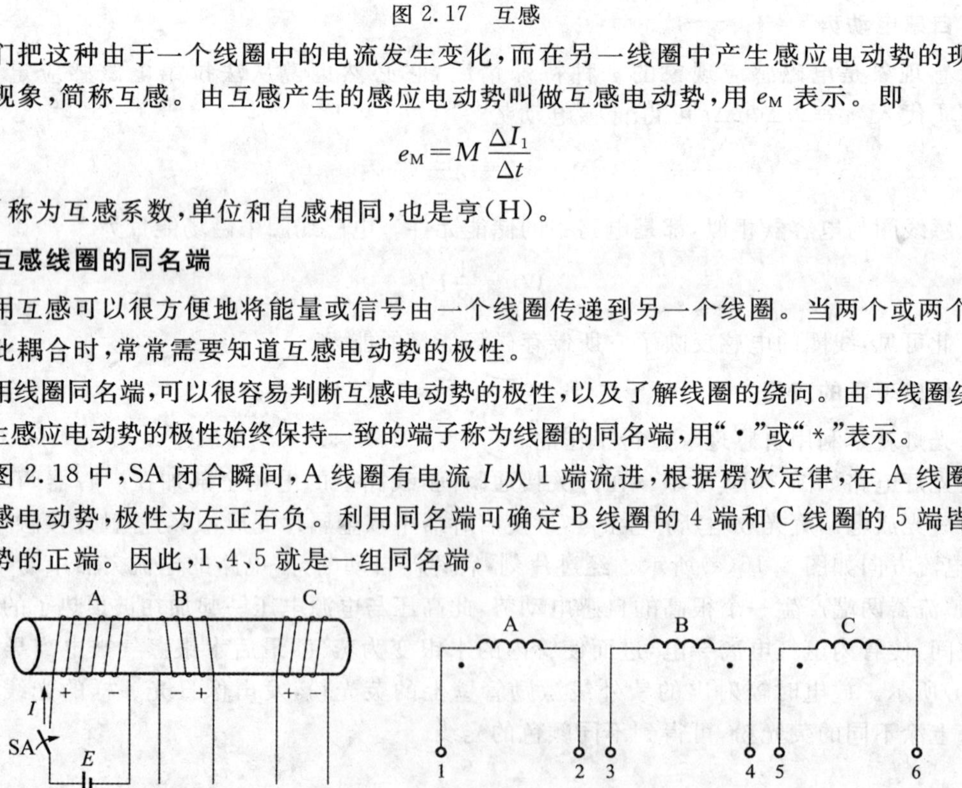

图 2.18　互感线圈的同名端

3. 互感现象的应用

互感现象的一个重要应用就是制作变压器。如图 2.19 所示为简单变压器的工作原理示意图。

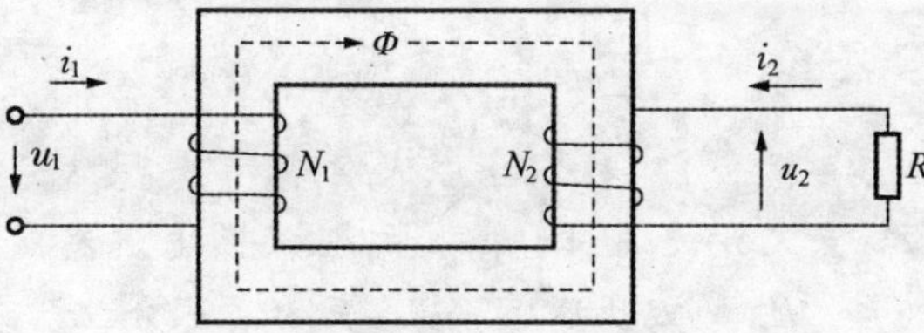

图 2.19　变压器的工作原理

当变压器的一次绕组接入交变电压 u_1 时，在一次绕组中便有交变电流流过，并产生交变磁通，该磁通同时穿过一、二次绕组时，就在两个绕组中分别产生与电源频率相同的感应电动势 e_1 和 e_2。

设一、二次绕组的匝数分别为 N_1 和 N_2，由法拉第电磁感应定律可推出

$$\frac{u_1}{u_2}=\frac{N_1}{N_2}$$

由此可见，只要改变一、二次绕组的匝数比，就可以得到所需要的二次电压。

4. 互感现象的避免

对于电路来说，互感并非总是有利无害，如果电路中线圈的位置安放不当，各线圈产生的磁场就会相互干扰，严重时会导致整个电路无法工作。由于受到设备或仪器体积的限制，加大线圈间距离的办法往往行不通，这时可以采用以下方法。

(1)将两个线圈垂直放置，如图 2.20 所示。

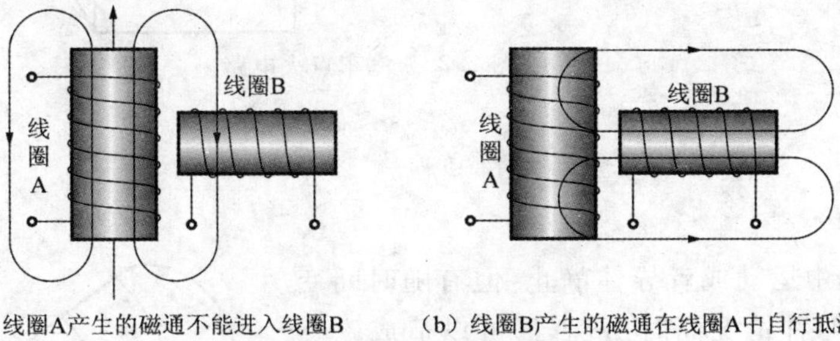

(a) 线圈A产生的磁通不能进入线圈B　　(b) 线圈B产生的磁通在线圈A中自行抵消

图 2.20　线圈垂直放置

(2)安装磁屏蔽罩，如图 2.21 所示。

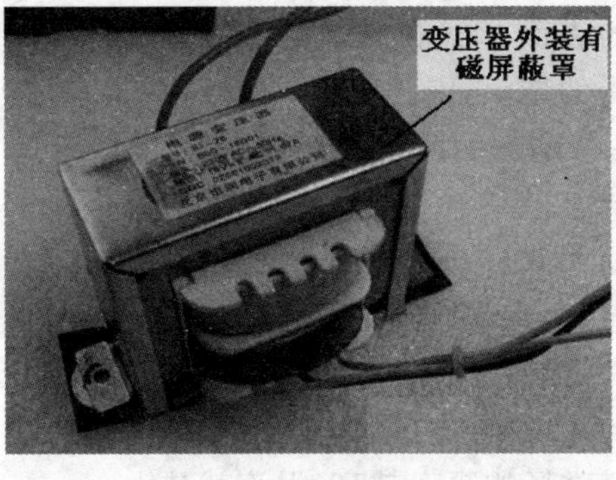

图 2.21　磁屏蔽罩

磁屏蔽罩由铁磁材料制成，由于铁磁材料的磁导率比空气的磁导率大得多，所以外磁场的磁通沿着铁壁通过，进入空腔的磁通很少，从而起到磁屏蔽的作用。

资料卡片

汽车点火电路

如图 2.22 所示，点火开关通、断瞬间，初级线圈电流突然变化，由于互感作用，使次级线圈产生 1.5×10^4 V 以上瞬间高压，再由高压分配器送到火花塞。

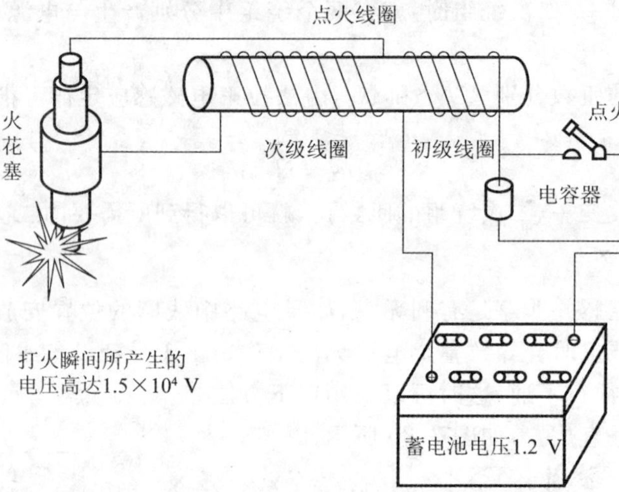

图 2.22　汽车点火电路

三、涡流

1. 涡流现象

导体在磁场中运动或者导体静止，但有随时间变化的磁场，或者两种情况同时出现，都可以造成磁感线与导体的相对切割。按照电磁感应定律，在导体中就产生感应电动势，从而驱动电流。这样引起的电流在导体中的分布随着导体的表面形状和磁通的分布而不同，其路径往往犹如水中的漩涡，因此称为涡流。

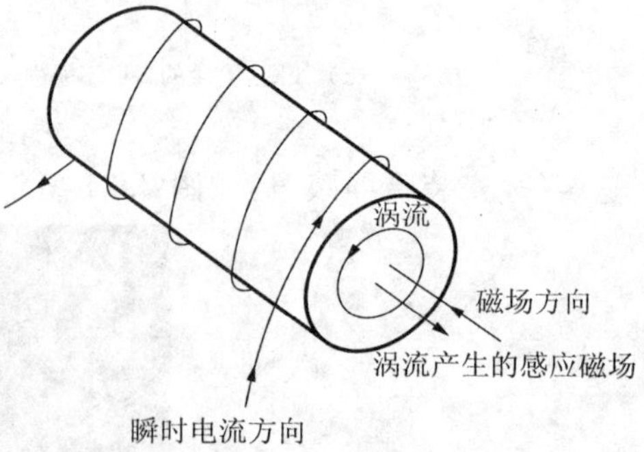

图 2.23　涡流

如图 2.23 所示，在一根导体外面绕上线圈，并把线圈通交流电，那么线圈就产生交变磁场。由于线圈中间的导体在圆周方向可以等效成一圈圈的闭合回路，所以在导体的圆周方向会产生感应电流，电流的方向沿导体的圆周方向转圈，就像一圈圈的漩涡，因此这种情况下产生的感应电流被称为涡流。

导体的外周长越长，交变磁场的频率越高，涡流就越大。

2. **涡流的危害**

涡流有时会给我们的工作和生活带来危害，如图 2.24 所示。变压器的铁芯在工作时会产生涡流，增加能耗，并导致变压器发热。为了减少发热，降低能耗，提高变压器效率，人们一般不用整块材料做铁芯，而是把铁芯材料首先轧制成很薄的板材，板材外面涂上绝缘材料，再把板材叠放在一起，形成铁芯。这样，变压器在工作时，铁芯中的每一片材料的回路都很小，涡流也就降低了。

图 2.24　变压器

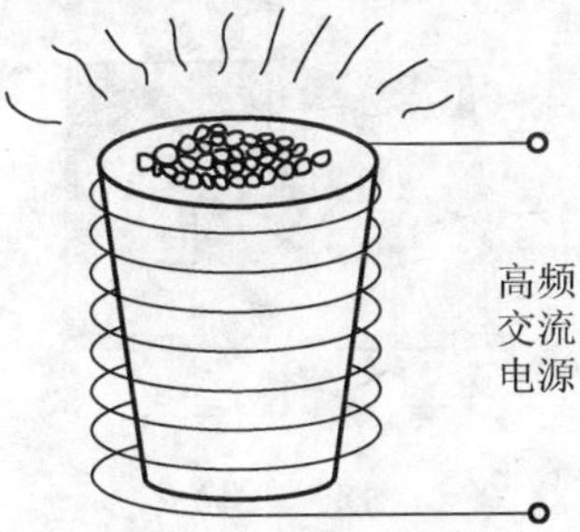

图 2.25　高频感应炉

3. **涡流的应用**

导体中有电流可以发热，我们可以利用足够大的电力在导体中产生很大的涡流，使金属受热甚至熔化。据此，人们制造出了感应炉，用来冶炼金属，如图 2.25 所示。

为了增大涡流，采用高频大功率的交流电。在感应炉中，有产生高频电流的电源，有产生交变磁场的线圈，线圈中间放置一个耐火材料制造的坩埚，用来盛放待熔化的金属。

资料卡片

电磁炉是应用电磁感应加热原理而制成的新型炉具，其主要具有无明火、无污染、高效节能的特点，消除了传统炉具的很多缺陷，在许多国家非常流行，目前已成为家庭烹饪的主力炉具。

电磁炉的加热原理为：高频交变磁场在锅具和磁芯之间形成闭合磁路，由于铁锅对磁涡流产生涡流损耗和磁滞损耗，使铁锅产生发热效应，如图 2.26 所示。

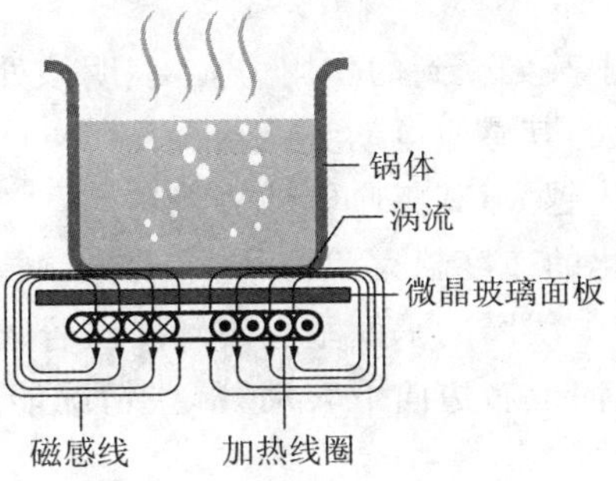

图 2.26　电磁炉加热原理

本章习题

1. 通电直导线附近的小磁针如图 2.27 所示，试标出导线中的电流方向。

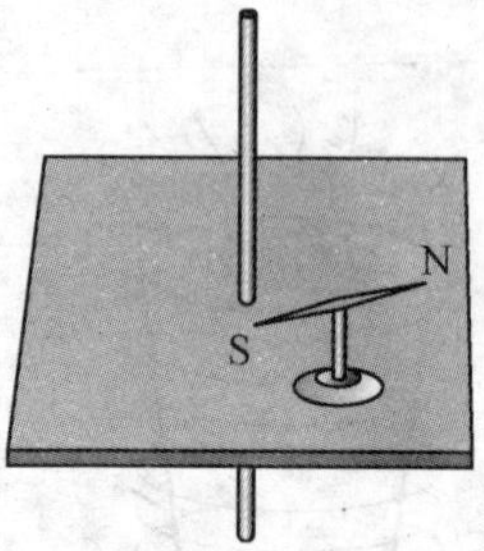

图 2.27

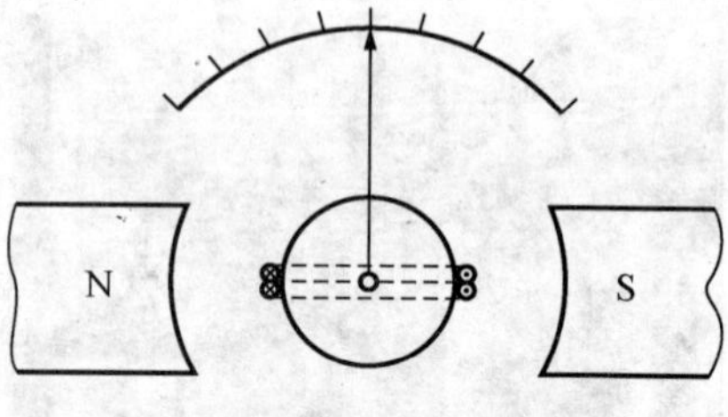

图 2.28

2. 如图 2.28 所示为磁电式仪表原理图，当测量直流电压或电流时线圈受到电磁力作用并带动指针偏转。试判断图中指针偏转方向。

3. 在图 2.29 中，已分别标出了电流 I、磁感应强度 B 和电磁力 F 3 个物理量中的两个物理量的方向，试标出第三个物理量的方向。

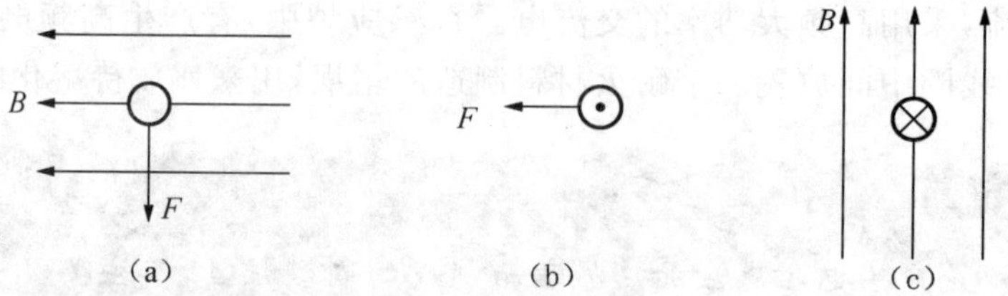

图 2.29

4. 判断下列说法是否正确？

(1) 磁感线密集处磁感应强度大。 (　　)

(2) 通电导线在磁场中受力为零，磁感应强度一定为零。 (　　)

(3) 在磁感应强度为 B 的匀强磁场中，放入一个面积为 S 的线框，通过线框的磁通一定为 $\Phi = BS$。 (　　)

(4) 一段通电导线在磁场中某处受到的作用力大，表明该处的磁感应强度就大。 (　　)

(5) 穿过线圈的磁通量越大，其感应电动势就越大。 (　　)

(6) 穿过线圈的磁通量变化越大，其感应电动势就越大。 (　　)

(7) 穿过线圈的磁通量变化的速度越大，其感应电动势就越大。 (　　)

5. 如图 2.30 所示，矩形导电线圈的平面垂直磁感线。若线圈按箭头方向运动，即图(a)平移，图(b)水平转动，图(c)左边向上右边向下转动，哪些情况能产生感应电流？试分别画出各线圈中感应电流的方向。

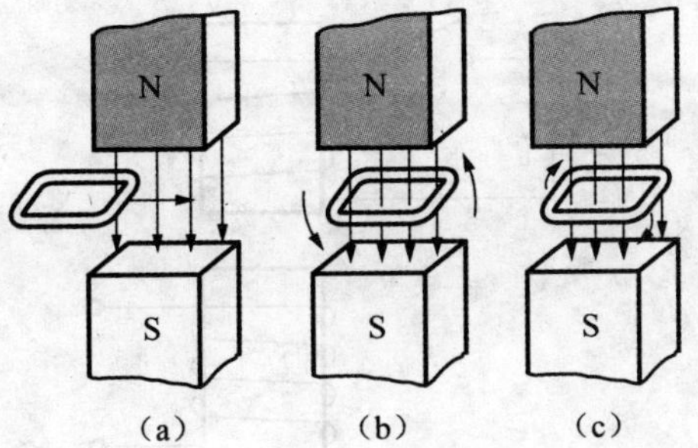

图　2.30

6. 在图 2.31 中标出电流产生的磁场方向或电源的正负极性。

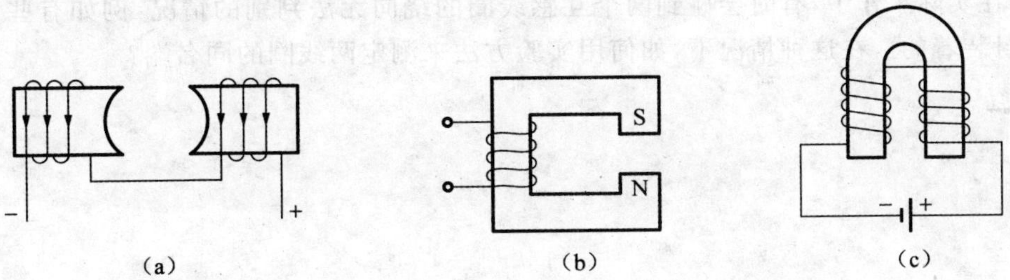

图　2.31

7. 图 2.32 中，直导线在外力 D 作用下沿 v 方向在均匀磁场中做切割磁感线的运动。试应用楞次定律判断直导线中感应电动势的方向。

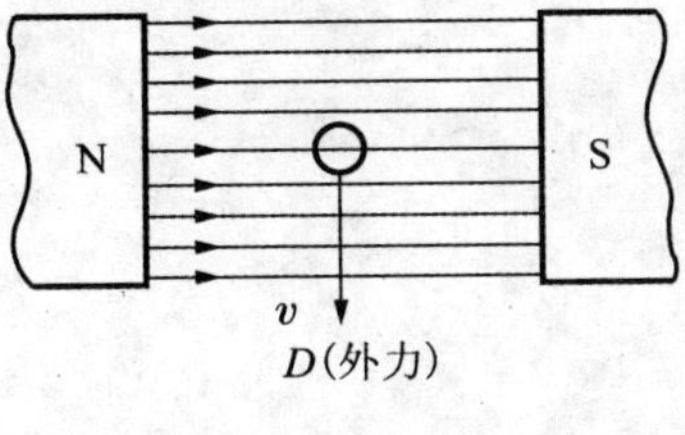

图　2.32

8. 图 2.33 中，线圈向上运动，永久磁铁不动，判断线圈所产生的感应电动势的极性。

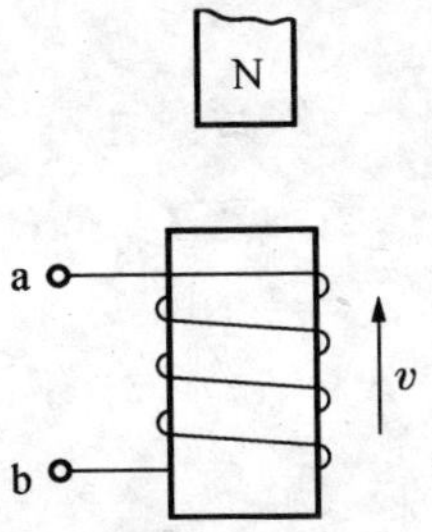

图　2.33

9. 图 2.34 中，当开关 S 接通线圈 A 的电路瞬间，试确定线圈 B 的感应电动势方向。

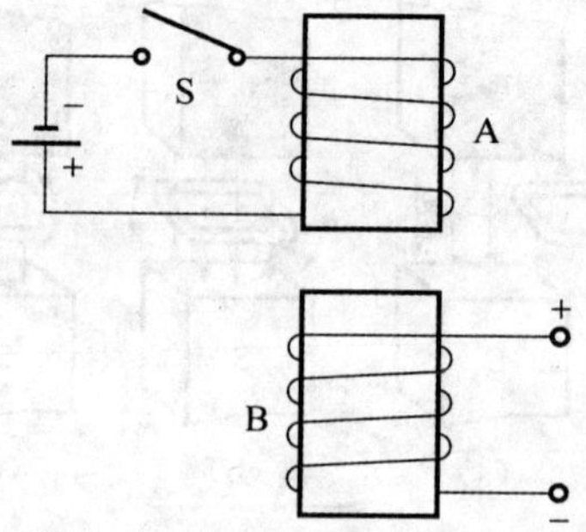

图 2.34

10. 在实际工作中，有时会碰到两个互感线圈的绕向无法判别的情况，例如有些设备中的线圈是封装着的。在这种情况下，如何用实验方法来测定两线圈的同名端？

第3章 正弦交流电路

1. 理解正弦交流电的三要素、相位差及有效值。

2. 掌握正弦交流电的各种表示方法以及相互间的关系。

3. 理解电路基本定律的相量表示式和阻抗，并掌握用相量法计算简单正弦交流电路的方法。

4. 掌握有功功率和功率因数的计算，了解瞬时功率、无功功率、视在功率的概念和提高功率因数的经济意义。

交流电的应用最为广泛，是目前供电和用电的主要形式。交流电和直流电相比有以下优点：

第一，交流电可以方便地通过变压器变压，便于输送、分配和使用；

第二，交流电机比直流电机结构简单，制造方便，运行可靠；

第三，交流电通过整流装置可以获得所需要的直流电。

第1节　交流电的基本概念

一、交流电概述

与干电池、蓄电池等直流电源不同，电厂向用户提供的是交流电。交流电与直流电的根本区别是，直流电的方向不随时间的变化而变化，交流电的方向则随时间的变化而变化。

下面以示波器显示的不同波形为例做比较：

如图 3.1(a)所示为某直流电源的电压波形，电压或电流的大小和方向都不随时间变化而变化，所以称为稳恒直流电。

如图 3.1(b)所示为家庭电源插座上电压的波形，电压或电流的大小和方向按正弦规律变化，所以称为正弦交流电。

实际应用的交流电并不仅限于正弦交流电，例如图 3.1(c)所示锯齿波电流、图 3.1(d)所示方波电压信号等，它们都是非正弦交流电。非正弦交流电可以认为是一系列正弦交流电叠加合成的结果，所以正弦交流电也是研究非正弦交流电的基础。

以后如果没有特别说明，本章所讲的交流电都是指正弦交流电。

为了对正弦交流电有较为形象的了解，我们假定把正弦交流电通入一个电灯，若灯的亮度与电流成正比，则灯的亮度与电流的波形图的对应关系如图 3.2 所示。

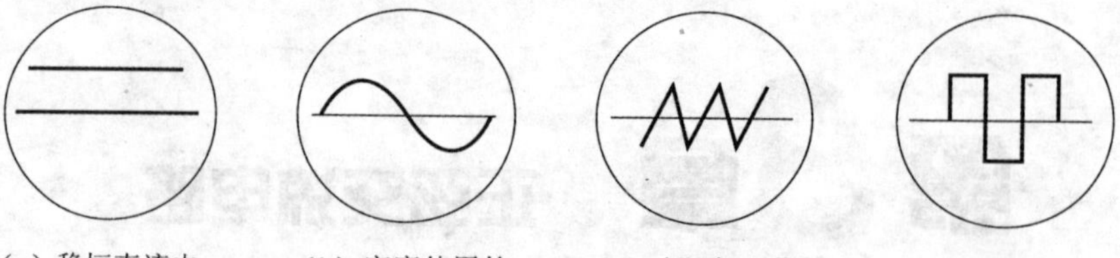

(a) 稳恒直流电　(b) 家庭使用的正弦交流电　(c) 电视机显像管的偏转电流　(d) 计算机中的方波电压信号

图 3.1　直流电和交流电波形

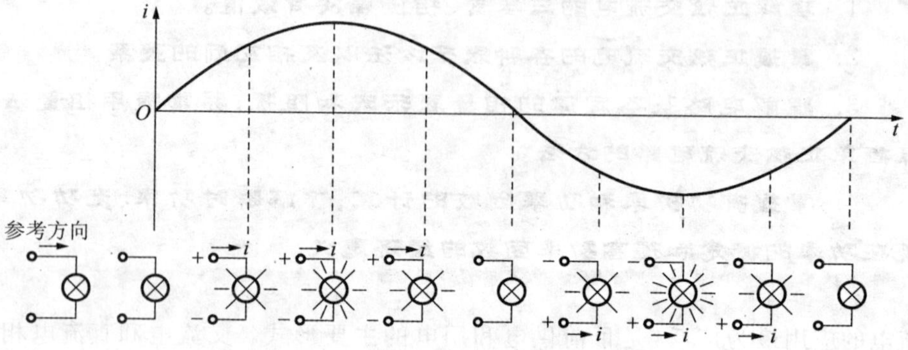

图 3.2　电灯中通过正弦交流电的情况

从图中可以看出，交流电在电路中的方向是不断改变的。我们选定一个参考方向，当电流的方向与参考方向一致时为正值，与参考方向相反时为负值。交流电的数值变化使灯的亮度随之变化，由于电流的变化所产生的灯光闪烁称为频闪效应。但是实际上电流的变化往往很快，这一现象不易被觉察。由此可以联想到交流电通过各种元件所产生的现象都与直流电不同，这就是本章讨论的主要内容。

为了便于讨论，我们首先讨论正弦交流电的产生和主要参数。

二、交流电的产生

交流电可以由交流发电机提供，也可由振荡器产生。交流发电机主要是提供电能，振荡器主要是产生各种交流信号。

交流发电机也是利用电磁感应原理进行工作的，其结构主要由定子和转子组成，如图3.3所示。如图 3.4 所示为交流发电机的横截面示意图。

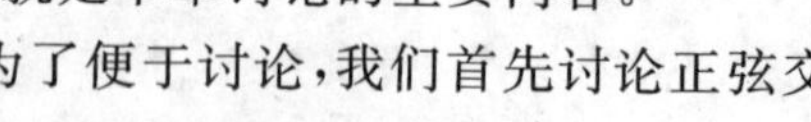

图 3.3　交流发电机结构示意图

图 3.4　交流电发电机横截面示意图

定子就是固定不动的磁铁，它的磁极被设计成特殊形状。磁极中心处的磁感应强度最大，在中心两侧磁感应强度按正弦规律逐渐减小，在磁极分界面 OO' 处磁感应强度正好为零（磁感应强度为零的平面称为中性面）。转子是在磁场内按一定转速 ω 转动的线圈，线圈转动，从而切割磁感线产生感应电动势。整个线圈产生的感应电动势为

$$e=E_m\sin(\omega t+\varphi_e)$$

上式为正弦交流电动势的瞬时表达式，也称为解析式。正弦交流电压、电流等表达式与其类似。

交流发电机的工作过程如图 3.5 所示。

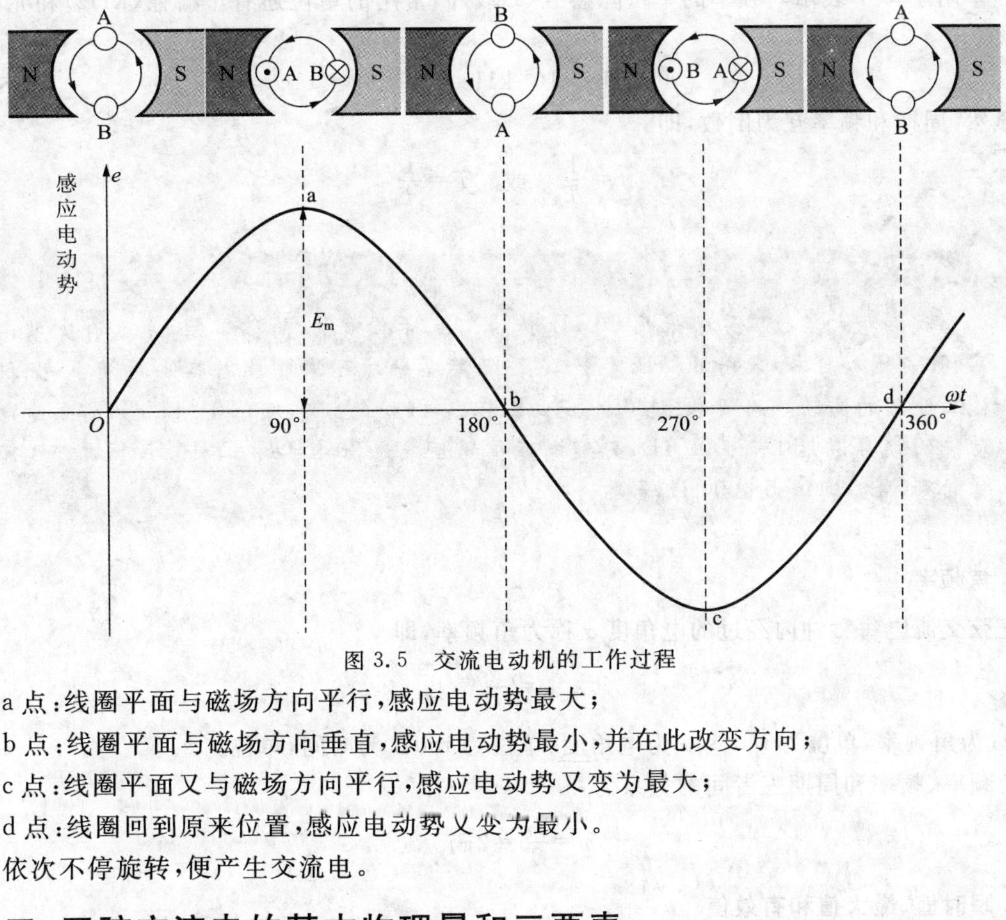

图 3.5　交流电动机的工作过程

a 点：线圈平面与磁场方向平行，感应电动势最大；

b 点：线圈平面与磁场方向垂直，感应电动势最小，并在此改变方向；

c 点：线圈平面又与磁场方向平行，感应电动势又变为最大；

d 点：线圈回到原来位置，感应电动势又变为最小。

依次不停旋转，便产生交流电。

三、正弦交流电的基本物理量和三要素

1. 周期

交流电从零增大到正的最大值，然后回到零，再变为负的最大值，又回到零。这样交流电完成一次完整的变化所需的时间称为交流电的周期。换言之，波形上某点到波形再次重复该位置之间是一个周期。这里的"正"、"负"用来表示相反的方向。

周期用字母 T 表示。周期的单位是秒(s)，常用的单位还有毫秒(ms)、微秒(μs)和纳秒(ns)。

$$1\ \text{s}=10^3\ \text{ms}=10^6\ \mu\text{s}=10^9\ \text{ns}$$

2. 机械角度和电角度

在图 3.3 中，当线圈旋转一周，我们说它转过 360°机械角度。

在图 3.5 中，当交流电动势经过一个周期，我们说它经过 360°或 2π rad 电角度。

3. 频率

在图 3.3 中，线圈每旋转 360°的机械角度，就产生 360°或 2π rad 的正弦波，即一个完整的波形。如果线圈每秒旋转 50 转，即每分钟转动 3 000 转，则每秒内产生 50 个完整的波形。这时就称其频率为 50 Hz。频率在数值上等于交流电每秒内产生的完整波形的个数。

频率用字母 f 表示。频率的单位除赫兹(Hz)外，常用的单位还有千赫兹(kHz)和兆赫兹(MHz)。

$$1\ \text{MHz}=10^3\ \text{kHz}=10^6\ \text{Hz}$$

显然，周期和频率互为倒数，即

$$f=\frac{1}{T}\quad 或\quad T=\frac{1}{f}$$

资料卡片

我国和大多数国家都采用 50 Hz 作为工业标准频率(简称工频)。只有少数国家(如美国和日本)采用 60 Hz。除工频外，某些领域还需要采用其他的频率，如机械工业用的高频炉的频率为 200～300 kHz，中频炉的频率为 500～800 Hz，高速电动机的频率为 150～2 000 Hz，无线电通信的频率为 30 kHz～3×10^4 MHz，有线通信的频率为 300～5 000 Hz 等。

4. 角频率

正弦交流电每秒钟内经过的电角度 α 称为角频率，即

$$\omega=\frac{\alpha}{t}$$

式中，ω 为角频率，单位为 rad/s；α 为电角度，单位为 rad；t 为时间，单位为 s。

角频率、频率和周期三者间的关系为

$$\omega=\frac{2\pi}{T}=2\pi f$$

5. 瞬时值、最大值和有效值

(1)瞬时值。正弦交流电随时间按正弦规律变化，我们把正弦交流电在任意时刻的数值称为瞬时值，正弦电动势、电压、电流的瞬时值分别用字母 e、u 和 i 表示。瞬时值有正有负，也可能为零。

(2)最大值。最大的瞬时值称为最大值(或峰值、振幅)。正弦交流电动势、电压和电流的最大值分别用 E_m、U_m 和 I_m 来表示。最大值虽然有正有负，但习惯上最大值都以绝对值表示。

(3)有效值。由于最大值是一个特定瞬间的数值，无法用以表征正弦交流电流通过电阻做功的能力。因此，在实际工作中用有效值来计量交流电的大小。

交流电有效值是根据电流的热效应来定义的。使交流电和直流电加在同样阻值的电阻

上，如果在相同的时间内产生的热量相等，就把这一直流电的大小叫做相应交流电的有效值，如图3.6所示。换句话说，把热效应相等的直流电流（或电压、电动势）定义为交流电流（或电压、电动势）的有效值。交流电动势、电压和电流有效值的符号用E、U和I表示。

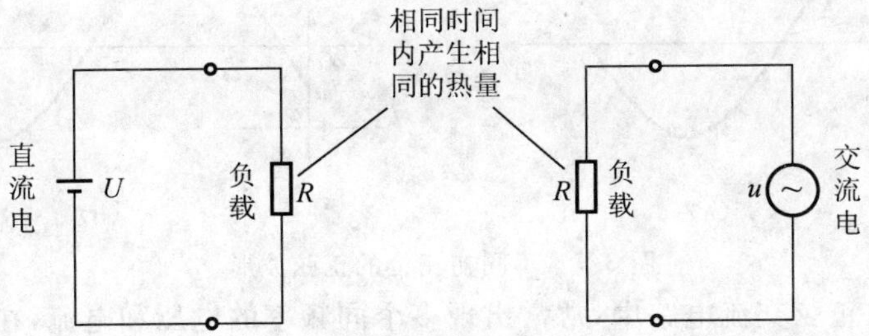

图3.6　交流电的有效值

理论与实验都可证明，有效值与最大值的关系为

$$E=\frac{E_m}{\sqrt{2}}\approx 0.707E_m$$

$$U=\frac{U_m}{\sqrt{2}}\approx 0.707U_m$$

$$I=\frac{I_m}{\sqrt{2}}\approx 0.707I_m$$

应该特别指出的是，若无特殊说明，交流电的大小总是指有效值。一般灯泡、电器、仪表上所标注的交流电压、电流数值也都是有效值。有效值不随时间变化。

例如，通常使用的单相照明电路的电压是220 V，也即有效值为220 V，则电路中电压的最大值$U_m=\sqrt{2}\times 220=311$ V。

【例3－1】已知某正弦交流电动势为$e=311\sin 314\,t$V，试求该电动势的最大值、角频率、频率和周期各为多少？

解：由式$e=311\sin 314t$ V，类比$e=E_m\sin(\omega t+\varphi_e)$可知

$$E_m=311\text{ V}$$

$$\omega=314\text{ rad/s}$$

$$f=\frac{\omega}{2\pi}=\frac{314}{2\times 3.14}=50\text{ Hz}$$

$$T=\frac{1}{f}=\frac{1}{50}=0.02\text{ s}$$

6. 相位、初相位和相位差

（1）相位。交流电随时间做周期性的变化，在不同的时间t，$(\omega t+\varphi)$是随时间变化的角度，称为相位角，简称相位。

（2）初相位。$t=0$时的相位角φ为初相位角，简称初相位。初相位的大小与所取的计时起点有关，由图3.7可见，所取计时起点不同，交流电流的初相位及其初始值i_{01}和i_{02}也就不同，因此，初相位决定了交流电的初始值。

相位与初相位的单位相同，都是弧度(rad)，有时为了方便也可以用度(°)。

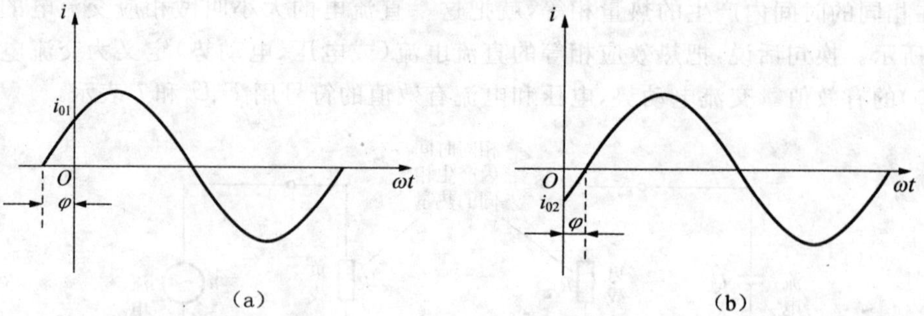

图 3.7　不同初相位的正弦波形

(3)相位差。在正弦交流电路中，常常出现多个同频率的电压和电流，在分析研究时，需要比较它们之间的相位关系。任意两个同频率的正弦量的相位(角)之差，称为相位差，用字母 φ 表示。例如，有两个同频率的正弦交流电

$$u=U_{m}\sin(\omega t+\varphi_{u})$$

$$i=I_{m}\sin(\omega t+\varphi_{i})$$

电压 u 和电流 i 之间的相位差为

$$\varphi=(\omega t+\varphi_{u})-(\omega t+\varphi_{i})=\varphi_{u}-\varphi_{i}$$

由此可见，两个频率相同的正弦量的相位差就是它们的初相位之差。虽然两个同频率正弦量的相位角都随时间改变，但它们的相位差却是不变的，即与时间 t 无关。

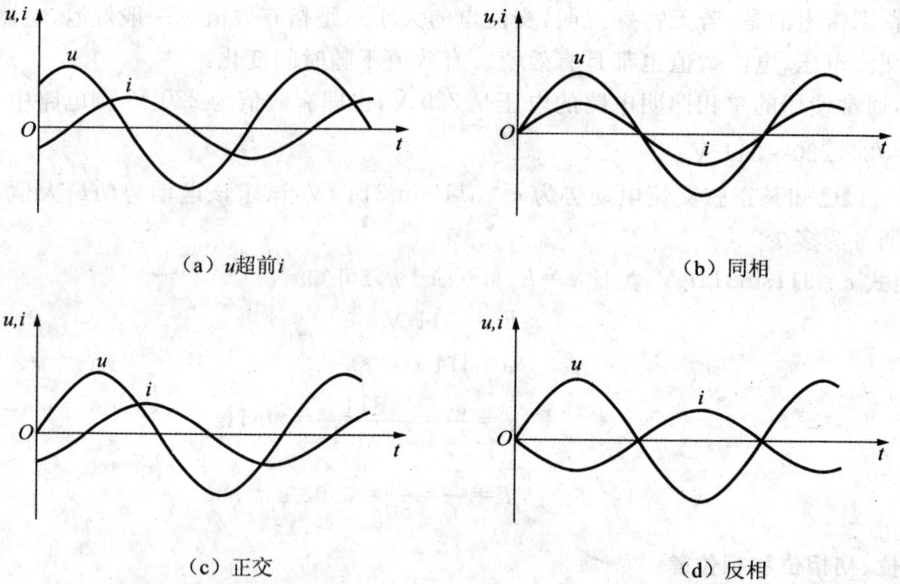

图 3.8　相位差

当 $\varphi>0°$，即 $\varphi_{u}>\varphi_{i}$ 时，波形如图 3.8(a)所示，电压 u 总是比电流 i 先经过零值和正的最大值。这时我们说，在相位上 u 超前 i 一个 φ 角，或者说 i 滞后 u 一个 φ 角。

当 $\varphi=0°$，即 $\varphi_{u}=\varphi_{i}$ 时，波形如图 3.8(b)所示，电压 u 和电流 i 同时到达零值和正的最大值，它们的变化步调一致，此时称 u 和 i 同相位，或 u 和 i 同相。

当 $\varphi=90°$时，波形如图 3.8(c)所示，u 比 i 超前 90°，或者 i 比 u 滞后 90°，此时称 u 和 i 正交。

当 $\varphi=180°$时，波形如图 3.8(d)所示，u 为正最大值时，i 正好为负最大值，此时称 u 和 i 相位相反，或 u 和 i 反相。

7. 正弦交流电的三要素

正弦交流电的最大值表示正弦量的变化范围；角频率表示正弦量的变化快慢；初相位反映出正弦量的初始值。若知道了这三个量就可以唯一确定一个正弦交流电，也就是说最大值(或有效值)、角频率(或频率或周期)和初相位是正弦交流电必不可少的三个要素，通常把它们称为正弦交流电的三要素。

【例 3－2】已知某正弦交流电动势 $e=311\sin\left(314t+\frac{\pi}{2}\right)$ V，请问该正弦交流电动势的三要素各为多少？

分析：将已知的正弦交流电动势的解析式与 $e=E_m\sin(\omega t+\varphi_e)$ 比较，可求出它的三要素。

解：根据分析可知：

最大值 $E_m=311$ V 或有效值 $E=\frac{E_m}{\sqrt{2}}=\frac{311}{\sqrt{2}}\approx220$ V；

角频率 $\omega=314$ rad/s 或频率 $f=\frac{\omega}{2\pi}=\frac{314}{2\pi}=50$ Hz 或周期 $T=\frac{1}{f}=\frac{1}{50}=0.02$ s；

初相位 $\varphi=\frac{\pi}{2}=90°$。

实验2 常用电子仪器的使用

一、实验目的

(1) 熟悉实验台上各种仪器、仪表的使用。

(2)了解实验台上信号发生器的作用，熟悉其使用方法。

(3)掌握用示波器观察信号波形，通过示波器测量波形的参数的方法。

二、实验设备与器材

(1)信号发生器(20 Hz～1 MHz)。

(2) 示波器。

(3)交流毫伏表(10 mV～300 V)。

三、实验原理说明

在模拟电子实验中，经常要使用电子示波器、信号发生器和交流毫伏表(见图3.9)等电子仪器来完成电路的测试工作。

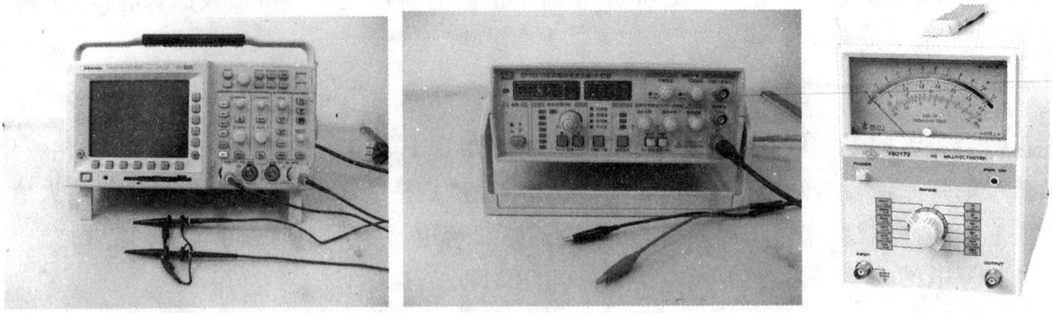

(a)电子示波器　　(b)信号发生器　　(c)交流毫伏表

图 3.9　仪器实物图

实验中要综合使用各种电子仪器，各种仪器与被测实验装置之间的连接如图 3.10 所示。接线时应注意，各仪器的公共接地端应连接在一起，也就是说要共地。信号发生器、交流毫伏表、示波器的引线要使用屏蔽线，以避免外界干扰。

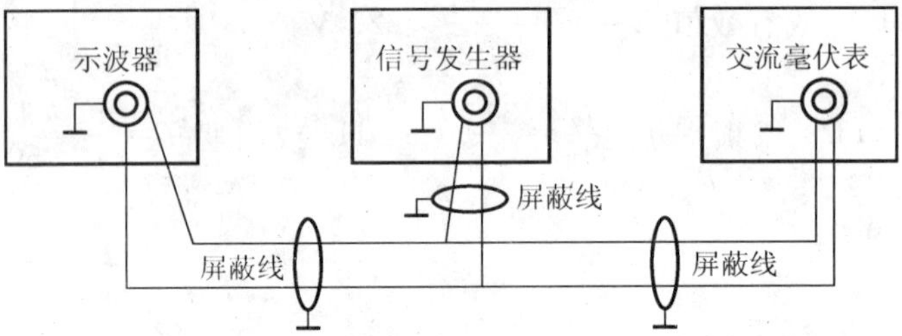

图 3.10　仪器连接图

(1)电子示波器。电子示波器是一种图形测量仪器，可定量测出电信号的波形参数。从荧光屏的 Y 轴刻度尺并结合其量程分挡选择开关可以读取电信号的幅值；从荧光屏的 X 轴刻度尺并结合其量程分挡选择开关可以读得电信号的周期、脉宽以及相位差等参数。

(2)信号发生器。信号发生器可以用来产生不同频率、不同幅值的正弦信号、方波信号和三角波信号等。

(3)交流毫伏表。交流毫伏表能在其工作频率范围内，测量正弦交流电压的有效值。为了防止电压过量程而损坏，测量前应先把量程开关置于量程较大的挡位，然后在测量中逐渐减小量程挡位。

四、实验内容与步骤

(1)熟悉示波器和信号发生器的各主要开关和旋钮的作用。

(2)按图 3.10 所示连接线路。

(3)启动信号发生器，将它的输出衰减开关分别置于 0、20 dB、40 dB、60 dB 的位置上，调节输出电压微调旋钮，用交流毫伏表测量电压的变化范围，并将测量结果记入表 3.1。

表 3.1　信号发生器的观测数据

输出衰减开关位置/dB	0	20	40	60
输出电压变化范围				

(4)将示波器电源接通预发热后，调节“辉度”、“聚焦”、“X 轴位移”、“Y 轴位移”等旋钮，使

荧光屏上出现扫描线。

(5)调节信号发生器，使其输出电压为 1～5 V、频率为 1 kHz，用示波器观察信号电压波形，调节"X 轴衰减"和"Y 轴增幅"旋钮，使荧光屏显示的电压波形的峰一峰值占 5 格左右。

(6)调节"扫描范围"和"扫描微调"旋钮，使荧光屏上显示出数个完整、稳定的正弦波。

(7)由低频信号发生器输出如上所要求的信号，用交流毫伏表测量其电压大小，用示波器观察波形并测量其电压大小和频率。将各仪表的读数记入表 3.2。

表 3.2　示波器观测数据

正弦信号		频率/Hz	400	1 k	2 k	20 k
		有效值/V	0.08	0.5	0.15	2
低频信号发生器	旋钮挡位	输出衰减				
		频段选择				
	输出信号	频率/Hz				
		有效值/V				
示波器	V/div	挡级				
	读数	电压峰一峰值				
	t/div	挡级				
	读数	信号频率				
交流毫伏表	量程	挡级				
	读数	电压有效值				

五、实验注意事项

(1)在大致了解示波器、信号发生器的使用方法以及各旋钮和开关的作用之后，再动手操作。使用这些仪器时，旋动各旋钮开关时不要用力过大。

(2)用示波器观察信号发生器的波形时，两台仪器的公共地线要接在一起，以免引进干扰信号。

六、预习与思考题

(1)怎样用示波器测量信号的峰一峰值？

(2)将用示波器所测的周期、有效值与信号源输出值进行比较。

七、实验报告要求

(1)记录用示波器测得的各个波形，标明被测信号的幅度和频率等。

(2)总结用示波器测量信号电压的幅值、频率的步骤和方法。

(3)回答思考题。

第2节　正弦交流电的表示法

一、解析法

正弦交流电的电动势、电压和电流的瞬时值表达式(或解析式)就是正弦交流电的解析表示法。即

$$e=E_m\sin(\omega t+\varphi_e)$$
$$u=U_m\sin(\omega t+\varphi_u)$$
$$i=I_m\sin(\omega t+\varphi_i)$$

二、波形图

根据正弦交流电的瞬时值表达式可作出它的曲线图即波形图,如本章第1节中图3.5和图3.7所示。

三、有效值相量图

有效值相量图,简称相量图,如图3.11所示。相量的长度表示正弦交流电的有效值,相量与水平正方向的夹角表示正弦交流电的初相位,沿逆时针方向转动的角度为正角,反之为负角。正弦交流电动势、电压、电流的有效值相量分别用 $\boldsymbol{E}$、$\boldsymbol{U}$ 和 $\boldsymbol{I}$ 表示,书写时可用 $\dot{E}$、$\dot{U}$ 和 $\dot{I}$ 表示。利用相量图,可以很方便地根据平行四边形法则计算出同频率正弦交流电的和与差,如图3.12所示。

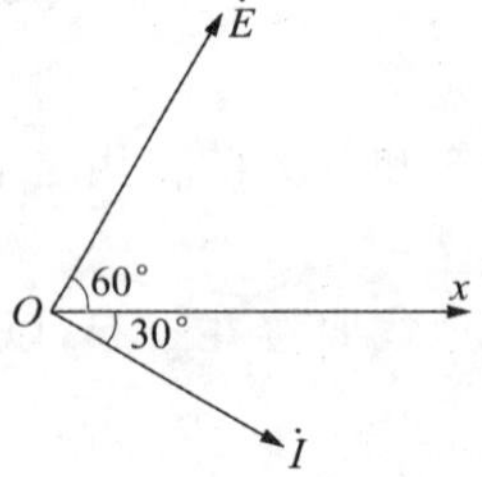

图3.11　相量图

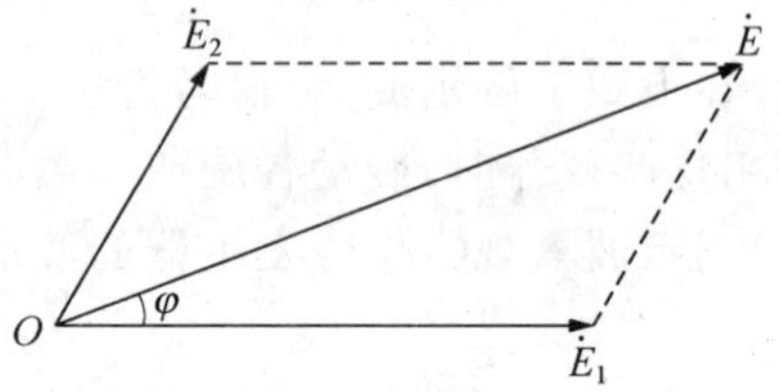

图3.12　同频率正弦交流电的相量和

有效值相量图具有以下几个特点:

(1)相量的长度表示正弦交流电的有效值。

(2)相量与水平正方向的夹角仍表示正弦交流电的初相位沿逆时针方向转动的角度为正角,反之为负角。

(3)在只是为了表示几个正弦交流电的相位关系时,既可以选横轴的正方向为参考方向,也可任意选一个相量作为参考相量,并取消直角坐标轴。

根据有效值相量图,求得合成相量的大小和初相位后,不仅可以列出对应的正弦交流电的瞬时值表达式,而且可以做出波形图。

【例3－3】已知 $u_1=3\sqrt{2}\sin(314t+30°)$ V,$u_2=4\sqrt{2}\sin(314t-60°)$ V。利用向量图求 $u=u_1+u_2$ 和 $u'=u_1-u_2$ 的瞬时值表达式。

解：(1)根据题意做向量图，如图 3.13 所示。

$$U=\sqrt{U_1^2+U_2^2}=\sqrt{3^2+4^2}=5\ \text{V}$$

$$\varphi=\arctan\frac{U_2}{U_1}=\arctan\frac{4}{3}\approx 53^\circ（u_1\ \text{超前}\ u\ \text{的角度}）$$

于是可得$u=u_1+u_2$ 的三要素为

$$U=5\ \text{V},\omega=314\ \text{rad/s},\varphi_u=\varphi_1-\varphi=30^\circ-53^\circ=-23^\circ$$

所以　$u=5\sqrt{2}\sin(314t-23^\circ)\ \text{V}$

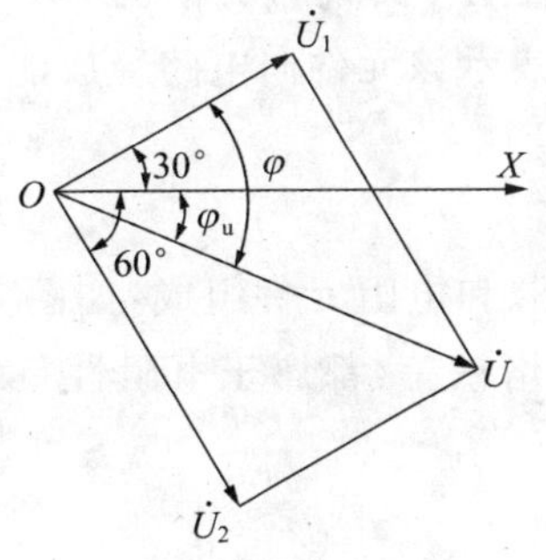

图 3.13　相量图

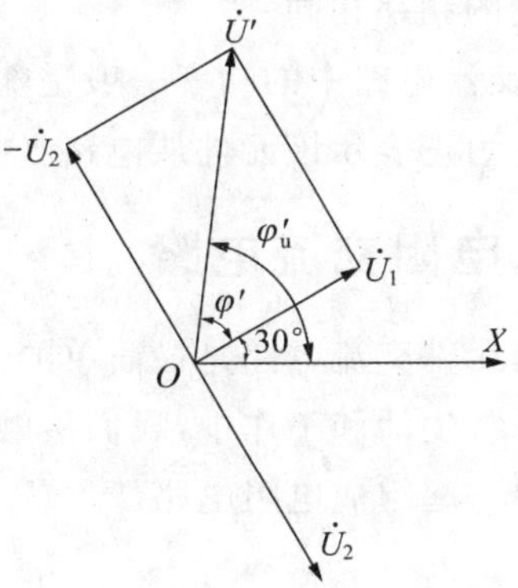

图 3.14　相量图

(2)由 $u'=u_1-u_2=u_1+(-u_2)$，画出相量图，如图 3.14 所示。

$$U'=\sqrt{U_1^2+U_2^2}=\sqrt{4^2+3^2}=5\ \text{V}$$

$$\varphi'=\arctan\frac{U_2}{U_1}=\arctan\frac{4}{3}\approx 53^\circ（u'\text{超前}\ u_1\ \text{的角度}）$$

于是可得 $u'=u_1-u_2$ 的三要素为

$$U'=5\ \text{V},\omega=314\ \text{rad/s},\varphi_u{}'=\varphi_1+\varphi'=30^\circ+53^\circ=83^\circ$$

所以

$$u'=5\sqrt{2}\sin(314t+83^\circ)\ \text{V}$$

第 3 节　单一理想元件的交流电路

一、交流电路概述

在交流电路中，我们将讨论三种不同性质的负载元件：电阻、电感和电容。三种元件的组成及性质不同，在电路中的作用也不相同。由于电阻元件把从电路中获得的能量转化成热能消耗掉，其转换过程不可逆转，因此它是耗能元件；电感元件把从电路中吸取的能量转化成磁场能；电容元件把从电路中吸取的能量转化成电场能。但在一定的条件下，这三者又能放出能量返送回电路，因此它们是储能元件。

在第 1 章直流电路中，我们主要讨论了电阻电路，而没有提到电感和电容。这是因为电阻电路在接通直流电源后，能量转换是始终稳定进行的；电感和电容在直流电路中仅在电路换接（如通、断）的一瞬间发生能量转换，而在稳态时，电感相当于短路，电容相当于断路，因此未加讨论。

在正弦交流电路中，由于电压、电流都是连续变化的，因此电感和电容元件的能量转换也将不断进行，所以在本章中对上述三种电路都要进行详细讨论。

在讨论交流电路时，应当注意以下几个问题：

(1)电路中标注的电压、电流方向都是我们选定的参考方向，而它们的实际方向是在不断改变的。瞬时值为正的半个周期，实际方向与参考方向相同；瞬时值为负的半个周期，实际方向与参考方向相反。

(2)电路中电压和电流的关系主要是讨论有效值关系和相位关系，因为在同一交流电路中各正弦量的频率相同。

(3)交流电路中的功率一般是随时间变化而变化。在这里，负载的功率也引申为代数量，负载功率为正表示该元件从电路吸收能量；负载功率为负表示该元件向电路释放能量。

二、电阻交流电路

电阻元件交流电路是最简单的交流电路，它由交流电源和电阻元件组成，如图 3.15(a)所示。在日常生活和工作中，我们接触到的白炽灯、电炉、电烙铁等，都属于电阻性负载，它们与交流电源一起组成电阻电路。

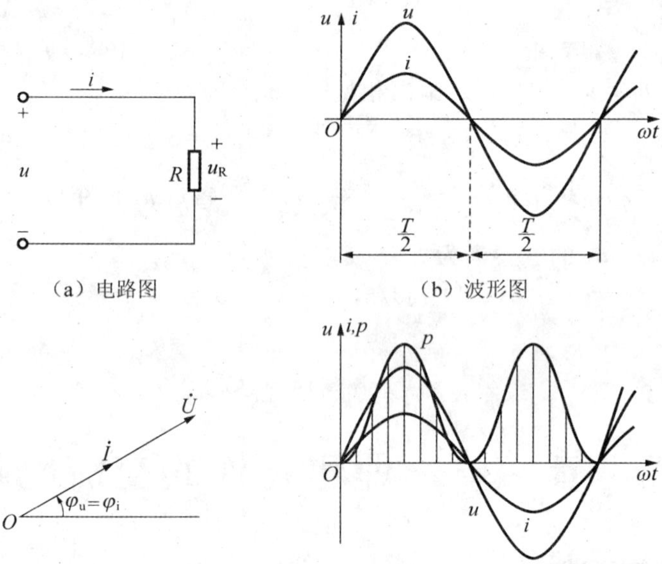

(a) 电路图　　(b) 波形图

(c) 相量图　　(d) 功率曲线图

图 3.15　电阻元件交流电路

1. 电压与电流之间的关系

当电阻元件两端接上正弦交流电源时，电阻中就有正弦交流电流通过，并且电阻上电压与电流的关系服从欧姆定律，即

$$u=Ri$$

设通过电阻的正弦交流电为

$$i=I_m\sin\omega t=\sqrt{2}I\sin\omega t$$

则

$$u=Ri=RI_{\mathrm{m}}\sin\omega t=\sqrt{2}RI\sin\omega t=U_{\mathrm{m}}\sin\omega t=\sqrt{2}U\sin\omega t$$

比较 u 和 i 可知：

(1)电阻元件上的电压和电流为同频率的正弦量。

(2)电压和电流的最大值和有效值之间的关系符合欧姆定律，即

$$U_{\mathrm{m}}=RI_{\mathrm{m}},U=RI$$

(3)电压和电流的相位相同(相位差为 0°)。

电压 u 和电流 i 的波形图及相量图分别如图 3.15(b)和图 3.15(c)所示。

2. 功率

(1)瞬时功率。在交流电路中，电路元件上的瞬时电压与瞬时电流之积为该元件的瞬时功率，用 p 表示，单位为瓦(W)。

$$p=ui=U_{\mathrm{m}}\sin\omega t\cdot I_{\mathrm{m}}\sin\omega t=2UI\sin^2\omega t$$

p 的波形图如图 3.15(d)所示。由图可知，p 也是时间的函数，并且 $p\geqslant0$，表示电阻总是从电源取用功率，是一个耗能元件。

(2)有功功率(平均功率)。瞬时功率计算起来很不方便，因此在工程上常取它在一个周期内的平均值，称为平均功率，用 P 表示，单位为瓦(W)。可以证明

$$P=UI=RI^2=\frac{U^2}{R}$$

平均功率反映了元件实际消耗电能的情况，所以又称为有功功率。在用电设备上所标的功率都是有功功率。

【例 3-4】已知某白炽灯工作时的电阻为 484 Ω，其两端所加的电压为 $u=311\sin 314t$ V，试求：

(1)电流有效值，并写出电流瞬时值的解析式；

(2)白炽灯的有功功率。

解：(1)由 $u=311\sin 314t$ V 可知交流电压的有效值为

$$U=\frac{U_{\mathrm{m}}}{\sqrt{2}}=\frac{311}{\sqrt{2}}\mathrm{V}\approx220\ \mathrm{V}$$

电流的有效值为

$$I=\frac{U}{R}=\frac{220}{484}\mathrm{A}\approx0.45\ \mathrm{A}$$

又因为白炽灯可视为纯电阻，电压与电流同相，所以电流瞬时值的解析式为

$$i=0.45\times\sqrt{2}\sin314t\mathrm{A}$$

(2)白炽灯的有功功率为

$$P=\frac{U^2}{R}=\frac{220^2}{484}\mathrm{W}=100\ \mathrm{W}$$

三、电感与电感交流电路

在实际工程应用中，常常用到由导线绕制而成的线圈，如变压器线圈、日光灯镇流器线圈、

收音机中的天线线圈以及用于整流、滤波、调谐、耦合等作用的线圈，这些线圈称为电感线圈，也称为电感器。

1. 电感元件

(1)电感参数 L。设图 3.16(a)是由无阻导线绕制而成的理想化无阻线圈，当电流通过线圈时，其周围就建立了磁场，线圈内产生磁链 ψ。

(a)

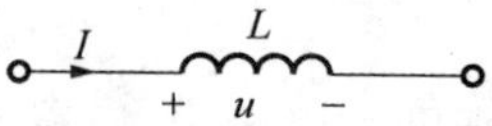

(b)

图 3.16 电感元件

当磁链的方向与电流的方向符合右手螺旋定则时，磁链与电流成正比，即

$$\psi=Li, L=\frac{\psi}{i}$$

式中，磁链 ψ 与电流 i 的比值 L 称为线圈的电感量，如图 3.16(b)所示，电感量的单位为亨利(H)。具有 L 参数的电路元件称为电感元件，简称电感。

空心线圈的电感量是一个常数，与通过的电流大小无关，这种电感称为线性电感。线性电感的大小只与线圈的形状、尺寸、匝数有关。一般而言，线圈的直径截面积越大，匝数越多，电感量越大。

(2)电感的伏安关系。根据电磁感应定律，当线圈中电流 i 发生变化时，就会在线圈中产生感应电动势，因而在电感两端形成感应电压 u，当感应电压 u 与电流 i 的参考方向(见图 3.16(b))一致时，其伏安关系为

$$u=\frac{\mathrm{d}\psi}{\mathrm{d}t}=L\frac{\mathrm{d}i}{\mathrm{d}t}$$

即电感电压与电流的变化率成正比。

2. 电感交流电路

(1)电压与电流之间的关系。如图 3.17(a)所示为电感交流电路，当通过电感的电流为 $i=I_{\mathrm{m}}\sin\omega t$ 时，电感两端的电压为

$$u=L\frac{\mathrm{d}i}{\mathrm{d}t}=\omega LI_{\mathrm{m}}\cos\omega t=U_{\mathrm{m}}\sin(\omega t+90^{\circ})$$

由上式可知，电感中的电流与两端电压之间的关系为：

1)电感元件上的电压和电流为同频率的正弦量。

2)电压和电流的最大值或有效值之间的关系符合欧姆定律，即

$$U_{\mathrm{m}}=\omega LI_{\mathrm{m}}=X_{\mathrm{L}}I_{\mathrm{m}}, U=\omega LI=X_{\mathrm{L}}I$$

其中

$$X_{\mathrm{L}}=\omega L=2\pi fL$$

3)在关联参考方向下，电压相位超前电流相位 90°，即

$$\varphi_{\mathrm{u}}=\varphi_{\mathrm{i}}+90^{\circ}$$

图 3.17(b)、图 3.17(c)和图 3.17(d)分别画出了电感电压与电流的波形图、相量图和功率曲线图。

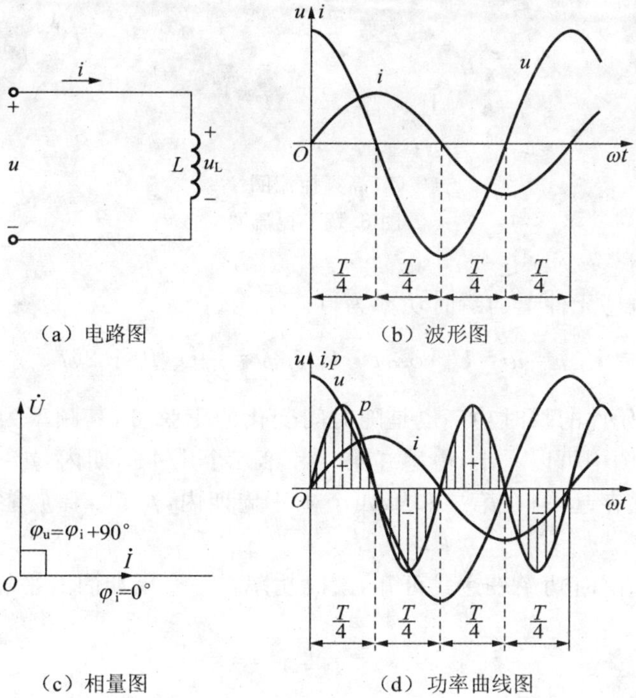

图 3.17　电感元件交流电路

(2)感抗 X_L。在式 $U=\omega LI=X_LI$ 中，$X_L=\dfrac{U}{I}=\omega L=2\pi fL$ 称为电感电抗，简称感抗，单位为 Ω，它表明电感对交流电流起阻碍作用。在一定的电压下，X_L 愈大，电流愈小。感抗 X_L 与电源频率 f 成正比，L 不变，频率愈高，感抗愈大，对电流的阻碍作用愈大。在实际生活中，电感元件这种“通直流、阻交流；通低频、阻高频”的性质被广泛应用，如滤波、高频扼流等。

资料卡片

扼　流　圈

利用电感对交流电的阻碍作用可以制成扼流圈。主要有以下 3 种类型：

一种是低频扼流圈如图 3.18(a)所示，线圈绕在闭合的铁芯上，匝数为几千甚至超过一万，自感系数为几十亨。这种线圈对低频交流电有很大的阻碍作用。

另一种是高频扼流圈如图 3.18(b)所示，有的线圈绕在圆柱形铁氧体上，有的是空心的，匝数为几百或几十，自感系数为几毫亨。这种线圈对低频交流电的阻碍作用较小，但是对高频交流电的阻碍作用很大。

还有一种是在闭合的铁氧体磁芯上对称绕制的共模扼流圈，如图 3.18(c)所示，常用于抑制电源线上的共模(大小相等，极性相同)干扰。

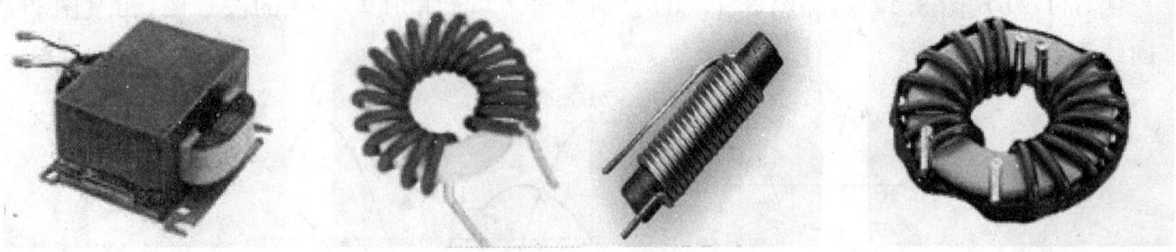

(a)低频扼流圈　　(b)高频扼流圈　　(c)共模扼流圈

图 3.18　扼流圈

(3)功率。

1)瞬时功率。电感元件上的瞬时功率为

$$p=ui=U_m\cos\omega t\cdot I_m\sin\omega t=\frac{1}{2}U_mI_m\sin2\omega t$$

由此可见,电感元件的瞬时功率也是随时间变化的正弦量,其频率为电源频率的两倍,如图3.17(d)所示。从图中可以看出,电感在第一和第三个 1/4 周期内,$p>0$,从电源吸收能量,并将它转换为磁能储存起来;在第二和第四个 1/4 周期内,$p<0$,释放能量,将磁能转换成电能送回电源。

2)有功功率。由瞬时功率表达式可知,瞬时功率在一个周期内的平均值为零,即电感元件的有功功率为零,即

$$P=0$$

这说明电感元件是一个储能元件,不是耗能元件,它只是将电感中的磁场能和电源的电能进行能量交换。

3)无功功率。电感与电源之间只是进行功率(或能量)的交换而不消耗功率,其交换功率的大小通常用瞬时功率的最大值来衡量。由于这部分功率并没有消耗掉,所以称为无功功率。无功功率用 Q_L 表示,单位为乏(var)。

$$Q_L=UI=X_LI^2=\frac{U^2}{X_L}$$

【例 3—5】设有一个电阻可以忽略的线圈在电压 $u=220\sqrt{2}\sin(314t+30°)$ V 的交流电源上,线圈的电感量 $L=0.7$ H。求:

(1)流过线圈电流的瞬时值表达式;

(2)电路的无功功率。

解:(1)因线圈感抗

$$X_L=\omega L=314\times0.7\approx220\ \Omega$$

电压的有效值为

$$U=\frac{U_m}{\sqrt{2}}=\frac{220\sqrt{2}}{\sqrt{2}}=220\ \text{V}$$

$$I=\frac{U}{X_L}=\frac{220}{220}=1\ \text{A}$$

因电流滞后电压 90°,电压的初相位为 30°,则电流的初相位为

$$\varphi_i=\varphi_u-90°=30°-90°=-60°$$

故流过线圈电流的瞬时值表达式为

$$i=\sqrt{2}\sin(314t-60°)\ \text{A}$$

(2)电路的无功功率为

$$Q_L=UI=220\times1=220\ \text{Var}$$

四、电容与电容交流电路

1. 电容元件

在电子技术中，常用电容器来实现调谐、滤波、耦合、移相、隔直、旁路、选频等。在电力系统中，利用电容器来改善系统的功率因数，以减少电能的损失和提高电气设备的利用率。在机械加工工艺中，可以用来进行电火花加工。

(1)电容参数。电容元件(电容器)通常由两块金属极板中间填充以绝缘材料(电介质)组成，如图 3.19(a)所示为平板电容器示意图。电容器加上电源后，极板上分别聚集等量异号电荷，在介质内建立起电场，并储存电场能量，所以电容器是一种能够储存电场能量的元件。

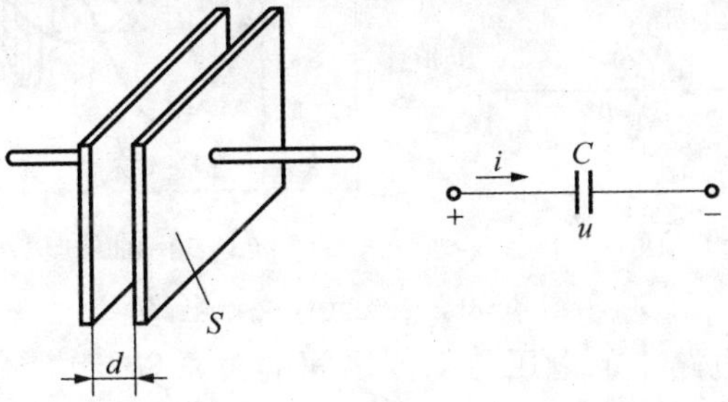

(a) 结构　　(b) 电路符号

图 3.19　电容元件的结构和电路符号

对于一个给定的电容器，极板上的电荷 q 与外加电压 u 成正比，即

$$q=Cu,C=\frac{q}{u}$$

式中，电荷与电压的比值 C 称为电容器的电容量，电路符号如图 3.19(b)所示，电容量的单位是法(F)。具有参数 C 的电路元件称为电容元件，简称电容。

(2)电容的伏安关系。当电容两端电压变化时，极板上的电荷也相应发生变化，这时电容器所在的电路就有电荷做定向运动，形成电流。如图 3.19(b)中，选定电容上电压与电流的参考方向为关联参考方向时，电容的伏安关系为

$$i=\frac{\mathrm{d}q}{\mathrm{d}t}=C\frac{\mathrm{d}u}{\mathrm{d}t}$$

即电容电流与电压的变化率成正比。

2. 电容交流电路

电容交流电路如图 3.20(a)所示，当电容两端的电压为 $u=U_m\sin\omega t$ 时，通过电容的电流为

$$i=C\frac{\mathrm{d}u}{\mathrm{d}t}=\omega CU_m\cos\omega t=I_m\sin(\omega t+90°)$$

纯电容电路中的波形图、相量图和功率曲线图分别如图 3.20(b)、图 3.20(c)和

图 3.20(d)所示。

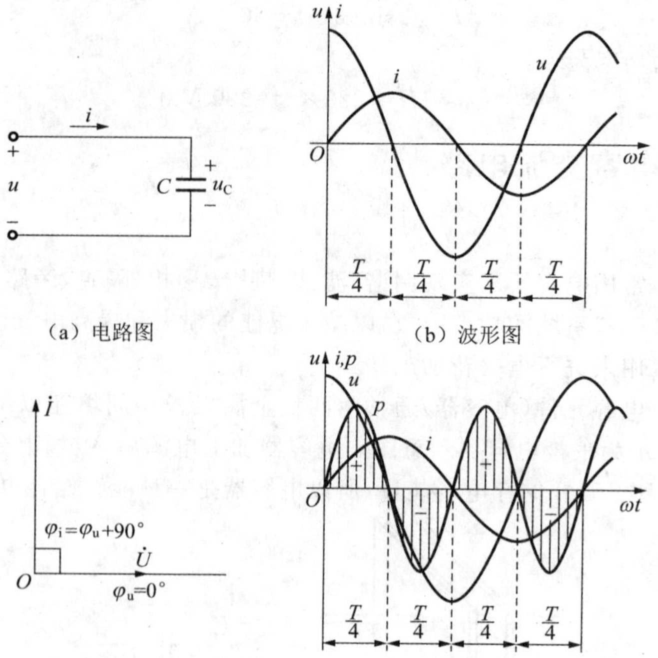

(a) 电路图 (b) 波形图 (c) 相量图 (d) 功率曲线图

图 3.20 电容元件交流电路

根据分析可知,电容电路中的电压与电流之间的关系以及功率和电感电路中的相关内容十分类似,可通过表 3.3 加以说明。

表 3.3 纯电感电路与纯电容电路的比较

	电感元件交流电路	电容元件交流电路
伏安关系	$u=L\dfrac{di}{dt}$	$i=C\dfrac{du}{dt}$
电流	$i=I_m\sin\omega t$	$i=I_m\sin(\omega t+90°)$
电压	$u=U_m\sin(\omega t+90°)$	$u=U_m\sin\omega t$
大小关系	$U_m=X_L I_m, U=X_L I$	$U_m=X_C I_m, U=X_C I$
相位关系	$\varphi_u=\varphi_i+90°$	$\varphi_i=\varphi_u+90°$
电抗	$X_L=\omega L=2\pi fL$	$X_C=\dfrac{1}{\omega C}=\dfrac{1}{2\pi fC}$
瞬时功率	$p=UI\sin2\omega t$	$p=UI\sin2\omega t$
有功功率	$P=0$	$P=0$
无功功率	$Q=UI=X_L I^2$	$Q=UI=X_C I^2$

【例 3-6】已知某纯电容电路两端的电压为 $u=220\sqrt{2}\sin(314t+30°)$ V,电容器的电容量 $C=31.9\ \mu F$。试求:

(1)电容上电流的瞬时值表达式;

(2)电路的无功功率。

解:(1)容抗

$$X_C=\frac{1}{\omega C}=\frac{1}{314\times31.9\times10^{-6}}\approx100\ \Omega$$

电压的有效值为

$$U=\frac{U_m}{\sqrt{2}}=\frac{220\sqrt{2}}{\sqrt{2}}=220\ V$$

电流的有效值为

$$I=\frac{U}{X_C}=\frac{220}{100}=2.2\ A$$

并且电流超前 90°,电压的初相位为 30°,则电流的初相为

$$\varphi_i=\varphi_u+90°=30°+90°=120°$$

所以流过电容电流的瞬时值表达式为

$$i=2.2\sqrt{2}\sin(314t+120°)\ A$$

(2)电路的无功功率为

$$Q_C=UI=220\times2.2=484\ var$$

实验3 电感元件和电容元件频率特性的测定

一、实验目的

(1)进一步熟悉信号发生器、交流毫伏表的使用方法。

(2)学会测定电感元件和电容元件的频率特性。

二、实验设备和器材

(1)低频信号发生器(函数发生器)一台。

(2)交流毫伏表(或数字毫伏表)一块。

(3)实验板或实验箱一台。

三、实验原理说明

(1)在正弦交流电路中,电感元件的感抗 $X_L=\omega L=2\pi fL$,空心电感线圈的电感在一定频率范围内可认为是线性电感,当其电阻值 r 较小时,有 $r\ll X_L$,可以忽略其电阻的影响。电容器的容抗为 $X_C=\frac{1}{\omega C}=\frac{1}{2\pi fC}$。

当电源频率变化时,感抗 X_L 和容抗 X_C 都是频率 f 的函数,称之为频率特性。典型的电感元件和电容元件的频率特性如图 3.21 所示。

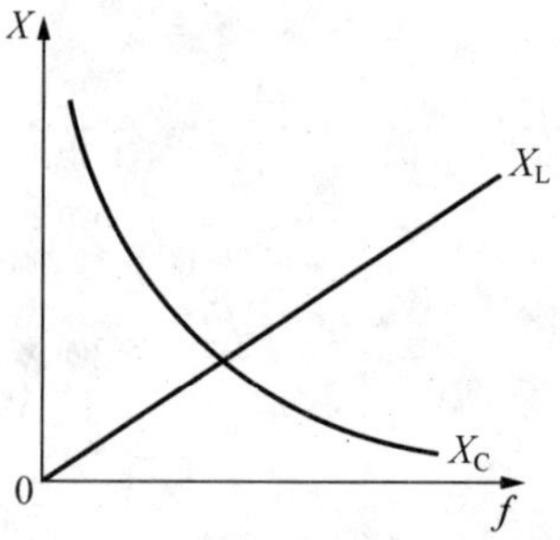

图 3.21　电感和电容元件的频率特性

(2)为了测量电感元件的感抗和电容元件的容抗,可以测量电感元件和电容元件两端的电压有效值及流过它们的电流有效值,则感抗 $X_L = U_L/I_L$,容抗 $X_C = U_C/I_C$。当电源频率较高时,用普通的交流电流表测量电流会产生很大的误差,为此可以用交流毫伏表进行间接测量得出电流值。在图 3.22 所示的电感和电容电路中串入一个取样电阻 R,先用毫伏表测量取样电阻两端的电压值,再换算成电流值。如果取样电阻取为 1 Ω,则毫伏表的读数即为电流的值,这样小的电阻在本次实验中对电路的影响就可以忽略。

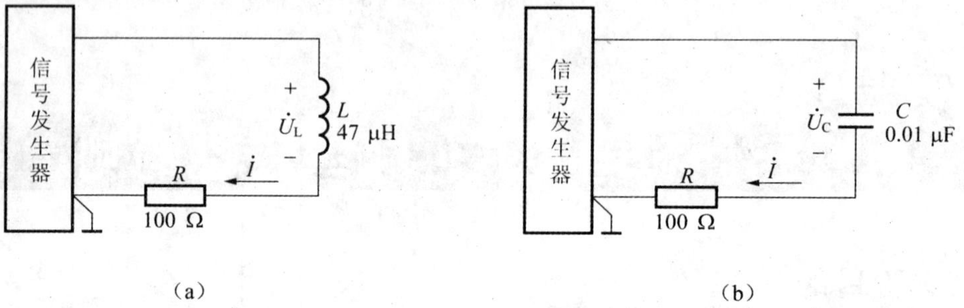

图 3.22　测量电感和电容元件频率特性的电路

四、实验内容

1. 电感元件频率特性的测定

按图 3.22(a)接线。调节信号发生器输出电压为 300 mV,按表 3.4 所示数据改变输出电压的频率,分别测量 U_L、U_R 的值,并记入表 3.4 中。注意每次改变信号频率时,应调节信号发生器使输出电压保持在 300 mV,测量电压时应正确选择毫伏表的量程。

表 3.4　实验数据表

电感线圈电阻 r=________。

f/kHz	100	150	200	250	300	350
U_L(　　)						
U_R(　　)						
I_L(　　)						
X_L(　　)						
L(　　)						

2. 电容元件频率特性的测定

按图 3.22(b)接线。调节信号发生器输出电压为 300 mV,按表 3.5 所示数据改变输出信号频率，分别测量 U_C、U_R 的值，并记入表 3.5 中。

表 3.5　实验数据表

f/kHz	100	120	140	160	180	200
U_C(　　)						
U_R(　　)						
I_C(　　)						
X_C(　　)						
C(　　)						

五、分析与讨论

(1)按表 3.4 和表 3.5 的数据计算各频率下的 X_L、X_C，并计算电感和电容的值。

(2)为什么在本次实验中要用交流毫伏表来间接测量电流？

(3)实验中，所有仪器与实验电路必须共地，即所有的地线接在一起，这是为什么？

第 4 节　RLC 串联电路

在前面的内容中，我们分别讨论了电阻元件、电感元件和电容元件的正弦交流电路。然而，在实际电路中单一参数电路比较少见，往往由 R、L、C 三种参数组合而成，因此研究若干个参数串联或并联的交流电路更具有一般意义。

一、电压与电流之间的关系

由电阻、电感和电容元件组成的串联电路，如图 3.23 所示。

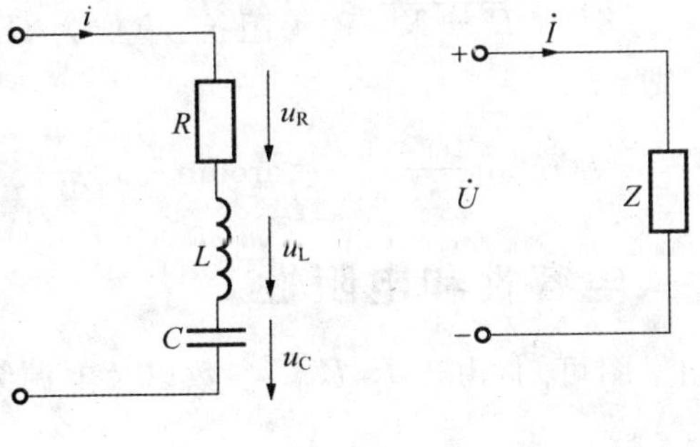

图 3.23　串联交流电路

设串联电路中通过的正弦电流为

$$i=I_m\sin\omega t$$

则在 R、L、C 上引起的电压降分别为

$$u_R=Ri=RI_m\sin\omega t$$

$$u_L=L\frac{di}{dt}=\omega LI_m\sin(\omega t+90^\circ)$$

$$u_C = X_C i = \frac{1}{\omega C} I_m \sin(\omega t - 90°)$$

由基尔霍夫电压定律，电路的电源电压瞬时值等于各部分电压瞬时值之和，即

$$u = u_R + u_L + u_C = U_m \sin(\omega t + \varphi)$$

对应相量关系为

$$\dot{U} = \dot{U}_R + \dot{U}_L + \dot{U}_C$$

由于 u_R、u_L 和 u_C 虽是同频率的正弦量，但相位不同，所以总电压的有效值不等于各个元件上电压有效值之和。现以电流 $\dot{I}$ 为参考相量，画出相量如图 3.24 所示。

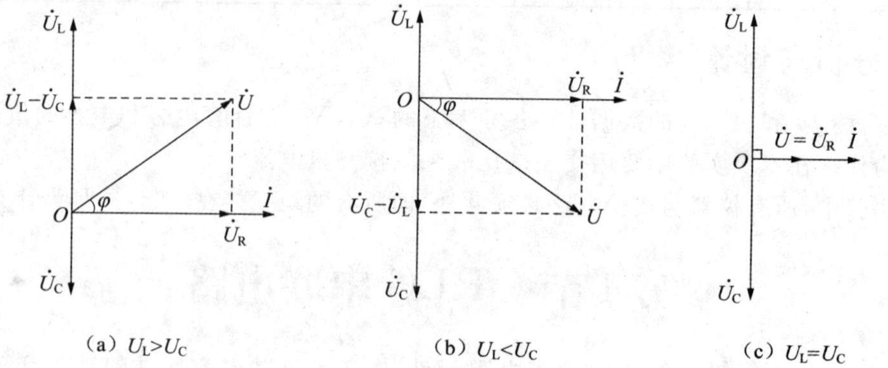

图 3.24　RLC 串联电路相量图

由相量图可得

$$U = \sqrt{U_R^2 + (U_L - U_C)^2}$$

将 $U_R = IR$、$U_L = IX_L$、$U_C = IX_C$ 代入上式，可得

$$U = I\sqrt{R^2 + (X_L - X_C)^2} = I\sqrt{R^2 + X^2} = IZ$$

式中，$X = X_L - X_C$，称为电抗；$Z = \sqrt{R^2 + X^2}$，称为阻抗，单位为 Ω。图中 φ 称为阻抗角，它就是总电压与电流的相位差，即

$$\varphi = \arctan\frac{U_L - U_C}{U_R} = \arctan\frac{X_L - X_C}{R}$$

二、电路的电感性、电容性和电阻性

分析如图 3.24 所示相量图可知，由于 R、L、C 参数以及电源频率 f 的不同，RLC 串联电路可能出现以下三种情况：

1. 电感性电路

当 $X_L > X_C$ 时，则 $U_L > U_C$，阻抗角 $\varphi > 0$，电路呈电感性，电压超前电流 φ 角。

2. 电容性电路

当 $X_L < X_C$ 时，则 $U_L < U_C$，阻抗角 $\varphi < 0$，电路呈电容性，电压滞后电流 φ 角。

3. 电阻性电路

当 $X_L = X_C$ 时，则 $U_L = U_C$，阻抗角 $\varphi = 0$，电路呈电阻性，此时电感和电容的无功功率恰好

相互补偿，电路的这种状态称为串联谐振。

串联谐振电路具有以下特点：

(1)电路的阻抗最小，$Z=R$，电路呈电阻性。

(2)电路中的电流最大。

(3)电流与总电压相位相同。

(4)电感电压与电容电压大小相等、相位相反，且都为总电压的 Q 倍，即

$$U_L=U_C=QU, Q=\frac{X_L}{R}=\frac{X_C}{R}$$

式中的 Q 称为谐振电路的品质因数。通常串联谐振电路的 Q 值约为几十至几百，即 U_L 或 U_C 可达 U 的几十至几百倍。利用串联谐振可以在电感或电容上获得很高的电压，因此串联谐振又称为电压谐振。

三、功率关系

1. 瞬时功率

RLC 串联电路中，瞬时功率为

$$p=ui=U_m I_m \sin(\omega t+\varphi)\sin\omega t$$

2. 有功功率(平均功率)

在 RLC 串联电路中，只有电阻是消耗功率的，因此 RLC 串联电路中的有功功率为电阻上所消耗的功率，即

$$P=U_R I=UI\cos\varphi$$

3. 无功功率

电感和电容元件要储存和释放能量，它们与电源之间要进行能量互换。电感在储存能量的时候，电容放出能量，反之亦然，所以 RLC 串联电路总的无功功率是两者之差，即

$$Q=Q_L-Q_C=U_L I-U_C I=I(U_L-U_C)=I^2(X_L-X_C)=UI\sin\varphi$$

4. 视在功率

电路总电压与电流有效值的乘积定义为电路的视在功率，用 S 表示，即

$$S=UI$$

视在功率的单位是伏安(VA)或千伏安(kVA)。

有功功率、无功功率和视在功率之间的关系为

$$S=\sqrt{P^2+Q^2}$$

显然，它们也可以用一个直角三角形来表示。阻抗三角形、电压三角形和功率三角形是三个相似三角形。把电压三角形中的每边除以 I 可得到阻抗三角形，每边乘以 I 可得到功率三角形。为便于记忆，作图如图 3.25 所示，其中，$X=X_L-X_C$，$U_X=U_L-U_C$。

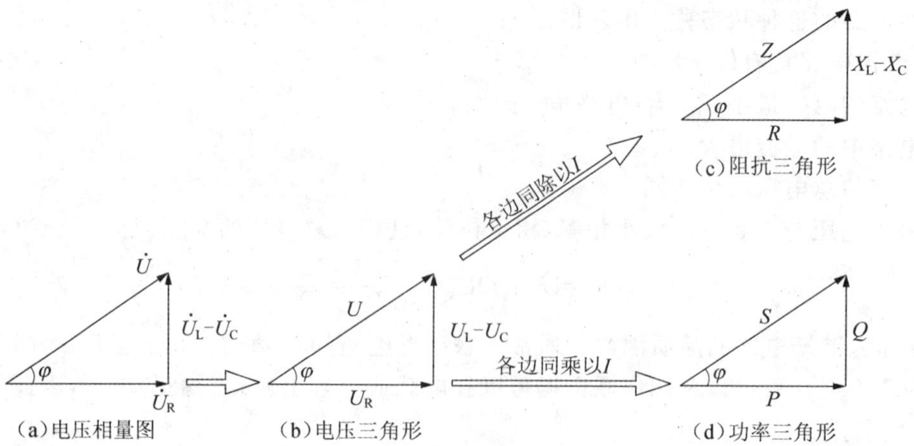

图 3.25　RLC 串联电路的三个三角形

小提示　无功功率并不是“无用功率”，“无功”两字的含义是说它没有被消耗掉。实际上许多具有电感性质的电动机、变压器等设备都是根据电磁转换原理利用“无功功率”而工作的。

实验4　串联谐振电路

一、实验目的

(1)了解 RLC 串联电路在谐振时的特点。

(2)测绘不同品质因数的电路的谐振曲线。

(3)熟悉低频信号发生器和晶体管毫伏表的使用。

二、实验设备与器材

(1)信号发生器一台。

(2)毫伏表一块。

(3)频率计一台。

(4)示波器一台。

三、实验原理说明

(1)在交流电路中，若外加电压一定，改变电源频率，电感和电容显示的电抗也随之改变，所以当 RLC 串联电路接于正弦交流电源时，电路中的电流也随电源频率的变化而变化。

$$I=\frac{U}{Z}=U/\sqrt{R^2+(X_L-X_C)^2}$$

其中，$X_L=\omega L=2\pi fL$ 为感抗，$X_C=1/\omega C=1/2\pi fC$ 为容抗。

当电路发生谐振时，谐振电流 $I=I_0=\dfrac{U}{R}$，谐振频率 $f=f_0=\dfrac{1}{2\pi}\cdot\dfrac{1}{\sqrt{LC}}$。

(2)在测绘谐振曲线时可根据串联谐振特点，先找出谐振频率 f_0（即调节电源频率使线路中出现最大电流），然后在谐振频率两侧适当选择几点，测出电流和频率的关系。

(3)Q 值的大小取决于电路中感抗或容抗与电阻 R 的比值，电路中电阻 R 小，则 Q 值高，选择性好，反之电路中电阻 R 大，则 Q 值就低，选择性差。

四、实验内容

(1)按图 3.23 连接实验线路，其中 $R=10\ \Omega$，$L=30\ \text{mH}$，$C=0.033\ \mu\text{F}$。

(2)寻找谐振频率，验证谐振电路的特点，利用毫伏表测量电阻 R 上的电压，因 $U=IR$，U_R 与 I 成正比，观测 U_R 的值，即可观测 I 的值。电路谐振时电流最大，电阻电压也最大，保持信号发生器的输出电压为 6 V，调节输出电压的频率，使 U_R 为最大，即电路达到谐振频率，测量电路中的电压 U_R、U_C、U_L 及读取谐振频率 f_0，将数据记入表 3.6 中。

表 3.6

端电压	f_0	U_R/V	U_L/V	U_C/V	I_0/mA	Q
6 V						

(3)测定谐振曲线：使信号发生器输出电压为 6 V，以谐振频率 f_0 为基点频率，增大及减少 5 kHz，将相应的电流测量值填入表 3.7 中。实验中如改变频率应重调输出端电压，使之保持 6 V 不变，在 I-f 坐标系中画出电流的谐振曲线。

表 3.7

频率	f_0-20	f_0-15	f_0-10	f_0-5	f_0	f_0+5	f_0+10	f_0+15	f_0+20
I/mA									

(4)用示波器观测 RLC 串联电路中电流和电压的相位关系。

五、分析与讨论

(1)根据实验数据分析电源电压与电阻 U_R、电感 U_L 与电容 U_C 的关系，写出关系式并画出相量图。

(2)总结串联谐振的特点及其实际意义。

实验5　正弦交流电路

一、实验目的

(1)掌握串联交流电路中总电压与各分电压的关系。

(2)进一步熟悉交流电压表、电流表的使用。

二、实验设备与器材

(1)白炽灯(220 V/25 W)两只。

(2)镇流器(220 V/40 W)一只。

(3)油浸纸介电容器(2 μF/600 V)一只。

(4)交流电压表(0~500 V)(或万用表)一只。

(5)交流电流表(0~1 A)三只。

(6)导线、开关等。

三、实验内容

(1)电阻串联电路(两个白炽灯串联)按图 3.26 连接电路,检查无误后接通电源。电流表读数为________A,测量电源电压为________V,两只灯泡两端电压为 $U_1=$________V,$U_2=$________V。

(2)RL 串联电路(白炽灯与镇流器串联)按图 3.27 连接电路,检查无误后接通电源。电流表读数为________A,测量电源电压为________V,灯泡两端电压 U_R 为________V,镇流器两端电压 U_L 为________V。

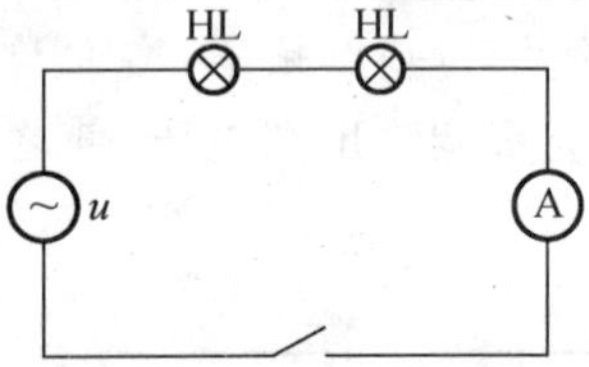

图 3.26 电阻串联电路

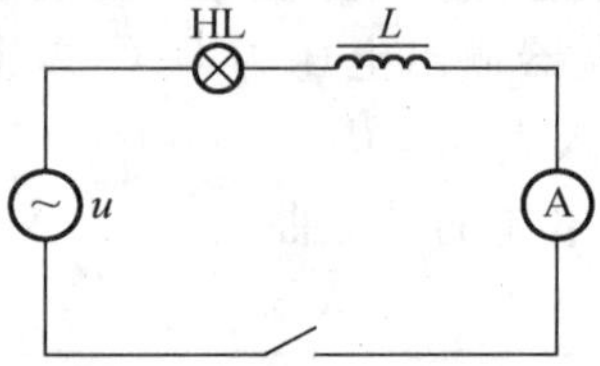

图 3.27 RL 串联电路

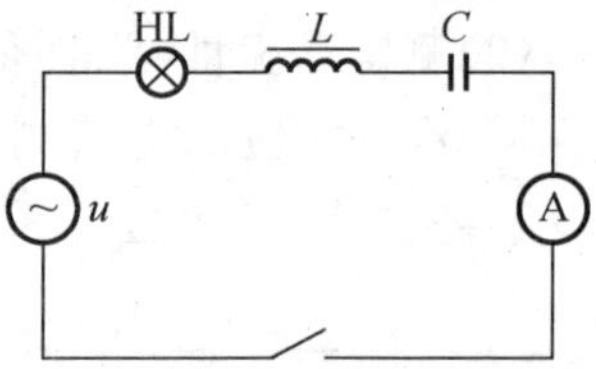

图 3.28 RLC 串联电路

(3)RLC 串联电路(白炽灯、镇流器和电容器串联)按图 3.28 连接电路,检查无误后接通电源。电流表读数为________A,测量灯泡两端电压 U_R 为________V,镇流器两端电压 U_L 为________V,电容器两端电压 U_C 为________V。

第 5 节 提高功率因数的意义和方法

负载的功率因数是供电系统中的一个重要参数。它的大小取决于负载的性质,或者取决于负载中电阻和电感所占的成分。如果负载是纯电阻,电压和电流同相,$\varphi=0$,$\cos\varphi=1$。由于负载中增加了电感成分,使得电压和电流之间有一个相位差 φ,于是 $\cos\varphi$ 将变低。功率因数变低意味着电源向电路提供的电能量经负载转换成其他能量的有功成分减少,而在电路中不断储存、不断放出往返传递的无功成分增大。电感所占的比重越大,φ 值就越大,$\cos\varphi$ 值越低,这会给电路带来一些不良的影响,因而成为供电系统中需要经常注意并采取措施加以解决的问题。

一、提高功率因数的意义

1. 节约电能

在供电系统的输出电压 U 和输出功率 P 一定时,线路中的电流与功率因数有关,其关系如下:

$$I=\frac{P}{U\cos\varphi}$$

从上式可以看出，负载的功率因数越高，电路中的电流就越小，反之电路中的电流就越大。在输出电压一定的电路中，当输送一定的电能时，电路中的功率因数越高，电路中的电流就越小，则线路中的能量损耗就越小，相应的输电线的截面积也可以减小。显然，提高功率因数有利于节约能源和输电导线材料。

2. 充分发挥电源设备的利用率

电源设备（发电机或变压器）的大小一般是用额定的视在功率来衡量的，也称电源设备的额定容量。额定容量等于额定电压 U_N 与额定电流 I_N 的乘积，即

$$S_N = U_N \cdot I_N$$

当电源设备工作达到了额定视在功率时，则意味着在额定电压的条件下输出额定电流。但是此时还不能说明电源的供电能力得到了充分利用，因为电源输出的电能由公式 $P=UI\cos\varphi$ 所决定。如果 $\cos\varphi$ 很小，即使电源的输出电流达到了额定值，P 值也仍然小。在额定状态下，提高电路的功率因数，输出的有功功率就会大大增加，电源的供电能力才能得到充分发挥。

二、提高功率因数的方法

通常交流电路多为电阻和电感串联组成的感性负载，如日光灯、电动机等。为了提高功率因数一般采用下列两种方法：

1. 并联补偿电容器

在感性电路两端并联一个适当的电容器，若已知电路的有功功率 P、电源电压 U、电源频率 f 及感性负载两端并联电容前后的功率因数 $\cos\varphi_1$ 和 $\cos\varphi$，则并联电容的大小可用式

$$C = \frac{P}{2\pi f U^2}(\tan\varphi_1 - \tan\varphi)$$

求出。但是，电容不宜过大，过大会造成过补偿，功率因数反而会减小。

2. 提高自然功率因数

在机械工业中，其动力主要是由电动机提供的，电动机的功率要选择恰当。若电动机的功率太小，则不能满足生产机械的需要；若太大，又会引起功率因数降低。为了提高功率因数，不要用大功率的电动机带动小功率的负载。另外，应尽量避免电动机空转。

资料卡片

月平均功率因数

《全国供用电规则》规定，新建或扩建的电力用户，功率因数不得低于 0.9。若功率因数低于 0.7，则不予供电。此外，还实行按功率因数调整电价的制度。方法是安装有功电能表和无功电能表，每月得出累计数后，按下式计算月平均功率因数，即

$$\text{月平均功率因数} = \cos\arctan\frac{\text{月无功电能}}{\text{月有功电能}}$$

凡是电容量在 160 kV·A 以上的高压供电用户，月平均功率因数标准为 0.9，高于标准者减收电费，低于标准者增收电费。

第6节　常用照明电路

一、常用照明方式

1. 一般照明

一般照明是指在整个场所或场所的某个部位照度基本相同的照明。对于光照方向没有特殊要求的场所(如教室、办公室、走廊等),宜单独使用一般照明。

2. 局部照明

局部照明是指局限于工作部位固定或移动的照明。对于需要高照度并对照射方向有要求的局部地点,宜采用局部照明,如机床、写字台、舞台等。

3. 混合照明

混合照明是指一般照明与局部照明共同组成的照明。如工厂里的车间,除了对车间大面积均匀布光外,还要对生产机械做局部照明,宜采用混合照明。

二、常用照明灯具

表3.8列出的是几种常见的照明灯的特点和适用场合。

表3.8　几种常见的照明灯的特点和适用场合

种类	实物图	特点	适用场合
白炽灯	 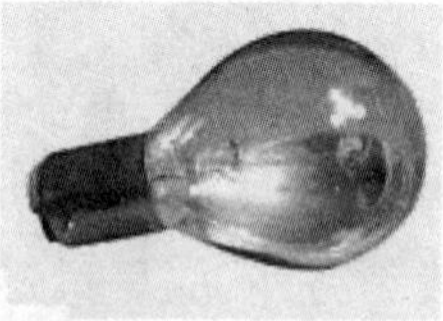	1. 构造简单,使用可靠,维修方便 2. 光效低,寿命短	办公室、会议室、住宅、车间等
荧光灯	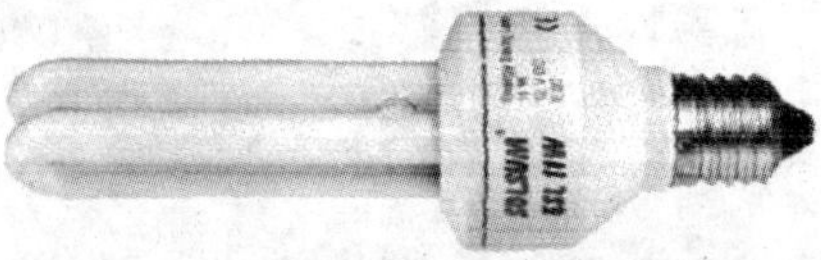	1. 光效较高,寿命较长 2. 附件较多,价格较高	办公室、会议室、住宅
卤钨灯	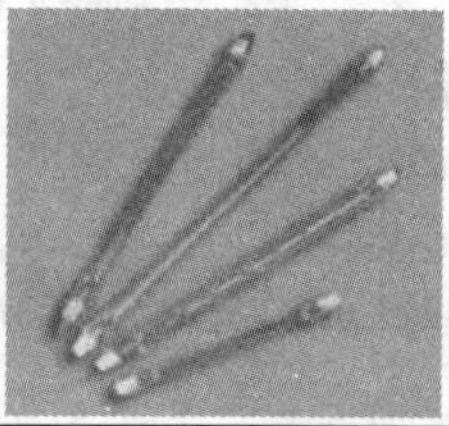 	1. 光效高,构造简单,安装方便 2. 灯管表面温度较高	广场、建筑工地、露天作业

续表

种类	实物图	特点	适用场合
节能灯	 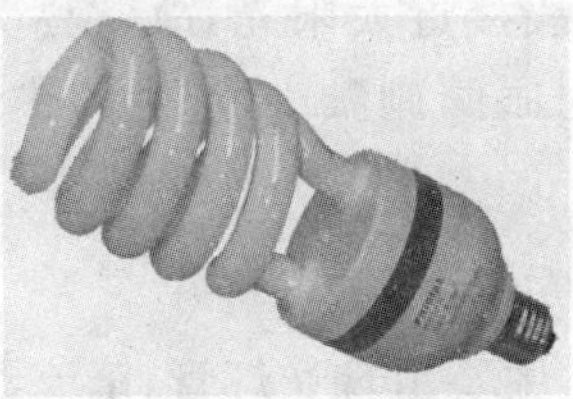	1. 光效高，节能节电，安装方便 2. 价格较高	住宅、宾馆、展览馆
高压汞灯	 	1. 光效高，耐振，耐热 2. 功率因数低	街道、车站、港口、仓库、广场

三、白炽灯照明电路

白炽灯俗称灯泡。当电流流过高熔点(3 387 ℃)的钨丝时，由于电流的热效应，钨丝很快发热并迅速达到白炽状态而发出光线，白炽灯因此而得名。

白炽灯有螺丝口和卡口两种，如图 3.29 所示。

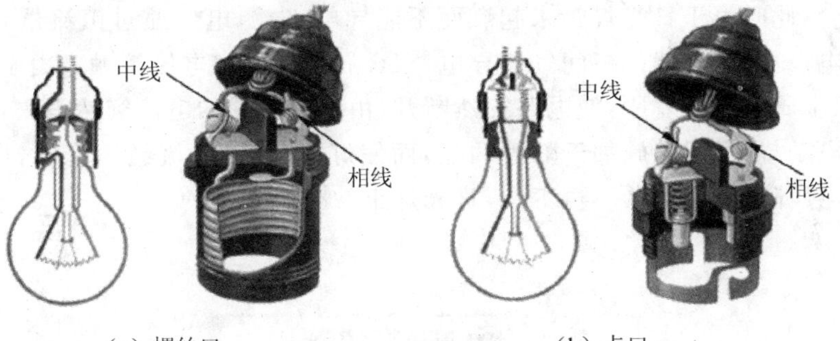

(a) 螺丝口　　(b) 卡口

图 3.29　白炽灯

安装灯头线时，一定要做到“火线进开关，地线进灯头”，如图 3.30(a)所示。如果接反如图 3.30(b)所示，当开关断开时，电路不通，但灯头及开关仍与火线相连，稍有不慎就会有触电的危险。

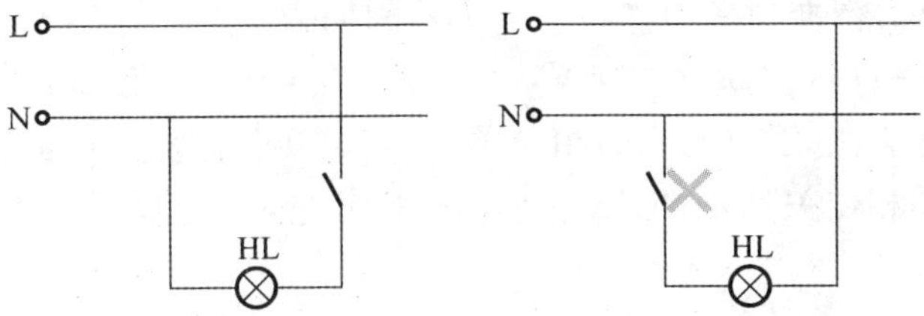

(a) 正确　　(b) 错误

图 3.30　灯头线接法

四、荧光灯电路

荧光灯俗称管灯，因其发出的光线接近太阳光，故常称为日光灯。与白炽灯相比，虽然日光灯的价格较高，但它照明效果好，对眼睛刺激小，产生的热量少，发光效率高，使用寿命长，因此应用很广泛。

1. 日光灯照明电路的组成

日光灯照明电路比白炽灯复杂，它主要由日光灯管、镇流器、启辉器等几部分组成，如图 3.31 所示。

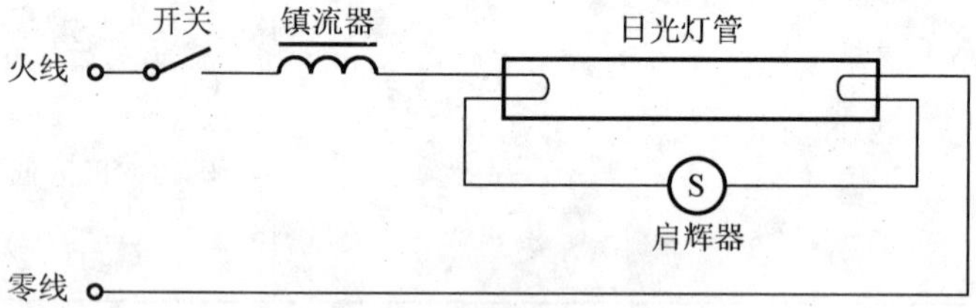

图 3.31　日光灯照明电路

(1)日光灯管：在玻璃管内壁涂有荧光粉，管内充以氩气和少量的汞。

(2)镇流器：这是一个有铁芯的电感线圈，在电路中的作用是起燃和限流。

(3)启辉器：充有氖气的玻璃管中装有两个电极，在电路中起自动开关的作用。

2. 日光灯工作过程

当开关闭合，此时由于日光灯管未起燃而不能导电，电源电压通过镇流器，灯管的灯丝施加于启辉器两电极上，启辉器两极间气体导电，双金属片与固定电极接触。由于两电极接触不再产生热量，双金属片冷却复原，使电路突然断开，由于电路中的电流突然消失，镇流器产生一种较高的自感电动势，经回路施加于灯管两端，而使灯管起燃，电流经镇流器、灯管而导通，灯管起燃后两端电压降低，启辉器不再工作，日光灯正常工作。

本章习题

一、填空题

1. 用来描述一个正弦量的三要素为________、________、________。

2. 我国采用的电力标准频率为________ Hz，周期为________ s。

3. 设正弦量为 $u=U_m\sin(\omega t+30°)$ V，$t=0$ 时为 220 V，则有效值 U 为________ V。

4. 在纯电感电路中，电压与电流的相位关系是：电压________电流________度；在纯电容电路中，电压与电流的相位关系是：电压________电流________度。

二、单项选择题

5. 在图 3.32 所示电路中，已知 $R=3\ \Omega$，$X_L=8\ \Omega$，$X_C=12\ \Omega$，则电路阻抗为(　　)。

A. 7 Ω　　B. 23 Ω　　C. 5 Ω　　D. 1 Ω

6. 图 3.32 所示电路的功率因数 $\cos\varphi$ 为(　　)。

A. 0.6　　B. 0.8　　C. $\frac{3}{4}$　　D. $\frac{1}{4}$

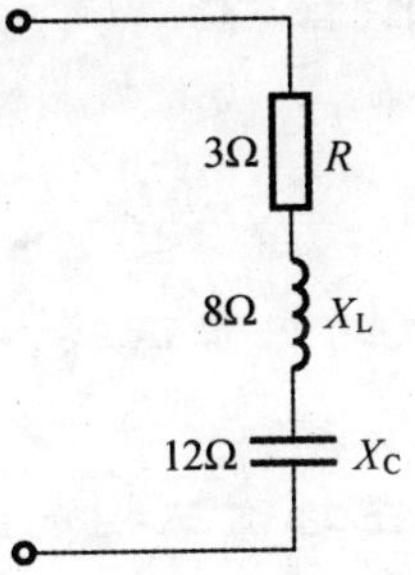

图　3.32

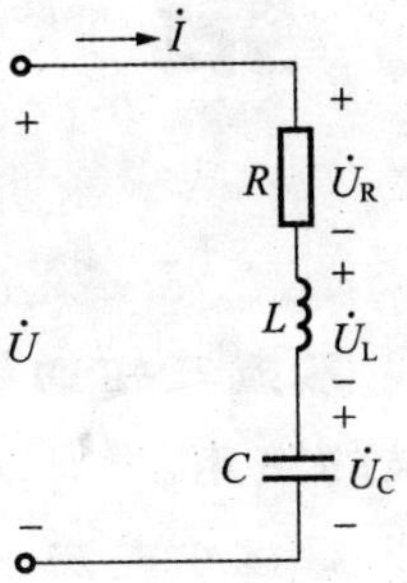

图　3.33

7. 在图 3.33 所示电路中，已知 $U_R=6$ V，$U_L=2$ V，$U_C=10$ V，则总电压 U 为(　　)。

A. 14 V　　B. 18 V　　C. 10 V　　D. 6 V

三、分析计算题

8. 已知某负载的电流和电压的有效值和初相位分别是 2 A，$-30°$；36 V，$45°$；频率均为 50 Hz。要求：

(1)写出它们的瞬时值表达式；

(2)画出它们的波形图；

(3)指出它们的幅值、角频率以及二者之间的相位差。

9. 在图 3.34 所示串联电路中，若 $R=X_C=X_L$，$U=10$ V，则 U_R、U_C、U_L 和 U_X 各为多少？若 U 不变，改变 f，则 I 是增加还是减小？

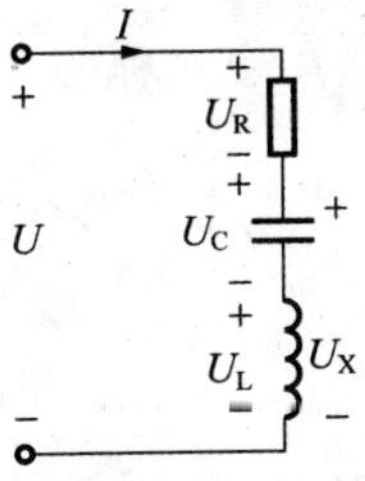

图　3.34

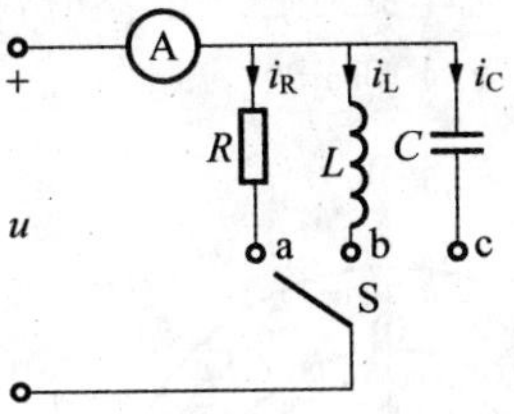

图　3.35

10. 在图 3.35 所示电路中，已知 $R=100\ \Omega$，$L=31.8$ mH，$C=318\ \mu$F，求电源的频率和电压分别为 50 Hz、100 V 和 1 000 Hz、100 V 两种情况下，开关 S 分别合向 a、b、c 位置时电流表的读数，并计算各元件的有功功率和无功功率。

11. 已知正弦电压最大值 $U_m=10$ V，$f=50$ Hz，$\varphi_u=-60°$，试写出电压的瞬时表达式，并画出波形图。

12. 在某电路中，电压、电流的瞬时值表达式为

$$u=100\sin(\omega t-90°)\text{V},\ i=4\sin(\omega t+45°)\ \text{A}$$

求 u 和 i 的相位关系。

第4章 三相交流电路

1. 掌握三相四线制电路中单相及三相负载的正确连接，并了解中性线的作用。

2. 掌握相电压（相电流）与线电压（线电流）在对称三相电路中的相互关系。

3. 掌握对称三相电路电压、电流和功率的计算方法。

电力是现代工业的主要动力。电力系统普遍采用三相电源供电。由三相电源供电的电路称为三相电路。上一章讨论的交流电路只是三相电路中某一相的电路，即单相正弦交流电路。

本章主要讨论三相电路中电源和负载的连接方式以及电力系统的基本知识，从而对现代供电方式有一个较全面的了解。

第1节　三相交流电的产生和特点

一、三相交流电动势的产生

三相交流电是由三相发电机产生的，发电厂的三相发电机是一个对称的三相电源，其结构示意图如图4.1所示。

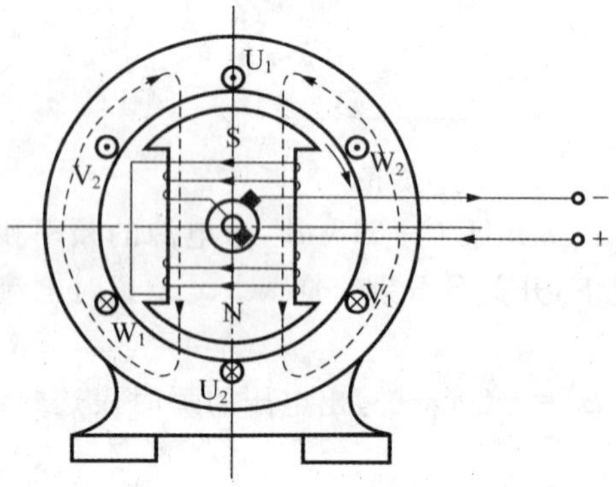

（a）三相交流发电机示意图

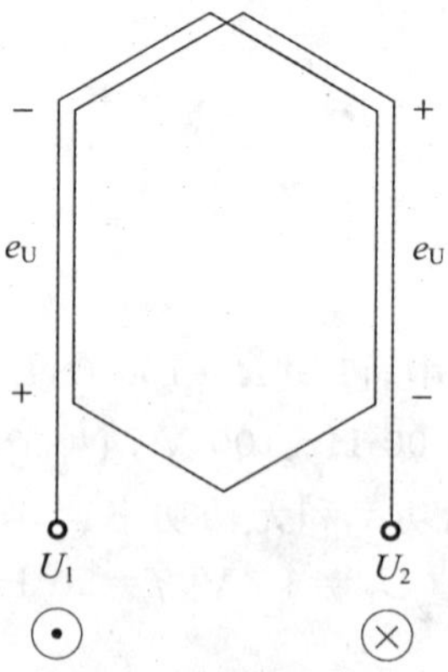

（b）电枢绕组

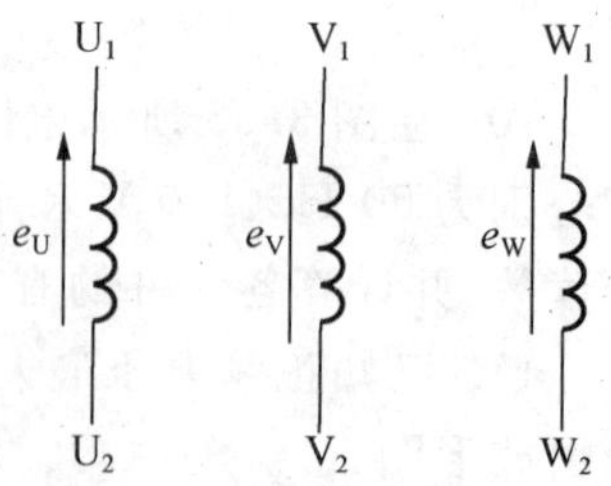

（c）三相绕组及其电动势

图4.1　三相交流发电机

三相发电机的定子内部装有铁芯，铁芯内圆周表面冲有很多槽，放置有三组相同的绕组，图中用三个集中的线圈绕组U、V、W代表，三个绕组具有相同的几何形状、尺寸和匝数，它们在空间上彼此相隔 120°。其中用 U_1、V_1、W_1 分别表示 3 个绕组的首端，U_2、V_2、W_2 表示尾端。定子铁芯及其绕组叫做电枢。发电机的转子上装有磁极，上绕励磁线圈，通入直流电流励磁，可在磁极表面的空气隙中产生较强的磁场。由于磁通具有连续性，磁感线经由磁极铁芯和定子铁芯完成闭合路径，如图 4.1 中的虚线所示。

当发电机的电枢由电动机拖动以角速度 ω 匀速转动时，各相绕组均与磁场相切割。由于三相绕组的匝数相等，切割磁感线的角速度相同，且空间位置互差 120°，所以三相绕组中感应电动势的最大值相等，角频率相同，相位上互差 120°，得到对称的三相交流电压。对称三相交流电压瞬时值分别为

$$e_U = E_m \sin(\omega t + 0°)$$
$$e_V = E_m \sin(\omega t - 120°)$$
$$e_W = E_m \sin(\omega t - 240°) = E_m \sin(\omega t + 120°)$$

e_U、e_V、e_W 的波形图和相量图如图 4.2 所示。

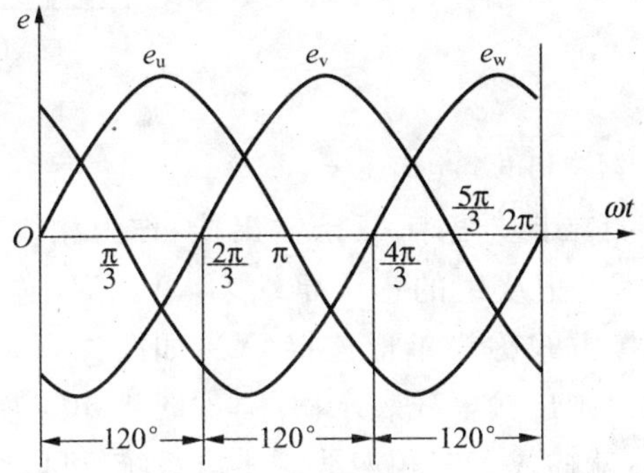

（a）波形图

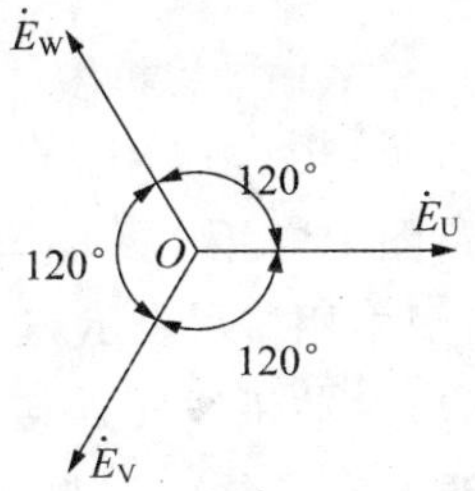

（b）相量图

图 4.2　三相对称电动势的波形图和相量图

由图可知，三相对称交流电任一瞬时值之和及相量和等于零，即

$$e_U + e_V + e_W = 0, \dot{E}_U + \dot{E}_V + \dot{E}_W = 0$$

三相交流电压达到最大值(或相应零值)的先后次序称为三相电源的相序。在上述三相电压 U、V、W 中，U 相超前 V 相，V 相超前 W 相，则 U→V→W 的相序称为正序，否则为负序。在电力系统中，用黄、绿、红三种颜色分别表示 U、V、W 三相，用黄绿相间色或黑色来表示中性线或零线。

二、三相交流电的特点

前面所讲的单相交流电路中的电源只有两根输出线，而且电源只有一个交变电动势。如果在交流电路中有几个电动势同时作用，且每个电动势的大小相等，频率相同，只有初相位不同，那么就称这种电路为多相制电路。其中每一个电动势构成的电路称为多相制的一相。

目前，应用最为广泛的是三相制电路，其电源是由三相发电机产生的。和单相交流电相比较，三相交流电具有以下特点：

（1）三相发电机比同尺寸的单相发电机输出的功率大。

（2）三相发电机的结构和制造与单相发电机相差不多，且使用、维护较方便，运转时比单相发电机的振动要小。

（3）在同样条件下输送同样大的功率时，特别是在远距离输电时，三相输电线要比单相输

电线节约 24%的材料。

由于具有以上特点，所以三相交流电比单相交流电应用更为广泛。

三、三相电源的连接

对称的三相电源有星形(Y)和三角形(Δ)两种接法，下面分别进行介绍。

1. 三相电源的星形(Y)连接方式

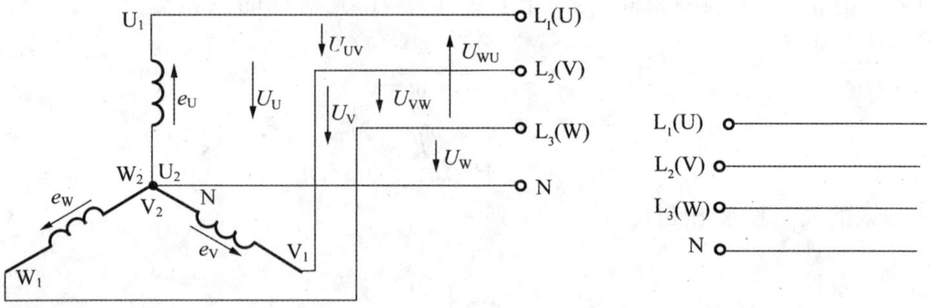

(a)　　　　　　　　(b)

图 4.3　三相电源星形连接

如图 4.3 所示，把 U_1、V_1、W_1 三个首端向外引出三条输出线，称为相线或端线(俗称火线)，在控制电路图中常用 L_1、L_2、L_3 表示。把绕组的三个尾端 U_2、V_2、W_2 连在一起，形成一个节点，在电路图中用“N”表示，这种连接方式称为星形连接(Y)，如图 4.3(a)所示。有时为了简便，常不画出发动机线圈连接方式，只画出输电线表示次序，如图 4.3(b)所示。

将三相电源的定子绕组连接成星形，就构成了三相四线制供电系统，可以给负载提供两种不同的电压：线电压和相电压。

三条相线与中性线之间的电压称为相电压，分别用 e_{UN}、e_{VN}、e_{WN} 表示。双下标表示电压的参考方向，从相线指向中性点。每两根相线之间的电压称为线电压，分别用 e_{UV}、e_{VW}、e_{WU} 表示，双下标表示电压的参考方向，如线电压 e_{UV} 表示其参考方向从相线 U 指向相线 V。

下面我们讨论线电压和相电压的关系，图 4.4 是绕组星形连接的电压相量图，线电压和相电压的关系为：

$$\dot{U}_{UV}=\dot{U}_U-\dot{U}_V,\dot{U}_{WU}=\dot{U}_W-\dot{U}_U,\dot{U}_{VW}=\dot{U}_V-\dot{U}_W$$

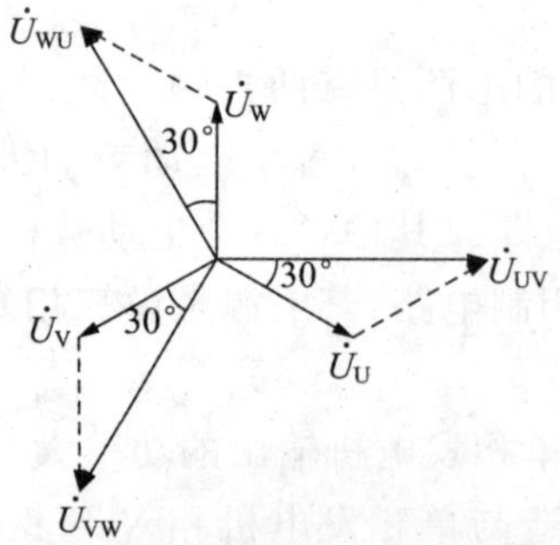

图 4.4　绕组星形连接的电压相量图

因此，我们可以得出如下结论：三相电源进行星形连接时，若相电压是对称的，则线电压也一定对称，并且线电压有效值是相电压有效值的$\sqrt{3}$倍，在相位上线电压比与其相对应的相电压超前 30°。平常照明线路使用的 220 V 电压就是相电压，工厂里的三相交流电动机使用的 380 V 电压就是线电压。

2. 三相电源的三角形(△)连接方式

将电源三相绕组的 6 个端点依次首尾相接，连接成三角形，并从连接点引出三条相线 L_1、L_2、L_3 给用户供电，如图 4.5 所示，这种连接方法称为三角形连接。

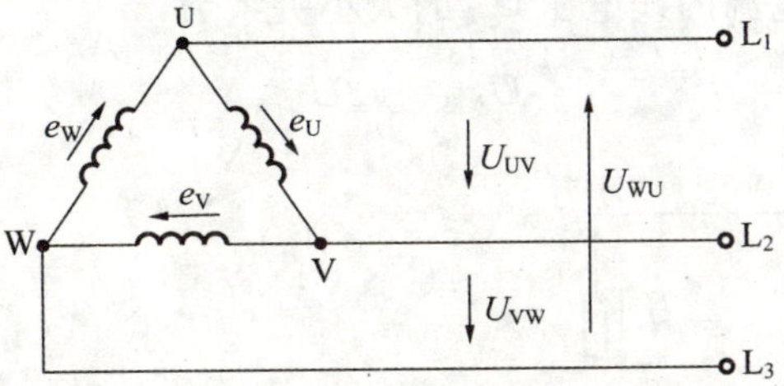

图 4.5　三相电源三角形连接

需要指出的是，电源绕组作三角形连接时，3 个电压源形成一个闭合回路，只要连接正确，$\dot{U}_U+\dot{U}_V+\dot{U}_W=0$，电源内部不会产生环流。但是若某相绕组的首尾接反时，那么 $\dot{U}_U+\dot{U}_V+\dot{U}_W\neq0$，而三相绕组的内电阻很小，却能在电源内部引起较大的环流，这样会把三相电源设备烧毁。因此，在生产实际中，三相发电机通常都连成星形。

第 2 节　三相负载的连接

一、概述

使用交流电的电气设备种类很多，其中有些设备是需要三相电源才能工作的，如三相交流电动机、三相整流硅堆等，这些都是三相负载。还有一些电气设备只需单相电源，如照明用的白炽灯、电烙铁等，它们的一端可以接在三相电源的任意一根相线上，另一端接在中性线上。

三相电路中的负载可能相同也可能不同。通常把各相负载相同（即各相负载的阻抗值相等、性质相同）的三相负载叫做对称三相负载，如三相电动机、三相电炉等，反之叫做三相不对称负载，如三相照明电路中的负载。

在三相供电系统中，三相负载也有星形连接和三角形连接两种，根据负载的额定电压和电源电压来决定以哪种方式接入电源。

下面先明确几个概念：

(1) 负载相电压：每相负载两端的电压。

(2) 负载线电压：相线与相线之间的电压称为线电压。在忽略输电线上的电压降时，负载上的线电压实质上就是电源的线电压。

(3) 相电流：各相负载的电流叫做相电流。

(4) 线电流：相线上的电流叫做线电流。

(5) 中性线电流：流过中性线的电流，用 I_N 表示。

二、三相负载的星形连接

如图 4.6(a)所示，将三相负载中的各相负载分别接在相线和中线之间的连接方式称为三相负载的星形连接(以“Y”标记)。图中的 Z_U、Z_V、Z_W 为各相负载的阻抗，N′为三相负载的公共点。

1. 电压关系

负载的相电压 $U_{Y相}$ 与电源的线电压 $U_{线}$ 的大小关系为

$$U_{Y相}=\sqrt{3}U_{线}$$

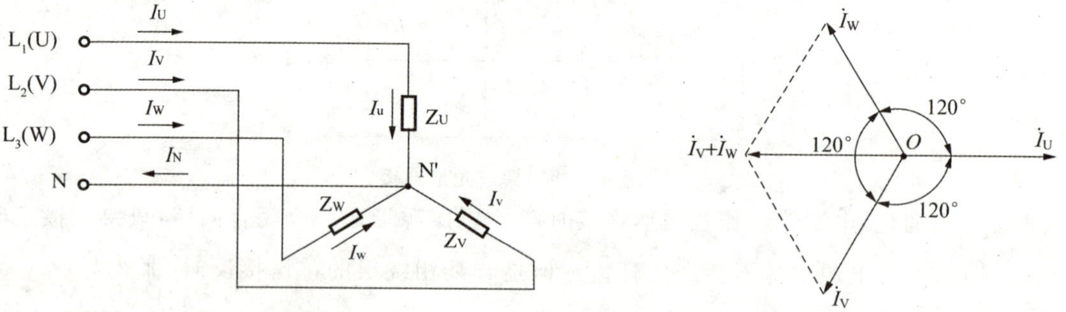

(a) 三相负载的星形连接　　　　(b) 电流相量图

图 4.6　三相负载的星形连接及电流相量图

2. 电流关系

三相负载的相电流分别用 I_u、I_v、I_w 表示，统一记为 $I_{Y相}$；三相负载的线电流分别用 I_U、I_V、I_W 表示，统一记为 $I_{Y线}$。由图 4.6(a)可见，线电流和相电流的大小相等，即

$$I_{Y相}=I_{Y线}$$

在对称三相电压作用下，流过对称三相负载中每相负载的电流大小都相等。即

$$I_{Y相}=I_u=I_v=I_w=\frac{U_{Y相}}{Z_{相}}$$

式中，$Z_{相}=Z_U=Z_V=Z_W$，Z_U、Z_V、Z_W 为各相负载的阻抗，各相电流 I_u、I_v、I_w 之间的相位差均为 120°。

由图 4.6(b)所示的相量图可以看出，三相对称负载作星形连接时的中线电流为零，即 $I_N=0$。此时可取消中线，将三相四线制变成三相三线制。

小提示

如果三相负载不对称，则各相的相电流不一定相等，相位差也不一定为 120°，中线电流就不再为零，因此此时中线不能取消。如果将中线断开，则各相负载的相电压不再相等。经计算和实际测量证明：阻抗较小的负载相电压低，阻抗较大的负载相电压高。这样就可能烧坏阻抗较大的一相负载。所以在三相负载不对称的低压供电系统(如三相照明电路)中，不但禁止在中线上安装熔断器或开关，而且中线常常用钢丝制成，以免中线断开引起事故。

三、三相负载的三角形连接

将三相负载中的每相负载分别接在相线之间的连接方式称为三相负载的三角形连接(以“△”标记)，如图 4.7(a)所示。

1. 电压关系

在三角形连接中，由于每相负载分别接在相线之间，因此负载的相电压就是电源的线电压，即

$$U_{线}=U_{\triangle相}$$

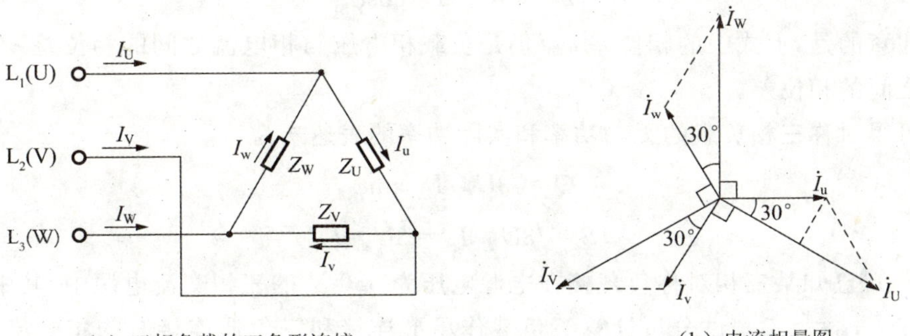

(a) 三相负载的三角形连接　　(b) 电流相量图

图 4.7　三相负载的三角形连接及电流相量图

2. 电流关系

在对称三相电压的作用下，对称三相负载中各相负载的电流大小相等，即

$$I_{\triangle相}=I_u=I_v=I_w=\frac{U_{\triangle相}}{Z_{相}}$$

由图 4.7(b)所示的电流相量图可以得出，线电流 I_U 是相电流 I_u 的$\sqrt{3}$倍，即

$$I_U=\sqrt{3}I_u$$

同理可求得 $I_V=\sqrt{3}I_v$，$I_W=\sqrt{3}I_w$。

因此，对于作三角形连接的对称三相负载来说，线电流与相电流的大小关系为

$$I_{\triangle线}=\sqrt{3}I_{\triangle相}$$

从图 4.7(b)还可以看出，线电流总是滞后于与之对应的相电流 30°。

因为使用任何电气设备，均要求负载所承受的电压等于它的额定电压，所以在实际工作中，为了满足负载对电压的要求，必须根据负载的额定电压，对三相负载进行星形或三角形连接。

小思考

1. 三相负载的星形连接和三角形连接有什么区别?
2. 在实际工作中，怎样决定三相负载的连接方式?

四、三相负载的功率

在三相交流电路中，不论负载采用星形连接还是三角形连接，三相负载消耗的总功率等于各相负载消耗的功率之和。即

$$P=P_{u}+P_{v}+P_{w}$$

如果三相电路为对称电路，则表明各相负载的有功功率相等，则有

$$P=3U_{相}\ I_{相}\ \cos\varphi_{相}=3P_{相}$$

在实际工作中，测量线电流比测量相电流要方便，因此三相有功功率为

$$P=\sqrt{3}U_{线}\ I_{线}\ \cos\varphi_{相}$$

需要注意的是，上式中的相位差 $\varphi_{相}$ 仍是负载相电压与相电流之间的相位差，不是线电压与线电流之间的相位差。

同理可得对称三相负载的无功功率和实际功率的表达式为

$$Q=\sqrt{3}U_{线}\ I_{线}\ \sin\varphi_{相}$$

$$S=\sqrt{3}U_{线}\ I_{线}=3U_{相}\ I_{相}$$

【例 4－1】已知某三相对称负载接在电源电压为 380 V 的三相交流电源中，其中每相负载的 $R_{相}=6\ \Omega$，$X_{相}=8\ \Omega$。试分析计算该负载作星形连接和三角形连接时的相电流、线电流以及有功功率，并作比较。

解：(1)负载作星形连接时

$$Z_{Y相}=\sqrt{R_{相}^{2}+X_{相}^{2}}=\sqrt{6^{2}+8^{2}}=10\ \Omega$$

$$U_{Y相}=\frac{U_{线}}{\sqrt{3}}=\frac{380}{\sqrt{3}}\approx 220\ \text{V}$$

则

$$I_{Y线}=I_{Y相}=\frac{U_{Y相}}{Z_{相}}=\frac{220}{10}=22\ \text{A}$$

又

$$\cos\varphi=\frac{R_{相}}{Z_{相}}=\frac{6}{10}=0.6$$

$$P_{Y}=3U_{Y相}I_{Y相}\cos\varphi=3\times 220\times 22\times 0.6\times 10^{-3}\approx 8.7\ \text{kW}$$

或

$$P_{Y}=\sqrt{3}U_{线}I_{线}\cos\varphi=\sqrt{3}\times 380\times 22\times 0.6\times 10^{-3}\approx 8.7\ \text{kW}$$

(2)负载作三角形连接时

$$U_{\Delta相}=U_{线}=380\ \text{V}$$

则

$$I_{\Delta相}=\frac{U_{\Delta相}}{Z_{相}}=\frac{380}{10}=38\ \text{A}$$

$$I_{\Delta线}=\sqrt{3}I_{\Delta相}=\sqrt{3}\times 38\approx 66\ \text{A}$$

$$P_{\Delta}=3U_{\Delta相}I_{\Delta相}\cos\varphi=3\times 380\times 38\times 0.6\times 10^{-3}\approx 26\ \text{kW}$$

或

$$P_{\triangle}=\sqrt{3}U_{线}\ I_{线}\ \cos\varphi=\sqrt{3}\times380\times66\times0.6\times10^{-3}\approx26\ \mathrm{kW}$$

(3)两种接法相比。

$$\frac{I_{\triangle相}}{I_{Y相}}=\frac{38}{22}=\sqrt{3}$$

$$\frac{I_{\triangle线}}{I_{Y线}}=\frac{66}{22}=3$$

$$\frac{P_{\triangle}}{P_{Y}}=\frac{26}{8.7}=3$$

由此可知,同一负载作三角形连接的相电流是星形连接时的$\sqrt{3}$倍,而三角形连接时的线电流和功率均是星形连接时的 3 倍。

实验6 三相交流负载的连接

一、实验目的

(1)学会三相负载的星形连接和三角形连接方法。

(2)熟悉并掌握三相对称负载在星形连接和三角形连接时的特点,即负载的相电压与线电压、相电流与线电流的关系。

(3)了解负载不对称时,星形连接时中线的作用以及三角形连接时的工作情况。

二、实验设备与器材

(1)三相实验灯箱。

(2)交流电流表。

(3)交流电压表。

三、实验原理说明

(1)三个大小相等、频率相同、相位互差 120°角的电动势、电压、电流称为对称三相交流电。三相交流电动势是由三相交流发电机产生的。

(2)三相四线制星形连接的三相对称电源,可为负载提供两种电源电压,即线电压和相电压,其中线电压是相电压的$\sqrt{3}$倍。

(3)三相负载连接有星形接法(Y)和三角形接法(△):当每相负载额定电压等于电源线电压的 $1/\sqrt{3}$倍时,应为星形连接;当每相负载额定电压等于电源线电压时,应为三角形连接。

(4)不对称三相负载星形连接时,必须接有中线,中线的作用在于保证三相电路成为三个互不影响的独立回路,使三相电压对称,确保负载正常工作。

四、实验内容与步骤

1. 三相负载星形连接

(1)将三相负载按图 4.8 所示星形接法连接，经指导教师检查无误后接通三相电源。

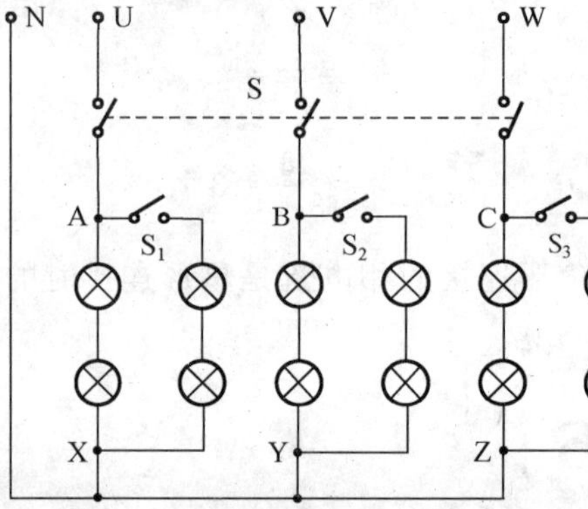

图 4.8　负载星形连接实验电路图

(2)测量有中线而负载对称时，各线电压、相电压、电流和中线电流的数值。将数值记入表 4.1 中。

(3)测量有中线而负载不对称时，各线电压、相电压、电流和中线电流的数值。将数值记入表 4.1 中。

(4)拆除中线后，测量负载对称与不对称时，各线电压、相电压、电流的数值，注意观察各相灯泡的明暗，将数值记入表 4.1 中。

表 4.1　实验数据

实验内容 / 测量数值		有中线		无中线	
		对称	不对称	对称	不对称
线电压/V	U_{AB}				
	U_{BC}				
	U_{AC}				
相电压/V	U_A				
	U_B				
	U_C				
电流/A	I_A				
	I_B				
	I_C				
	I_O				

2. 三相负载三角形连接

(1)将三相负载按图 4.9 所示三角形接法连接，经指导教师检查无误后接通三相电源。

(2)负载对称时，测量线电压、线电流、相电流的数值，将数值记入表 4.2 中。

(3)负载不对称时，测量线电压、线电流、相电流的数值，将数值记入表 4.2 中。

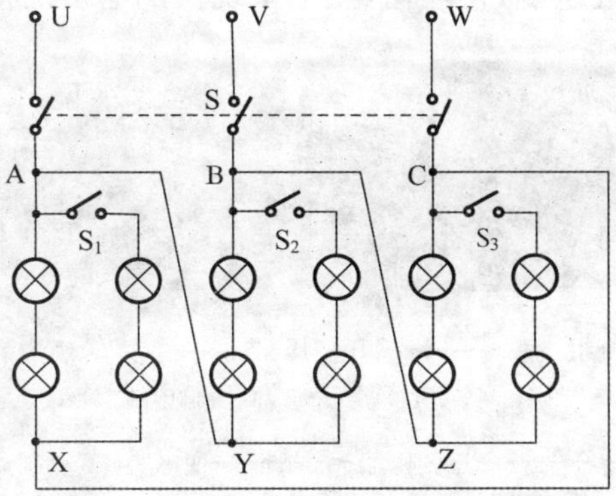

图 4.9　负载三角形连接实验电路图

表 4.2　实验数据

测量数值 / 实验内容	电压/V			线电流/A			相电流/A		
	U_{AB}	U_{BC}	U_{AC}	I_A	I_B	I_C	I_{AB}	I_{BC}	I_{AC}
对称									
不对称									

五、实验注意事项

(1)每次接线完毕，同组同学应自查一遍，然后由指导教师检查无误后，方可接通电源。必须严格遵守先接线、后通电，先断电、后拆线的实验操作步骤。

(2)实验时要注意安全，不可触及导电部件，以免发生意外。

(3)每次实验完毕，均需将三相调压器旋钮调回零电位，如改变接线，均需断开三相电源，以确保安全。

(4)在作三角形连接时，由于三相负载是灯泡组(额定电压为 220 V)，因此线电压必须调为 220 V，以免损坏灯泡。

六、分析与讨论

(1)总结对称和不对称负载作星形和三角形连接时，电流、电压的线值与相值之间有什么关系？

(2)当负载作星形连接时，有一相断路，有中线时会出现什么现象？无中线时又会出现什么现象？

(3)当负载作星形连接的三相三线时，有一相短路，会出现什么现象？

(4)负载作不对称三角形连接时，能否正常工作？为什么？

第 3 节　发电、输电和配电常识

电力系统是由发电、变电、输电、配电和用电等环节组成的电能生产与消费系统，如图4.10

所示。它的功能是将自然界的一次能源通过发电动力装置(主要包括锅炉、汽轮机、发电机及电厂辅助生产系统等)转化成电能,再经输、变电系统及配电系统将电能供应到各负荷中心。

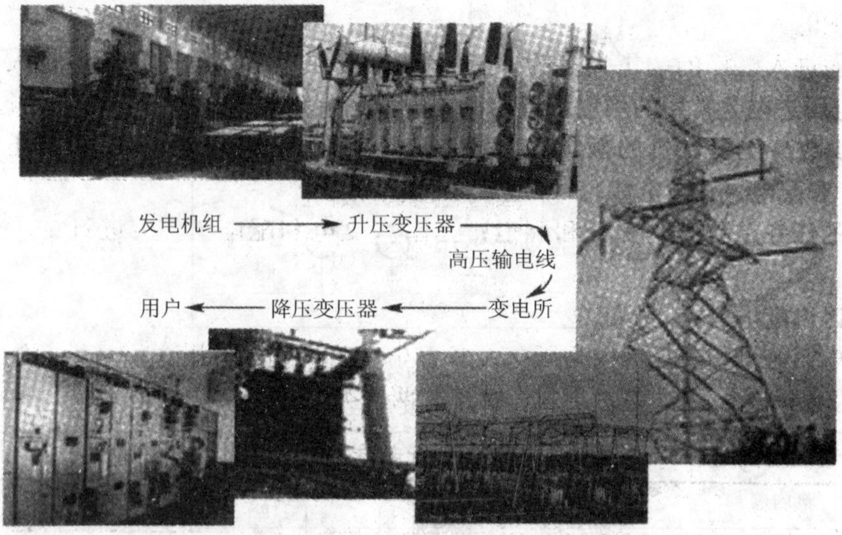

图 4.10　电力系统

一、发电

发电是指发电厂利用发电动力装置将水能、石化燃料(煤、石油、天然气)的热能、核能以及太阳能、风能、地热能、海洋能等转换为电能,以供应国民经济各部门及人民生活之需。

电能在生产、传送、使用过程中比其他能源更易于调控,因此,它是最理想的二次能源。发电在电力工业中处于中心地位,决定着电力工业的规模,也影响到电力系统中输电、变电、配电等各个环节的发展。

根据发电厂所用能源的不同,可分为火力发电厂、水力发电厂、核电站、风力发电厂和太阳能发电厂等,如图 4.11 所示为发电厂的外观图。

(a)火力发电厂　　(b)水力发电厂

图 4.11　发电厂的外观

(c)核电站

(d)风力发电厂

(e)太阳能发电厂

续图 4.11　发电厂的外观

资料卡片

到 20 世纪 80 年代末，主要发电形式是火力发电、水力发电和核能发电，三者的发电量占全部发电量的 99%以上。火力发电因受煤、石油、天然气资源以及环境污染的影响，就全世界范围而言，在 80 年代所占比重由 70%左右降至 64%左右；水力发电因工业发达国家的水资源开发已近 90%，故所占比重维持在 20%左右；核能发电的比重则呈上升趋势，到 80 年代末已超过 15%。这反映出随着石化燃料的短缺，核能发电将越来越受重视。

二、变电与配电

电力系统中，需要通过一定设备将电压由低等级转变为高等级（升压）或由高等级转变为低等级（降压），升压有利于高效输电，而降压则用于给用户提供合适的配电电压。

电力系统中发电机的额定电压一般为 15～20 kV 以下，配电电压等级有 35～60 kV、3～10 kV 等；用电部门的用电器具有额定电压为 3～15 kV 的高压用电设备和 110 V、220 V、380 V等低压用电设备。

如图 4.12 所示为变电系统外观图。

(a)变电站

(b)变压器

图 4.12　变电系统

配电系统中常用的交流供电方式有：

(1)三相三线制：分为三角形接线(用于低压配电、三相 220 V 电动机和照明)和星形接线(用于高压配电、三相 380 V 电动机)。

(2)三相四线制：用于 380/220 V 低压动力与照明混合配电。

(3)三相二线一地制：多用于农村配电。

(4)三相单线制：常用于电气铁路牵引供电。

(5)单相二线制：主要供应居民用电。

配电系统的直流供电方式有：

(1)二线制：用于城市无轨电车、地铁机车、矿山牵引机车等的供电。

(2)三线制：供应发电厂、变电所、配电所自用电和二次设备用电及电解和电镀用电。

如图 4.13 所示为配电系统外观图。

(a)低压配电室

图 4.13　配电系统

(b)变电箱

续图 4.13　配电系统

三、输电

电能的传输和变电、配电、用电一起，构成电力系统的整体功能。通过输电，把相距甚远的(可达数千千米)发电厂和负荷中心联系起来，使电能的开发和利用超越地域的限制。和其他能源的传输(如输煤、输油等)相比，输电的损耗小，效益高，灵活方便，易于调控，环境污染小；输电还可以将不同地点的发电厂连接起来，实行峰谷调节。输电是电能利用优越性的重要体现，在现代化社会中，它是重要的能源动脉。

输电线路按结构形式可分为架空输电线路和地下输电线路。前者由线路杆塔、导线、绝缘子等构成，架设在地面上；后者主要用电缆，敷设在地下(或水下)，如图 4.14 所示。

(a)架空输电线路

(b)地下输电线路

图 4.14　输电方式

按所输送电流性质划分，输电可分为直流输电和交流输电。19 世纪 80 年代首先成功实现了直流输电，后因受电压无法提高的限制(输电容量大体与输电电压的平方成比例)19 世纪末被交流输电所取代。交流输电的成功，迎来了 20 世纪的电气化时代。20 世纪 60 年代以来，由于电力电子技术的发展，直流输电又有新发展，与交流输电相配合，形成交直流混合的电力系统。

输电电压的高低是输电技术发展水平的主要标志。到 20 世纪 90 年代，世界各国常用输电电压有 220 kV 及以下的高压输电、330～765 kV 的超高压输电和 1 000 kV 及以上的特高压输电。

第 4 节　安全用电常识

电能的广泛应用，给人类生产和生活带来了极大的方便，但是如果使用不当，就会危及人身安全和设备安全,甚至造成大面积停电或引发火灾等事故。因此,学习安全用电常识,认真执行各项安全规章是非常重要的。

一、电流对人体的伤害

人触电的原因之一是由于不遵守操作规程或粗心大意,误触及裸露的带电设备,或是接触由于电器绝缘损坏等原因使金属外壳忽然带电的设备。

当人体接触了电气设备的带电(或漏电)部分,使身体承受电压,从而使人体内部流过电流,这种情况称为"触电"。电流对人体组织的作用比较复杂,伤及内部器官时称为电击,主要是电流伤害神经系统使心脏和呼吸功能受到阻碍,极易导致死亡;皮肤表面被电弧烧伤时称为电伤,烧伤面积过大也可能有生命危险。

电流对人体伤害的严重程度与电流的种类、大小、持续时间以及电流经过身体的途径等因素有关。工频交流电的危险性大于直流电,因为交流电流主要是麻痹和破坏神经系统,人往往难以自主摆脱,高频(2 000 Hz 以上)交流电由于趋肤效应,危险性较小。流过人体的工频电流在 0.5～5 mA 时,就有痛感,但尚可忍受和自主摆脱;电流大于 5 mA 后,人会发生痉挛,难以忍受;电流达到 50 mA(0.05 A),持续数秒到数分钟,将引起昏迷和心室颤动,会有生命危险。

二、触电方式和安全电压

1. 单相触电

由于电线破损、导线金属部分外露、导线或电气设备受潮等原因使其绝缘部分的性能降低,而导致站在地上的人体直接或间接地与火线接触,则加在人体上的电压约为 220 V,这时电流就通过人体流入大地而发生单相触电事故,如图 4.15 所示。大部分的触电死亡事故属于这种触电形式。

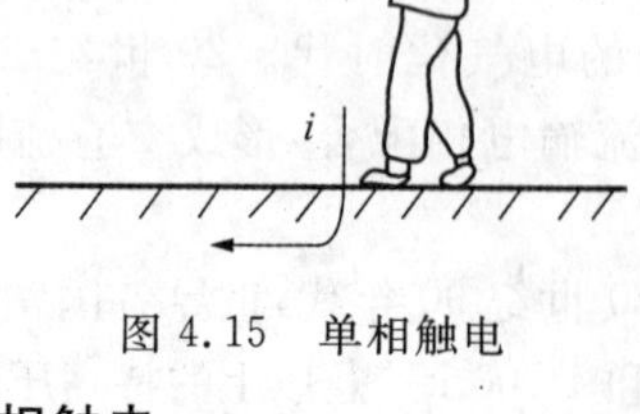

图 4.15　单相触电

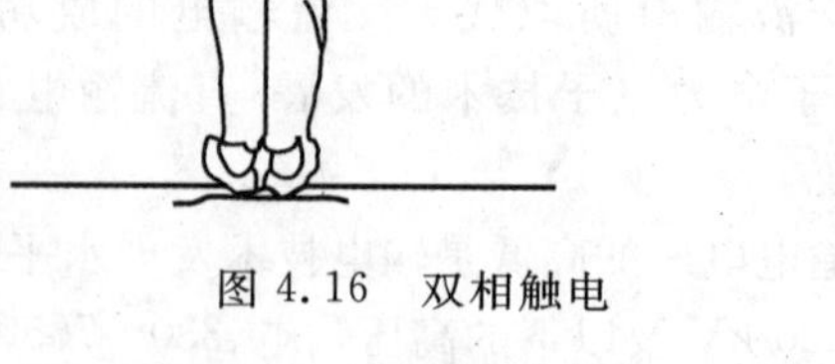

图 4.16　双相触电

2. 两相触电

人体同时接触两根不同相线或同时接触零线和相线。这时线电压就会直接加在人体上,电流通过人体,发生两相触电事故。此时人体上的电压比单相触电时高,后果更为严重,如图 4.16 所示。这类事故多发生在带电检修或安装电气设备时。

3. **跨步电压触电**

当高压电线断落在地面时，电流就会从电线的着地点向四周扩散，在地面上由于土壤电阻的作用，电流流过土壤电阻会形成不同的电位分布，地面不同两点间会有电位差，这时如果人站在高压电线着地点附近，人的两脚之间就会有电压，并有电流通过人体造成触电，这种触电称为跨步电压触电，如图 4.17 所示。遇到高压线落地的情况时，千万不要跑，以免形成跨步电压，应赶快把双脚并在一起，或赶快用一条腿蹦离落地点 20 m 以外的地方。

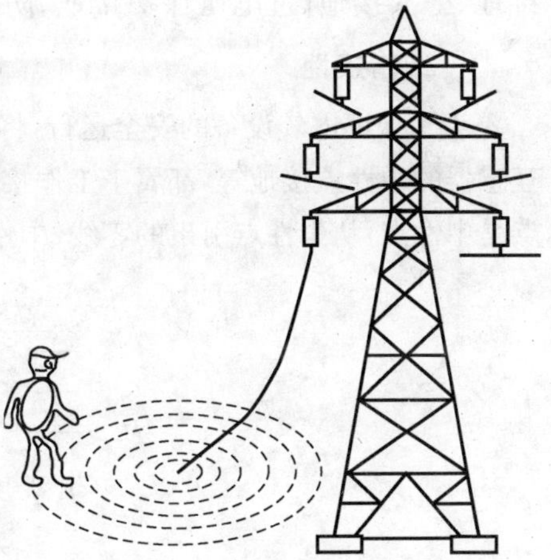

图 4.17　跨步电压触电

4. **安全电压**

按照欧姆定律，流过人体电流的大小和人体电阻 R 成反比，R 由体内电阻和皮肤电阻组成，后者为主，变化范围很大。在皮肤干燥时，可达数千欧，在皮肤湿润(出汗或环境潮湿)时，只有 1 kΩ 左右，而且随所加电压的增大和持续时间的增加而减小。因此单相触电时，在湿脚着地等恶劣条件下，人体电流可高于

$$I=\frac{U}{R}=\frac{220}{1\ 000}=0.22\ \text{A}$$

这个值大大超过危险电流值(0.05 A)。如果地面干燥，所穿鞋袜有一定的绝缘作用，危险性可能减小，但有人因此对单相触电麻痹大意则是绝对错误的，事实上，触电死亡事故中，大部分是单相触电。在必须不停电进行接线和维修工作时，只有在人体和地面之间采取可靠的绝缘措施(穿绝缘鞋或站在绝缘垫或绝缘工作台上)后，才能触及一根相线。

同理，双相触电时，人体电流可达 0.38 A，危险性大于单相触电，不过图 4.16 所示的情况很少出现，通常是局部人体同时触及两根相距不远的相线而发生电灼伤。

在劳动保护措施中规定有安全电压，它以人体允许电流与人体电阻的乘积为依据，我国采用 36 V 和 12 V。凡手提照明灯、机床上照明灯，危险环境的局部照明、携带式电动工具等，如无特殊安全结构，其安全电压应采用 36 V。凡活动困难、周围有大面积接地导体环境(如金属容器内、矿井内)的手提照明灯，其安全电压应采用 12 V。

三、防止触电的措施

为了防止电气设备的金属外壳因内部绝缘损坏而意外带电造成触电事故，可以采取保护性的接地和接零措施。

用接地线把电气设备的某些部分与接地体进行可靠而又符合技术要求的电气连接称为接地。如电动机、变压器和开关设备的金属外壳接地。

当电气设备漏电时，其外壳、支架及与之相连的其他金属部分将呈现电压。若人触及这些意外的带电部分，就可能发生触电事故。接地的目的就是为了保证电气设备的正常工作和人身安全。为了达到这个目的，接地装置必须十分可靠，其接地电阻也必须保证在一定范围之内。例如，容量为 100 kV 以上的变压器中性点接地装置的接地电阻应不大于 4 Ω，零线重复接地电阻应不大于 10 Ω 等。

在电力系统中应用较多的有工作接地、保护接地、保护接零等，此外，还有重复接地、防雷接地、公共接地、过电压保护接地、防静电接地以及屏蔽接地等。

1. **工作接地**

为了保证电气设备的安全运行，将电力系统中的某些点接地，称为工作接地。如电力变压器和互感器的中性点接地等，都属于工作接地。如图 4.18 所示，电力变压器的三相绕组星形连接的公共点是中性点，从中性点引出的零线（中性线）做作单相电线和保护电气设备安全的双重作用。

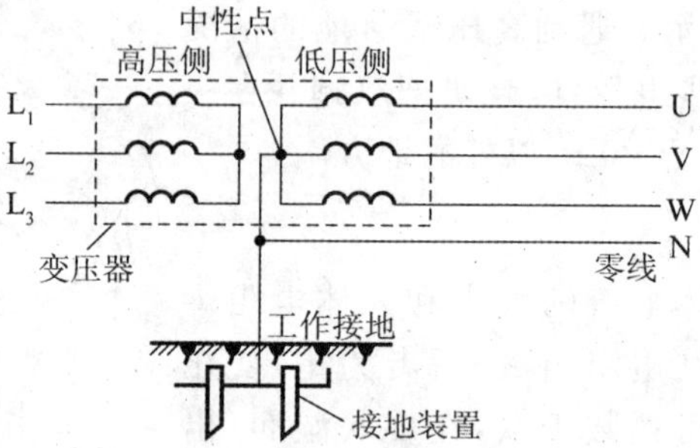

图 4.18　工作接地

在三相四线制低压电力系统中，采用工作接地的优点很多。例如，将变压器低压侧中性点接地，可避免当电力变压器高压侧线圈绝缘损坏而使低压侧对地电压升高，以保证人身和设备的安全。同时，在三相负荷不平衡时能防止中性点位移，从而避免三相电压不平衡。此外，还可采用接零保护，在三相负荷不平衡时切断电源，避免其他两相对地电压升高。

2. **保护接地**

将电动机、变压器等电气设备的金属外壳及与外壳相连的金属构架，通过接地装置与大地连接起来，称为保护接地。保护接地适用于中性点不接地的低压电网。保护接地可有效防止发生触电事故，保障人身安全。当电气设备绝缘损坏，相线碰到外壳时，设备外壳带电，人体触及就会有触电的危险。如果电气设备外壳有了保护接地，电流同时流经接地体和人体，如图 4.19 所示。在并联电路中，电流与电阻大小成反比，接地电阻越小，通过的电流越大，流经人体的电流就越小。通常接地电阻都小于 4 Ω，而人体电阻一般在 1 000 Ω 以上，比接地电阻大得多，所以流经人体的电流很小，不致有触电危险。

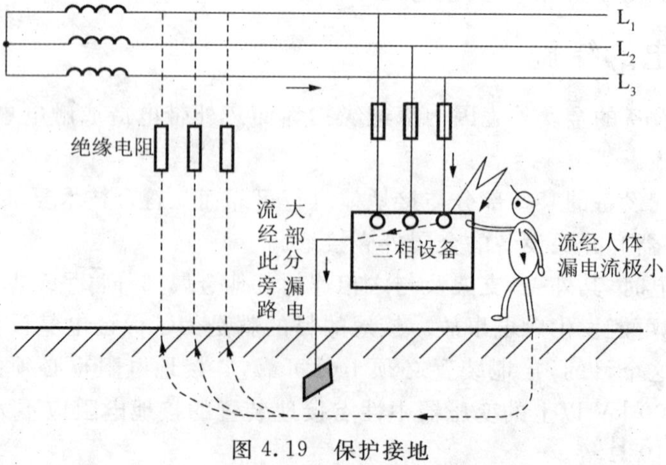

图 4.19　保护接地

3. **保护接零**

将电动机等电气设备的金属外壳及金属支架与零线用导线连接起来，称为保护接零。在 220/380 V 三相四线制中性点直接接地的电网中广泛采用保护接零。当电气设备绝缘损坏造成单相碰壳时，设备外壳对地电压为相电压，一旦人体触及将会发生严重的触电事故。采用保护接零后，碰壳相电流经零线形成单相闭合回路，如图 4.20 所示。由于零线电阻较小，短路电流较大，使熔丝熔断或断路器等短路保护装置在短时间内动作，切断故障设备的电源，从而避免了触电。

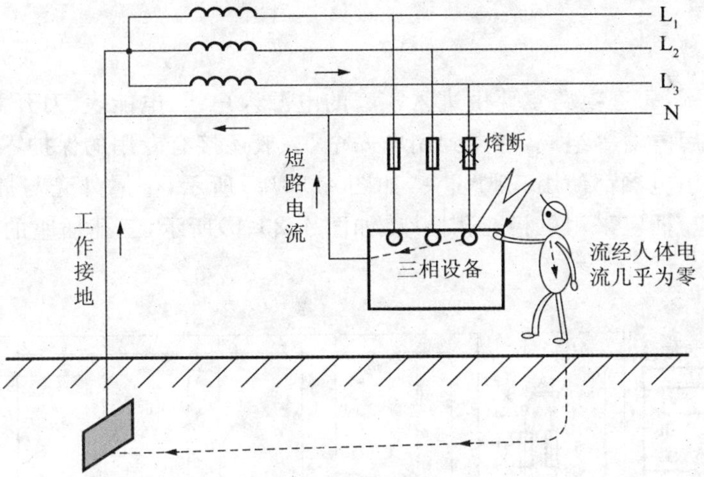

图 4.20 保护接零

必须注意的是，保护接零和保护接地的保护原理是不同的。保护接地是限制漏电设备外壳对地电压，使其不超过允许的安全范围；而保护接零是通过零线使漏电电流形成单相短路，引起保护装置动作，从而切断故障设备的电源。另外，在同一台变压器供电的系统中，保护接零和保护接地不能混用，不允许一部分设备采用保护接零，另一部分设备采用保护接地。因为当采取保护接地的设备中的一相与外壳接触时，会使电源中性线出现对地电压，使接零的设备产生对地电压，造成更多的触电机会，如图 4.21 所示。

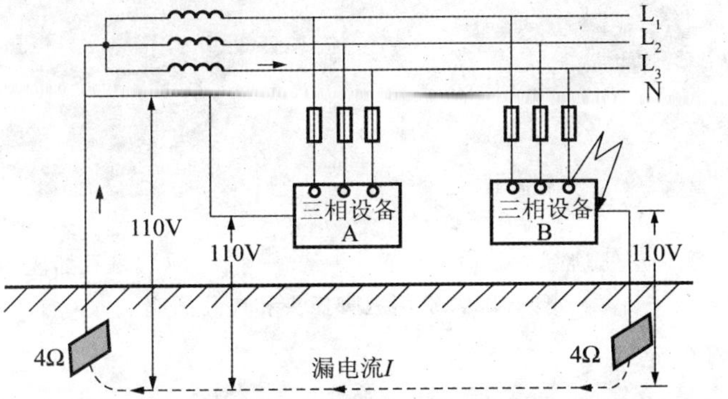

图 4.21 同一供电线路中部分接零、部分接地的后果

图中，假设三相设备 A 外壳接零，B 外壳接地，接地电阻为 4 Ω。如果有一相碰壳短路，则漏电流为

$$I=\frac{220}{4+4}=27.5\ \text{A}$$

由于电流较小，不足以使熔断器或自动断路器动作，这一漏电现象可能短时间的不易被发现。然而此时零线对地电压已不再是零，而是升高到

$$U=\frac{220}{4+4}\times 4=110\ \text{V}$$

这会使所有与零线相接的电气设备的金属外壳都带上对地 110 V 的电压，所以触及任何一台电气设备的金属外壳都会有触电的危险。

四、家庭用电安全

1. 家庭电路

如图 4.22 所示，家庭电路主要由进入家庭的电源入户线、电能表、刀开关、熔断器、漏电保护器、开关、插座、用电器等组成，考虑到用电安全，一般还接有专用的保护零线，俗称地线。洗衣机、电冰箱等家用电器都使用三脚插头，如图 4.23(a)所示，金属外壳与插头的保护接地极相连。与之相对应，插座采用单相三孔插座，如图 4.23(b)所示，三孔插座的接线规定为“左零右火中接地”。

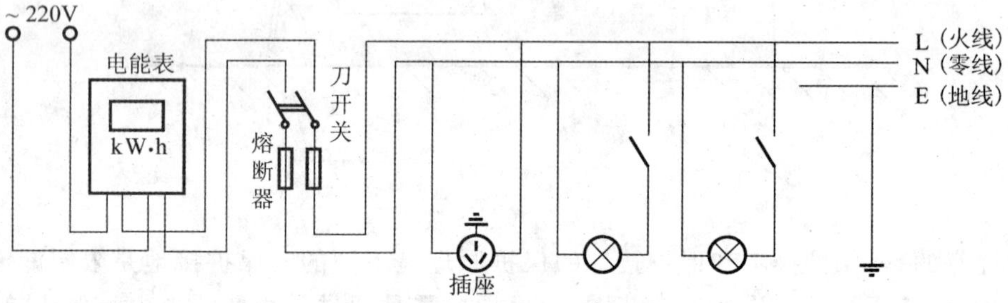

图 4.22　家庭配电示意图

(a)三脚插头

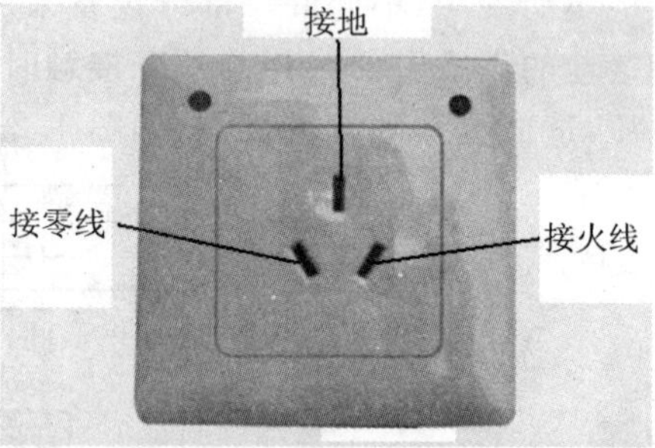

(b)三孔插座

图 4.23　常用三脚插头和三孔插座

2. 单相保护接零电路

在单相保护接零电路中，有可能会把电器的金属外壳直接与接到用电器的零线相连。这种接法有时非但不能起到保护作用，反而会增加触电的危险。

(1)错误接法 a，如图 4.24 所示。

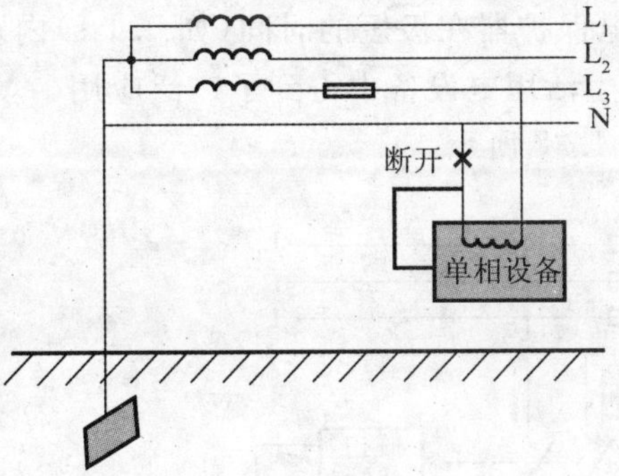

图 4.24　错误接法 a

当零线断开时，电器外壳会通过电器内部线路与电源相线相连，造成外壳带电。

(2)错误接法 b，如图 4.25 所示。

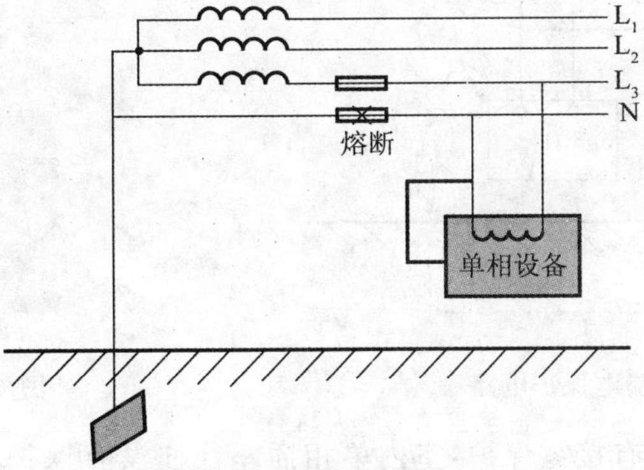

图 4.25　错误接法 b

当熔丝熔断时，电器内部线路与电源相线相连，也会造成外壳带电。

(3)错误接法 c，如图 4.26 所示。

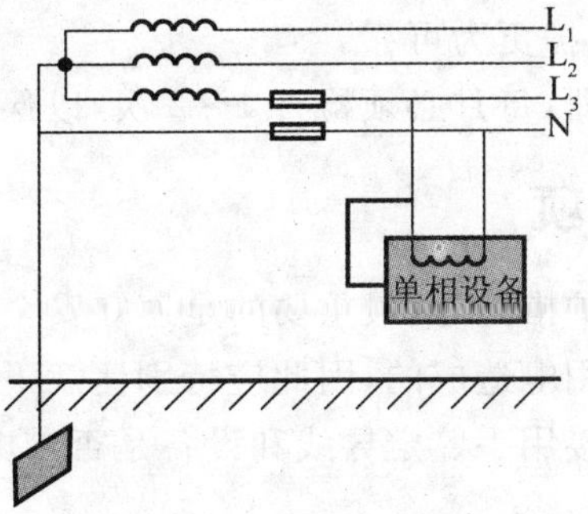

图 4.26　错误接法 c

相线与零线互换，此时用电器可正常运行，但金属外壳带电，很容易发生触电事故。

3. 漏电保护器

漏电保护器又叫漏电保安器或漏电开关，它是一种能有效防止人身触电的保护装置。漏电保护器的原理是利用人在触电时产生的触电电流使漏电保护器感应出信号，经过电子放大电路或开关电路，推动脱扣机构，使电源开关动作，将电源切断，从而保证人身的安全。漏电保护器对电气设备的漏电电流极为敏感。当人体接触了漏电的用电器时，产生的漏电电流只要达到 14～30 mA，就会使漏电保护器在极短的时间（如 0.1 s）内跳闸，切断电源，因此，漏电保护器在工农业生产以及日常生活用电设备中得到了广泛应用。

漏电保护器的电路如图 4.27 所示。

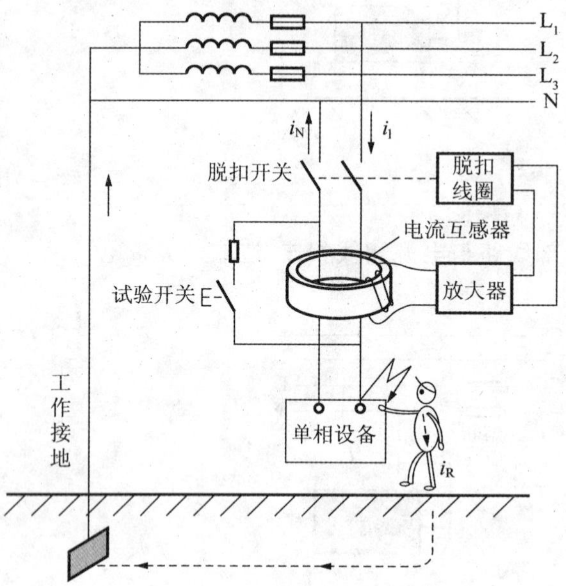

图 4.27　漏电保护电路

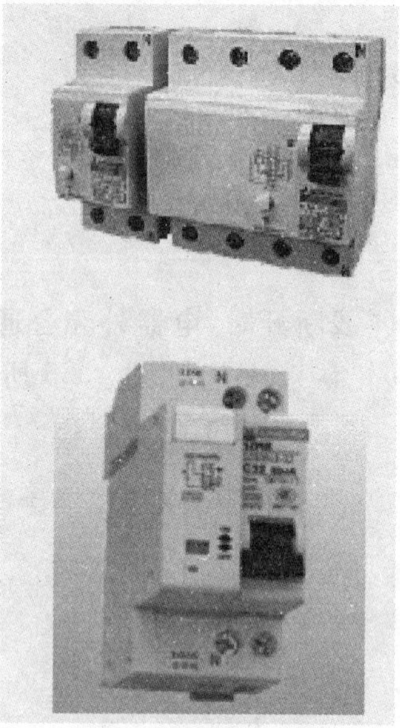

图 4.28　漏电保护器

一些日用电器通常没有接零保护，室内单相插座往往没有保护零线插孔。这时在室内电源进线上接入整定到 15～30 mA 的漏电保护器可以起到保护安全的作用。如图 4.28 所示为两种漏电保护器外形。

另外，已有接零保护的中性点接地供电系统或已有接地保护的中性点不接地供电系统，还可以加装漏电保护器，使安全保护更为可靠。

对于接入电路的漏电保护器，每月必须检查 1～2 次，以保证工作正常。

五、安全用电注意事项

预防触电除采取上述的保护措施外，最重要的是遵守安全操作规程，常见的触电事故大多是由于疏忽大意或不重视安全用电造成的，因此应特别注意下列安全常识。

（1）在任何情况下，不得直接用手鉴定导线和设备是否带电，在低压 380/220 V 系统中，可用验电笔来鉴定。

（2）用手粗测电动机温度时，应用手背接触电动机外壳，切不可用手掌，以免万一外壳有电，使手部肌肉紧张反而紧握带电体，造成触电事故。

（3）对于经常接触的电气设备，如手提照明灯、机床上的照明灯等，应使用 36 V 以下的安全电压。在金属容器内或特别潮湿的环境工作时，电压不得超过 12 V。

（4）更换熔丝或安装、检修电气设备时，应先切断电源，切勿带电操作。

（5）进行分支线路检修时，打开总电源开关后，还应拔下熔断器，并在切断的电源开关上挂上“有人工作，不准合闸”的标志，如有多人进行电工作业，接通电源前应通知每一个人。

(6)电动机械、照明设备拆除后，不要留有可能带电的电线，如果电线必须保留，应将电源切断，并将裸露的线头用绝缘布包好。

(7)闸刀开关必须垂直安装，静触点在上方，可动刀闸在下方。这样当刀闸拉开后不会再次造成电源接通现象，避免引起意外事故。

(8)电灯开关应接在相线上，用螺旋口灯头时，不可把相线接在与螺旋套相连的接线桩头上，以免在调换白炽灯时发生触电。

(9)定期检修电气设备，发现温升过高或绝缘下降时，应及时查明原因，排除故障。

(10)在配电屏或启动器的周围地面，应放置干燥木板或绝缘橡胶毯，供操作者站立。

六、触电急救

万一发生触电事故，必须进行急救，首要措施是迅速切断电源开关或用绝缘器具(如木棒、干绳、干布等)使触电者脱离电源，同时要防止碰伤和摔伤。

如果触电者呼吸和心脏跳动已停止，必须毫不迟疑地进行人工呼吸和心脏按摩，并迅速请医生前来急救。

小思考

结合本校、实习车间及家庭用电情况，了解一下分别采用了哪些安全用电技术措施，是否存在不够完善的地方，应如何改进？

本章习题

1. 三角形连接的对称三相电源，空载运行时，三相电动势会不会在三相绕组所构成的闭合回路中产生电流？

2. 一般情况下，$S=S_1+S_2+S_3$ 是否成立？

3. 单相触电和两相触电哪个更危险？为什么？

4. 照明灯开关是接到灯的相线端安全，还是接到零线端安全，为什么？

5. 采用安全电压供电的系统就绝对安全吗？为什么？

6. 为什么静电容易在易燃易爆环境中发生火灾或爆炸？

7. 如图 4.29 所示是闸刀开关的三种接线图，试问哪种接法正确？

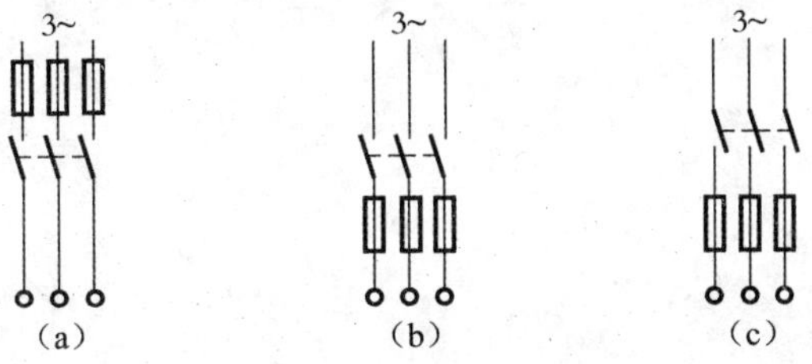

图 4.29　刀开关的三种接法

8. 已知三相对称负载星形连接，每相的 $R=6\ \Omega$，$L=25.5\ \text{mH}$，电源线电压 $U_{线}=380\ \text{V}$，$f=50\ \text{Hz}$，求每相负载的电流、各相线上的电流及中性线上的电流。

9. 某电阻负载作星形连接，并接有中性线，其各相电阻 $R_1=10\ \Omega$，$R_2=R_3=20\ \Omega$，已知电源的线电压为 380 V，求相电流、线电流和中性线电流。

10. 电路如图 4.30 所示，在 220/380 V 低压供电系统中，分别接有 3 只日光灯和 1 台三相电动机。已知每只日光灯的额定值为 $U_N=220$ V，$P_N=40$ W，$\lambda_N=\cos\varphi_N=0.5$，日光灯分三组均匀接入三相电源。电动机的额定电压为 380 V，输入功率为 3 kW，功率因数为 0.8，三角形连接，求电源供给的线电流。

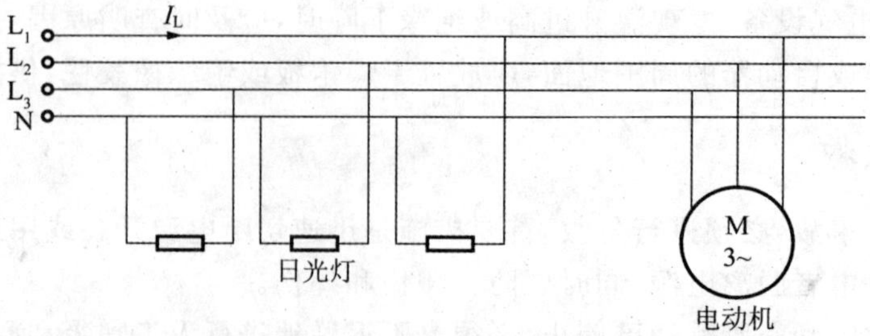

图 4.30

第5章 变压器与三相异步电动机

了解变压器与电动机的结构及用途；掌握变压器与电动机的工作原理。

前面几章讲述了直流和交流电路遵循的基本规律和分析计算方法，下面两章将要介绍在工农业生产中不可缺少的变压器、电动机等应用电能的设备。这类设备及其他常用的电磁器件都是利用电磁相互作用进行工作的。

第1节 变压器简介及其工作原理

一、变压器的用途

变压器是一种静止的电气设备。它是根据电磁感应原理，把某一数值的交变电压变换为频率相同而大小不同的交变电压的。

在输电系统中，为减少电能在输电线路上的损耗并节约电线材料，而采用高压输电，输电电压一般为110 kV、220 kV、500 kV。但是，由于受到发电机本身结构及所用绝缘材料的限制，不可能直接产生这样高的电压，因此，在输电时要用变压器将电压升高。

电能输送到用电区域后，为了保证安全用电和满足用电设备的电压要求，必须用变压器将电压降低。例如，工厂的动力用电，其高压为35 kV、10 kV等，低压为380 V、220 V或36 V等。

变压器除用于改变电压外，还可用于改变电流、变换阻抗及产生脉冲等。由此可见，变压器是输配电、电工测量和电子技术等方面不可缺少的电气设备。变压器的应用如图5.1所示。

小提示　变压器不能改变交流电压和交流电流的频率，也不能改变直流电压和直流电流。

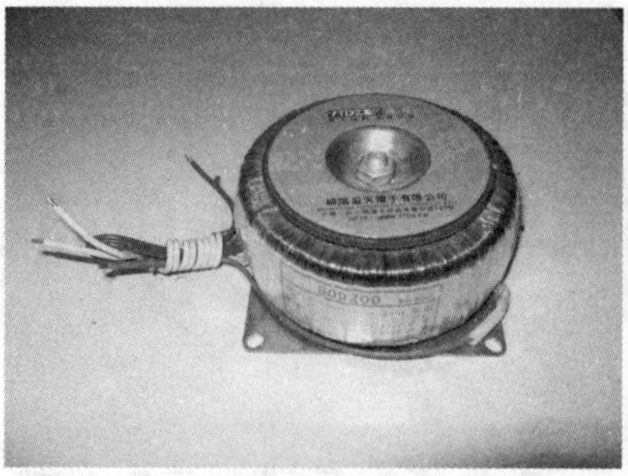

(a)隔离变压器

(b)调压器

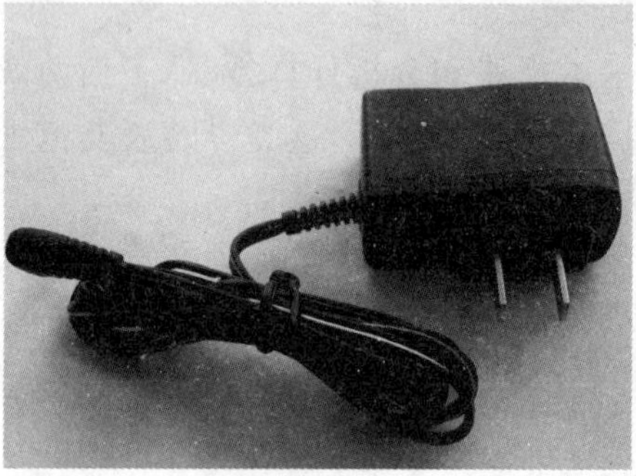

(c)手机充电器

(d)电力变压器

图 5.1　变压器的应用

二、变压器的结构

1. 变压器的基本结构

如图 5.2 所示，变压器主要由铁芯和绕组构成。两组互相绝缘的绕组套在铁芯上，绕组和铁芯之间也是绝缘的。

(a)实物图

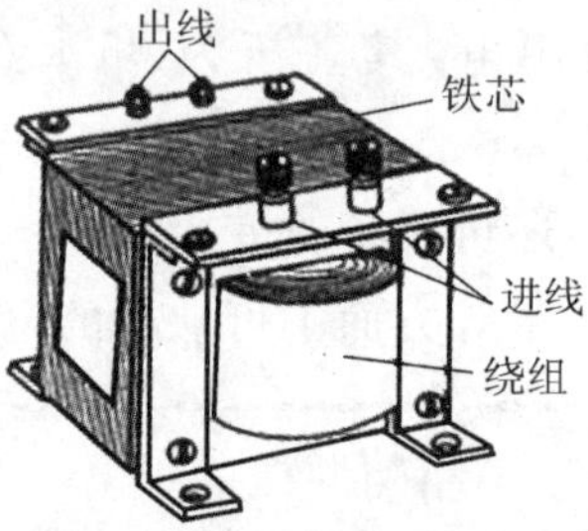

(b)结构图

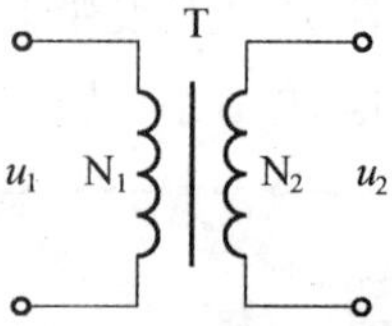

(c)符号

图 5.2　变压器

(1)铁芯。为了减少铁芯发热的能量损耗，变压器的铁芯由相互绝缘的硅钢片叠加而成。硅钢片铁芯具有很强的导磁能力。

(2)绕组。这是变压器的电路部分，一般由绝缘的铜线或铝线绕成。变压器有两个绕组：原(边)绕组和副(边)绕组。

1)原绕组(或称初级绕组)。这是与电源相接的绕组，它是输入电能的绕组，经绕制成形后套在铁芯柱上。原绕组常称为一次绕组。

2)副绕组(或称次级绕组)。副绕组是与负载相接的绕组，它是输出电能的绕组，它向负载提供被升高或降低了的电压。副绕组常称为二次绕组。

通常，凡与原绕组有关的各量，都在其符号的右下角标以“1”，而与副绕组有关的各量，都在其符号的右下角标以“2”。如原绕组、副绕组电压、电流、匝数、功率分别为 U_1、U_2，I_1、I_2，N_1、N_2，P_1、P_2。

2. 变压器的铁芯结构

变压器铁芯的主要结构形式有芯式、壳式和交叉式(或 H 式)三种，如图 5.3 所示。

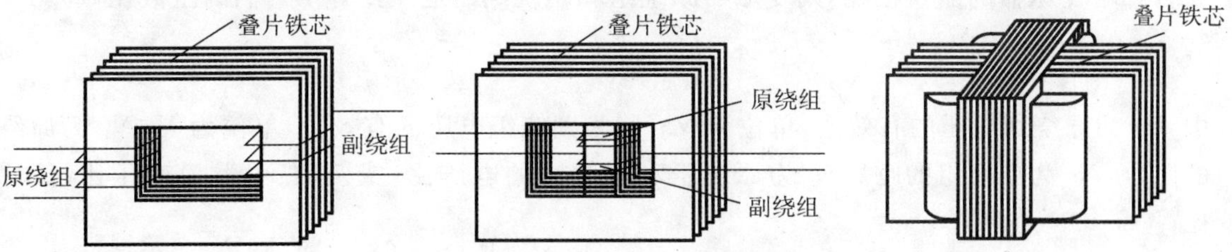

(a) 心式　(b) 壳式　(c) 交叉式

图 5.3　变压器铁芯的主要结构形式

(1)芯式。芯式变压器的原绕组套在变压器的一个铁芯柱上，副绕组套在另一个铁芯柱上，如图 5.3(a)所示。

(2)壳式。壳式变压器的原绕组和副绕组被铁芯柱包围，它的铁芯结构比芯式变压器更有效，运行效率更高，如图 5.3(b)所示。

(3)交叉式。交叉式变压器的原绕组和副绕组套在中央铁芯柱上，被四个铁芯柱所包围，它实际上是两个互相垂直的壳式的组合体。这种铁芯形式非常紧凑，易于散热，多用于大型电力变压器，如图 5.3(c)所示。

小型变压器的铁芯采用不同形状的硅钢片错叠而成。常用的有口形、EI 形(山字形)、F 形和 C 形(卷片式)，如图 5.4 所示。

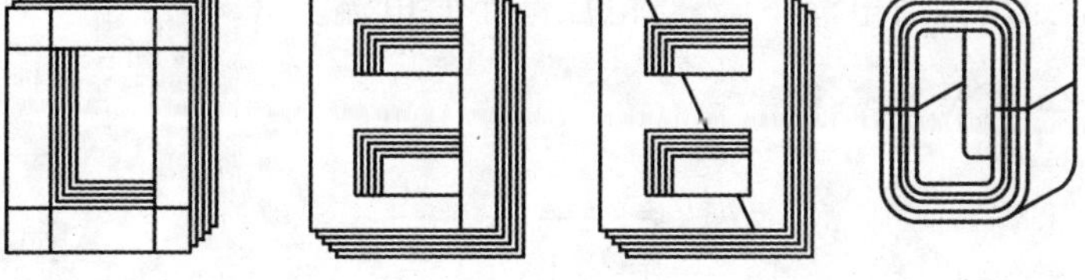

(a) 口形　(b) EI形　(c) F形　(d) C形

图 5.4　变压器铁芯形状

三、变压器的工作原理

1. 变压原理

变压器变压的原理是建立在电磁感应基础上的，如图 5.5 所示是最简单的单相变压器的原理示意图。当原绕组两端加上交变电压 u_1 时，原绕组中的交变电流 i_1 在铁芯中产生一个交变磁场，该交变磁场穿过副绕组，在副绕组中感应出交变电压 u_2，并在副绕组中产生交变电

流 i_2(变压器空载时除外)。

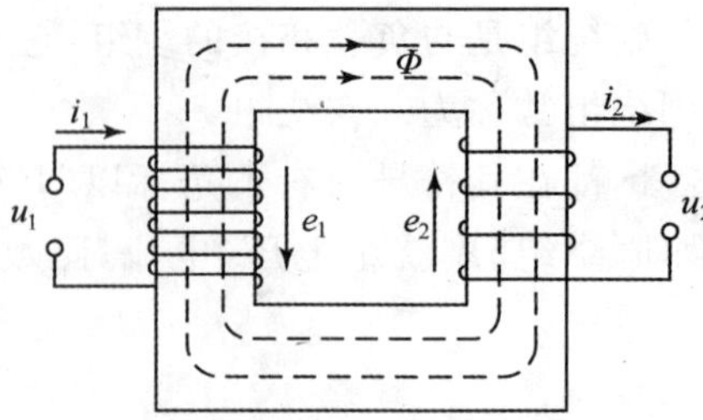

图 5.5　变压器的工作原理

若忽略变压器的能量损耗,则变压器原绕组和副绕组的电压比等于它们的匝数比,即

$$\frac{U_1}{U_2}=\frac{N_1}{N_2}=n$$

式中,U_1 为原绕组电压的有效值,单位为 V;U_2 为副绕组电压的有效值,单位为 V;N_1 为原绕组的匝数;N_2 为副绕组的匝数;n 为原绕组和副绕组的电压比(或匝数比)称为变压比,简称变比。

这种忽略绕组和各种电磁能量损耗的变压器称为理想变压器。

当 $N_1>N_2$ 时,$U_1>U_2$,变压器使电压降低,这种变压器称为降压变压器;

当 $N_1<N_2$ 时,$U_1<U_2$,变压器使电压升高,这种变压器称为升压变压器;

当 $N_1=N_2$ 时,$U_1=U_2$,变压器的变比为 1,虽然这种变压器不能改变电压,但它可以将用电器与电网隔离开来,所以称为隔离变压器。

2. 变流原理

因为变压器本身不产生电能,也不是用来消耗电能的,所以当忽略变压器的能量损耗时,变压器的输入功率和输出功率相等,即

$$P_1=P_2$$

如果变压器只有一个副绕组,则

$$U_1I_1=U_2I_2$$

可以看出,当电压增大时电流下降;当电压减小时电流上升。

将式$\frac{U_1}{U_2}=\frac{N_1}{N_2}=n$代入上式,得

$$\frac{I_1}{I_2}=\frac{U_2}{U_1}=\frac{N_2}{N_1}=\frac{1}{n}$$

式中,I_1 为原绕组电流的有效值,单位为 A;I_2 为副绕组电流的有效值,单位为 A。

由上式可知,变压器工作时,它的原绕组和副绕组的电流与原绕组和副绕组的电压或匝数成反比。副绕组电流控制着原绕组电流,当变压器的副绕组接上负载时,原绕组电流则随副绕组电流的变化而变化。若副绕组发生短路,而变压器又没有适当的保护,就会导致变压器损坏或完全烧毁。

3. 变换阻抗原理

如图 5.6 所示,把带负载的变压器(图中阴影部分)看成是一个新负载,并用 $R_L{}'$表示。如果忽略变压器的损耗,应有

$$I_1^2 R_L{}' = I_2^2 R_L$$

因为

$$\frac{I_1}{I_2} = \frac{U_2}{U_1} = \frac{N_2}{N_1}$$

所以

$$R_L{}' = \left(\frac{N_1}{N_2}\right)^2 R_L$$

由上式可知，在变压器副绕组接上负载 R_L，就相当于在电源上直接接上一个 $R_L{}' = \left(\frac{N_1}{N_2}\right)^2 R_L$ 的负载，也就是说，$R_L{}'$ 是 R_L 在变压器原绕组中的等效电阻。

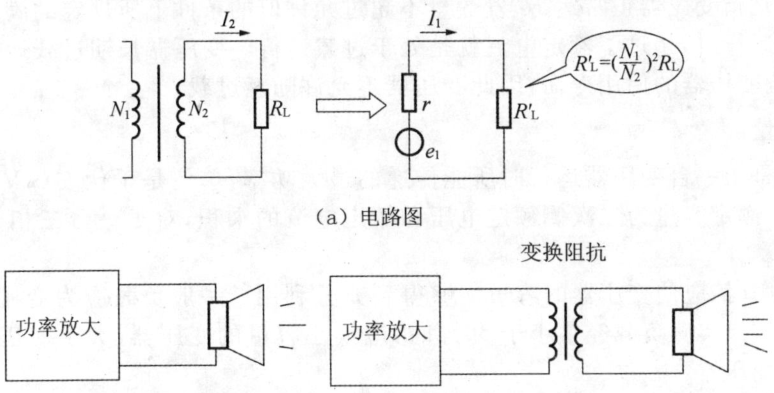

（b）变换阻抗前输出功率小　　（c）变换阻抗后输出功率大

图 5.6　变压器变换阻抗原理

变压器的变换阻抗特性常用于电子电路中的阻抗匹配，使负载获得最大功率。例如，教室里的扬声器，其阻抗只有几欧或十几欧，而广播室的放大器要求负载的阻抗值一般为几千欧，这就需要通过变压器连接负载，以获得放大器所要求的阻抗值，实现阻抗匹配，达到理想的播音效果。

4. 变压器绕组的极性

为了正确使用变压器，还需了解原边电压和副边电压之间的相位关系。由于原、副边电压都是交变的，当某一瞬时原绕组某一端点的电位相对于原绕组的另一个端点为正时，副绕组必然有一个对应的端点，其瞬时电位相对于副绕组的另一端也为正。

我们把原、副绕组瞬时极性相对应的端点称为同极性端，又称同名端。为了便于分析，把副绕组 ax 与原绕组 AX 画在同一铁芯柱上，如图 5.7 所示。

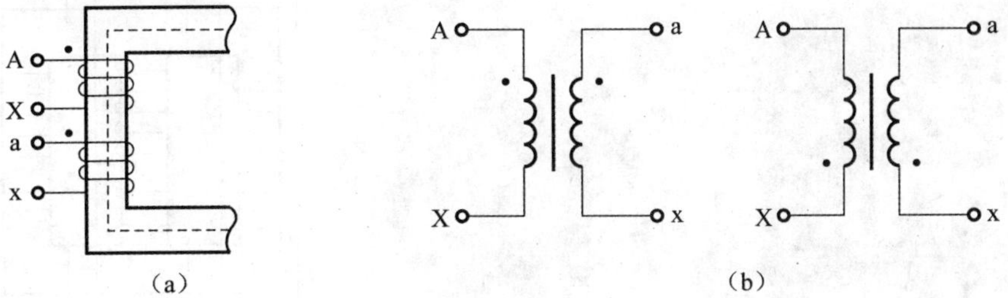

（a）　　（b）

图 5.7　变压器绕组的极性

由图可知，因为两个绕组在铁芯柱上绕向相同，当磁通的变化使绕组中产生感应电动势时，A 与 a 的电位瞬时极性必然相同，所以 A 与 a 是同极性端。当然 X 与 x 也是同极性端。为了在使用变压器时能正确连接线路，通常在同极性端的旁边标注“·”作为记号，如5.7(b)所示。由于A与a、X与x是同极性端，所以记号“·”可以标在A与a的旁边或X与x的旁边。

四、变压器的参数

1.额定电压

一次绕组的额定电压是根据变压器的绝缘等级和允许发热条件规定的，它是指加到一次绕组上的电源线电压额定值。

二次绕组的额定电压是指一次绕组加上额定电压后，变压器在空载运行时，二次绕组的电压值。

2.额定电流

额定电流是指变压器正常运行，发热量不超过允许值的条件下所规定的满载电流值。

在变压器运行时，超过了额定电流就是处于过载运行。变压器长期过载运行，绕组产生高温，会严重影响变压器的使用寿命，因此变压器不允许随意过载。

3.额定容量

额定容量是指一台变压器运行时所能传递的最大功率，单位是千伏安(kV·A)。对于一台单相变压器，额定容量为二次侧额定电压和额定电流的乘积；对于一台三相变压器，则为三相容量的总和。

在实际使用时，应使变压器的容量能够得到充分利用。一般负载应为变压器额定容量的75%～90%。如果实测负载经常小于50%时，应换小容量的变压器；大于变压器额定容量时应换大容量的变压器。

另外，变压器在工作时，铁芯和绕组都会发热，必须采取冷却措施。小容量变压器采用空气冷却方式，大容量变压器采用油浸自冷、油浸风冷或强迫油循环风冷等方式。变压器油除了起冷却作用外，还能增强变压器内部的绝缘性能。

五、常用变压器介绍

除了上面介绍的单相变压器外，还有三相变压器、自耦变压器、仪用互感器、钳形电流表和电焊变压器等，其基本原理相同，但又各有特点和用途。

1.三相变压器

三相变压器是现代电力系统中常用的一种变压器，可分为三相干式变压器和三相油浸式变压器，如图5.8(a)和图(b)所示。三相变压器示意图如图5.8(c)所示。

(a)三相干式变压器

(b)三相油浸式变压器

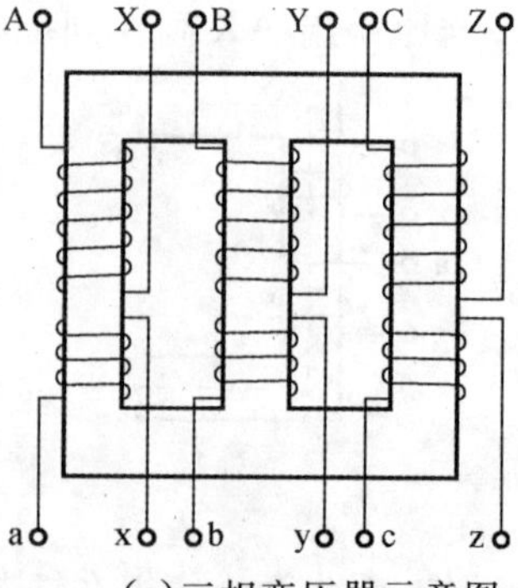

(c)三相变压器示意图

图5.8 三相变压器

三相变压器有三个铁芯柱，每一相的原、副绕组同时套装在一个铁芯柱上构成一相，三相绕组的结构是相同的，即对称的。三相变压器的原、副绕组各有三个绕组，它们可以接成星形连接，也可以接成三角形连接。

2. **自耦变压器**

普通双绕组变压器的原、副绕组是相互绝缘的，它们之间只有磁的耦合，没有电的直接联系。自耦变压器是将双绕组变压器一、二次绕组串联起来作为新的一次侧，而二次绕组仍作为二次侧与负载相连接。如图 5.9 所示是单相自耦变压器的实物图和原理结构图。

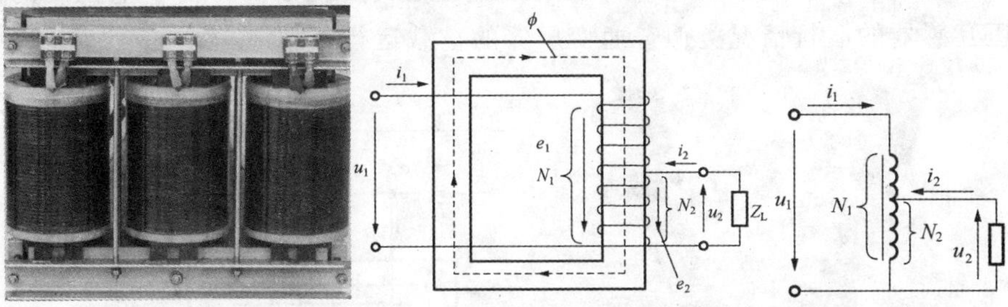

(a)实物图　　(b)原理结构图　　(c)简化电路

图 5.9　单相自耦变压器

自耦变压器的工作原理与普通变压器相同，其电压变换和电流变换关系式仍为

$$\frac{I_1}{I_2}=\cdots=\frac{U_2}{U_1}=\cdots\frac{N_2}{N_1}=\frac{1}{n}$$

自耦变压器的优点是：结构简单，节省用铜量，效率比普通变压器高。其缺点是：绝缘等级按高压侧电压来选择，不经济，由于高低压绕组在电路上是相通的，高压电容易进入低压绕组，对使用者构成潜在的危险。因此，自耦变压器的电压比一般不超过 1.5～2。

3. **仪用互感器**

仪用互感器是供测量、控制及保护电路用的一种特殊用途的变压器。按用途不同，可分为电流互感器和电压互感器，其工作原理与普通变压器的工作原理相同。

(1)电流互感器。如图 5.10 所示为电流互感器的实物图和原理图。它的原绕组一般只有一匝或少数几匝，且导线较粗。使用时，其原绕组被串联到需要测量电流的电路中。副绕组的匝数较多，与电流表或功率表的电流接线柱相连。

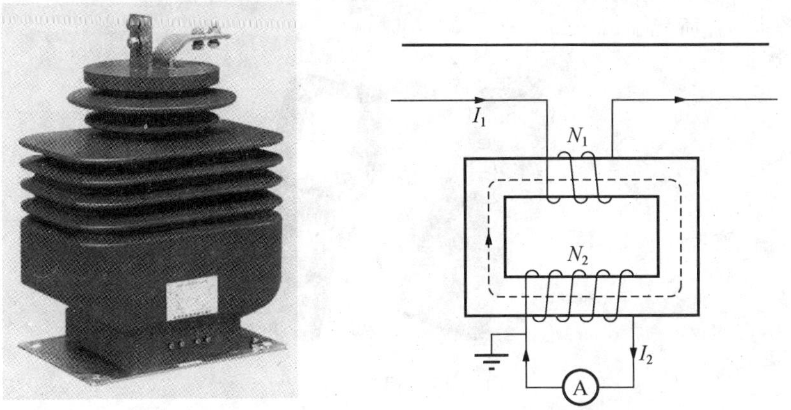

(a)实物图　　(b)原理图

图 5.10　电流互感器

使用电流互感器时，应注意以下两点：

1)二次侧绝对不允许开路。

2)为了使用安全，电流互感器的二次绕组必须可靠接地，以防绝缘击穿后，电力系统的高压危及二次侧回路中的设备及操作人员的安全。

(2)电压互感器。如图 5.11 所示为电压互感器的实物图和原理图。电压互感器是一种精确地变换电压的降压变压器。将高压电源接入互感器的高压侧，低压侧即输出电压，接到电压表及功率表的电压接线柱，它的原边线圈匝数多，副边线圈匝数少。由于电压表的内阻抗很大，所以电压互感器的运行情况类似普通变压器的空载运行。

(a)实物图

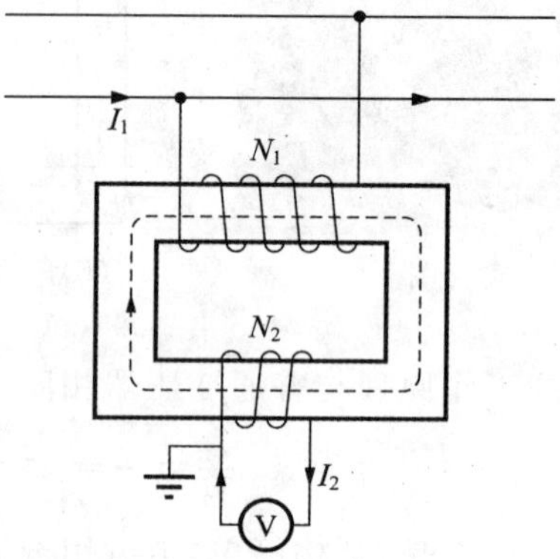

(b)原理图

图 5.11　电压互感器

为了安全地使用电压互感器，应做到以下几点：

1)二次侧不宜接入过多的仪表，以免影响电压互感器的测量精度；

2)副绕组一端，铁芯及外壳必须可靠接地；

3)电压互感器的二次侧不允许短路。

4. 钳形电流表

运用上面介绍的电流互感器工作原理可以做成一种钳形电流表，可方便地用来测量导线中的电流，如图 5.12 所示。

图 5.12　钳形电流表

一般的电流表，测量时都必须串联在待测电路中。这样操作会带来不便，如电动机运行时，要检测某相的电流，必须停机接线。如利用钳形电流表，不需拆线就可以进行测量。

钳形电流表，简称钳表。测量电流时，只需将要测量电流的那根线(部分不限)夹在铁芯中间，就能测出电流的数值。钳表由一个特殊的电流互感器和安培表组合而成。钳表内的铁芯并不是整块，而是由两块可以伸张和闭合的铁芯组成。铁芯上绕有电流互感器的副绕组，安培表串联在副绕组上。使用时，握紧把手，钳口可以张开。将待测电流导线从钳口引入铁芯的中间，放松把手使钳口重新闭合，这时该导线相当于电流互感器的原绕组，安培表即可指示出被测导线上的电流值。

钳表常用来测量配电变压器低压侧(400 V)的电流或交流电动机的电流。使用时，应避免外界磁场对钳表铁芯的影响，为此被测导线应放入钳形铁芯中间，同时钳口应对齐吻合，否则会引起测量误差。测量裸导线时应注意安全，防止钳口、钳臂碰到裸线上引起事故。一般钳表都有几个量程，可以通过旋钮来改换量程。使用时必须注意，待测电路的电流不可超过钳表的量程范围。

5. 电焊变压器

电焊变压器是交流弧焊机的主要组成部分。交流弧焊机如图 5.13(a)所示。

电弧焊对电焊变压器的要求是：空载应有 65～75 V 的引弧电压，带载时二次电压应迅速下降，当焊条与焊件间产生电弧并稳定燃烧时，维持电弧的正常电压为 25～35 V。焊条与工件相碰瞬间，短路电流不能过大，以免烧坏焊机。此外，为了适应不同焊件和焊条，焊接电流的大小应能调节。

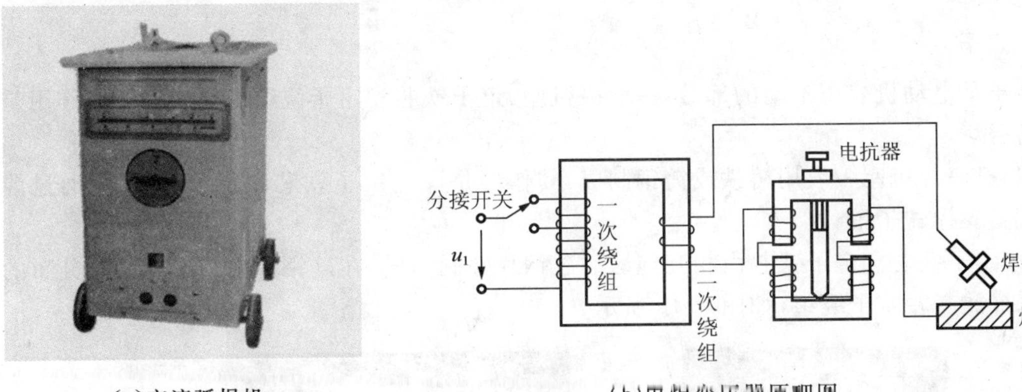

(a)交流弧焊机　　(b)电焊变压器原理图

图 5.13　电焊变压器

为了满足上述要求，电焊变压器的结构与一般变压器不同，如图 5.13(b)所示。它的二次绕组与一个电抗器串联，电抗器的铁芯有一定的空气隙，转动螺杆可以改变空气隙的距离。空气隙加大，电抗器感抗减小，电流就增大；反之，当空气隙减小时，电流就减小。

第 2 节　三相异步电动机

一、电动机的用途和分类

电动机是一种把电能转换成机械能，并输出机械转矩的动力设备。电动机分为直流电动机和交流电动机。交流电动机又可分为同步电动机和异步电动机，异步电动机又可分为单相异步电动机和三相异步电动机。其中三相笼型异步电动机具有结构简单、维修方便、运行可靠等特点，与同容量其他电动机相比，重量轻、成本低、价格便宜，因此应用非常广泛。本节只介绍三相笼型异步电动机。

二、三相笼型异步电动机的基本结构

三相笼型异步电动机主要由定子和转子两部分组成，其结构图如图 5.14 所示。

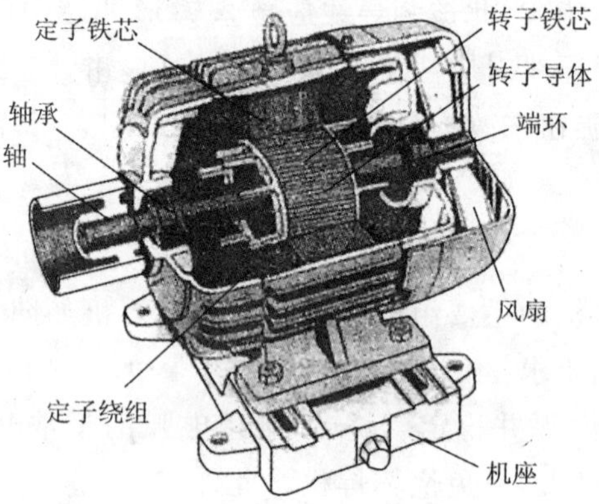

图 5.14　三相笼型异步电动机结构图

1. 定子

定子是电动机静止不动的部分，一般由机座、定子铁芯和定子绕组组成。定子的作用是产生旋转磁场。

(1)机座。机座一般用铸铁或铸钢制成，其作用是固定定子铁芯和定子绕组，并通过前后两个端盖支撑转子轴。

(2)定子铁芯。定子铁芯由相互绝缘的硅钢片叠制而成，在硅钢片内圆上有均匀分布的槽口用来嵌放三相定子绕组，如图 5.15 所示。

(a) 未装绕组的定子　　(b) 已装绕组的定子

图 5.15　定子

(3)定子绕组。定子绕组是电动机的电路部分，由三相对称绕组组成。三相绕组的各相绕组彼此独立，按互成 120°的电角度嵌放在定子槽内，并与铁芯绝缘。

定子三相对称绕组的每一相都有两个出线头，它们的始末端分别标以 U_1、U_2，V_1、V_2，

W_1、W_2，如图 5.16 所示。这些出线头分别和机座外侧的接线盒内端子板上同标记的六个端子相连接。实际使用时，可以根据电动机铭牌将三相绕组连成星形或三角形。

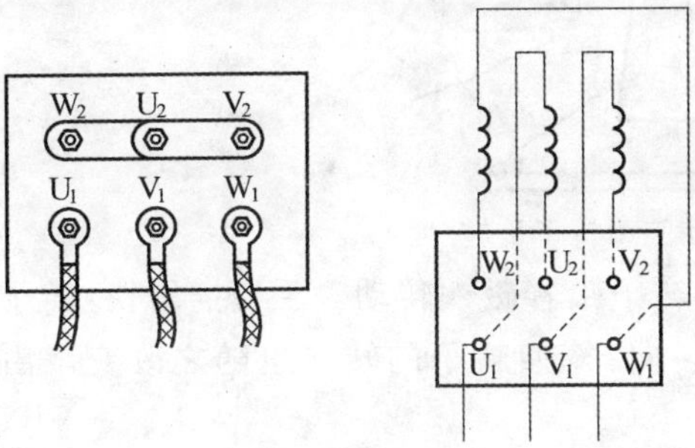

（a）星形接法

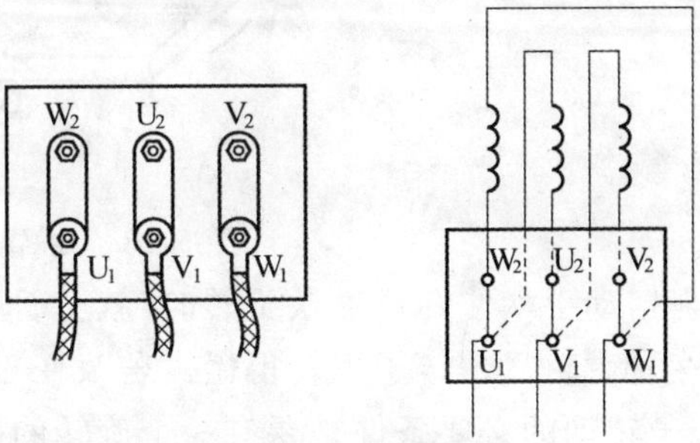

（b）三角形接法

图 5.16　定子接线盒中的连接方式

2. **转子**

转子是电动机的旋转部分，它由转子铁芯、转子绕组和转轴三部分组成。转子的作用是输出机械转矩。

（1）转子铁芯。转子铁芯是把相互绝缘的硅钢片压装在转子轴上的圆柱体，在其外圆上有嵌放转子绕组用的均匀槽口，这些槽口通常叫做导线槽。

（2）转子绕组。转子绕组是在导线槽内嵌放铜条（或铸铝），在铁芯两端分别用导电的铜环将导线槽内的铜条连接起来，形成回路。若去掉转子铁芯，转子绕组的结构呈笼型，如图 5.17 所示。

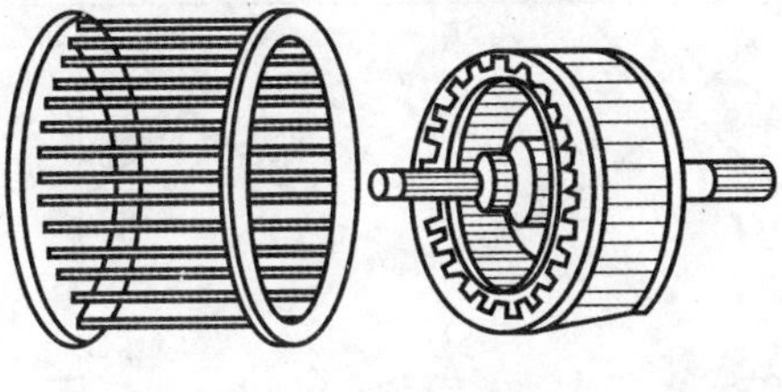

（a）铜条笼型转子

（b）铸铝笼型转子

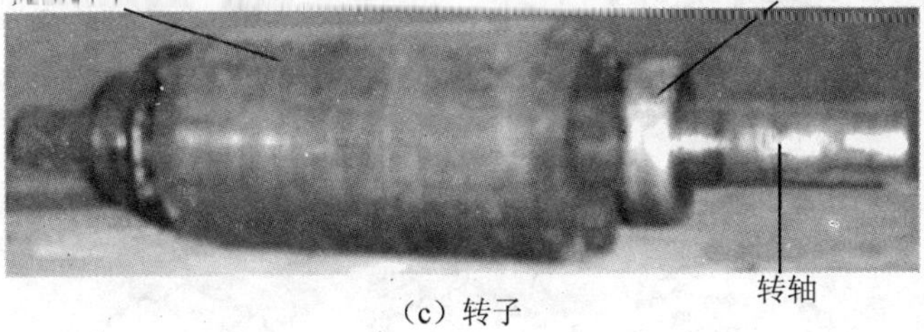

（c）转子

图 5.17　笼型转子

三、三相笼型异步电动机的工作原理

如图 5.18 所示是一个装有手柄的蹄形磁铁，在磁极中间放置一个可以自由转动的导电笼型转子，转子和磁极之间没有机械联系。

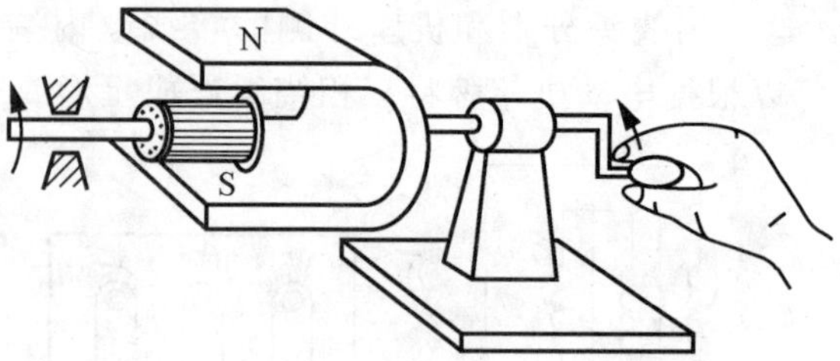

图 5.18　旋转磁场带动笼型转子旋转

当摇动手柄使蹄形磁铁旋转时，就会看到笼型转子跟着磁铁转动。手柄摇得快，转子也转得快；手柄摇得慢，转子也转得慢。若改变磁铁的转向，笼型转子的转向也随之改变。由此可见，转子转动的必要条件是要有一个旋转的磁场。

1. 两极定子绕组的旋转磁场

如图 5.19 所示，三个对称绕组 U_1、U_2，V_1、V_2，W_1、W_2 互成 120°嵌入铁芯槽中，并作星形连接。三相绕组中通入三相交流电，则三个绕组中都会产生同样按正弦规律变化的磁场，下面讨论在几个不同瞬间这三个磁场的合成磁场。为了便于讨论，我们规定，三相交流电为正半周时，电流从绕组的首端（即 U_1、V_1、W_1）流入，从末端（即 U_2、V_2、W_2）流出，反之电流从绕组的末端流入，从首端流出。

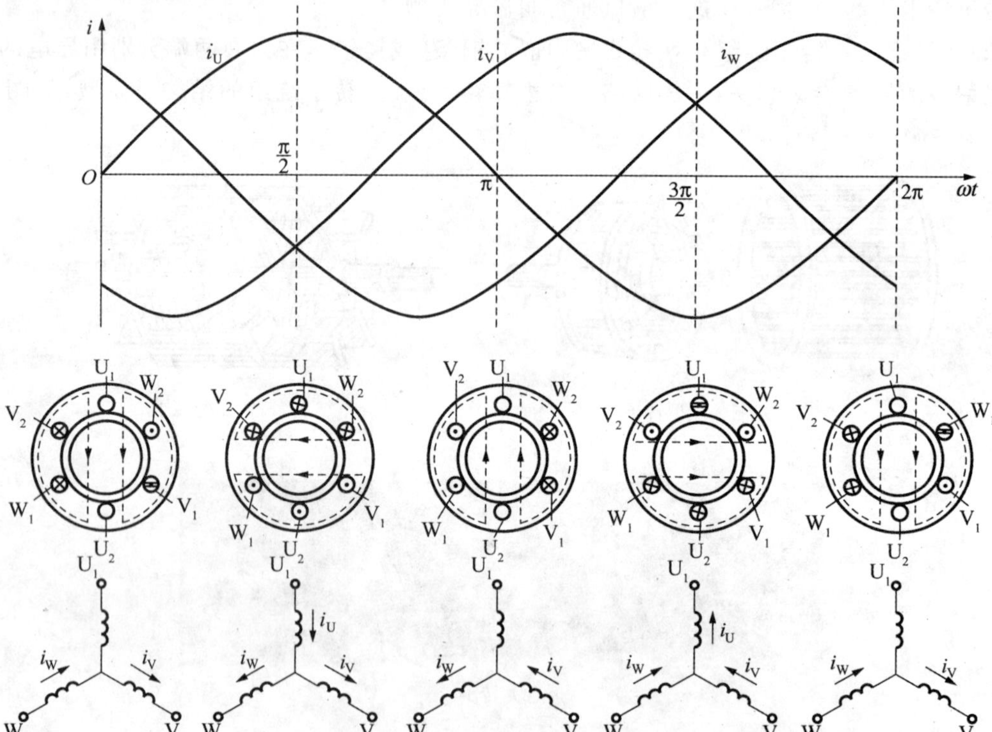

图 5.19　三相两极绕组的旋转磁场

对照图 5.19 所示电流波形图可以看出：

(1) 当 $\omega t=0$ 时，$i_U=0$，i_V 为负值，i_W 为正值，合成磁场方向垂直向下。

(2)当 $\omega t=\frac{\pi}{2}$时,i_U 达到最大值,i_V 和 i_W 为负值,合成磁场方向向左,即从 $\omega t=0$ 的位置顺时针转过$\frac{\pi}{2}$。

同样可得,当 $\omega t=\pi$、$\frac{3\pi}{2}$和 2π 三个瞬间的合成磁场如图 5.19(c)、(d)和(e)所示。

从上面的分析可知,对称三相绕组通入对称三相交流电后,会产生一个随时间旋转的磁场。以上讨论的旋转磁场只有一对磁极,故称为两极旋转磁场,即 $p=1$,p 表示磁极对数。

对两极旋转磁场来说,当三相交流电变化一周时,磁场在空间旋转一周。若交流电的频率为 f 时,旋转磁场的转速为 n_1(r/min),这里称为同步转速,$n_1=60f$。

如果旋转磁场有两对磁极,当电流变化一周时,磁场只转过半周。由此类推,当磁场具有 p 对磁极时,磁场的转速为

$$n_1=\frac{60f}{p}$$

式中,n_1 为旋转磁场转速,也叫同步转速,单位为 r/min;f 为三相交流电源的频率,单位为 Hz;p 为旋转磁场的磁极对数。

2. 旋转磁场对转子的作用

定子中产生的旋转磁场将切割转子铜条,此时可把磁场看做不动,而认为转子相对磁场运动。假设旋转磁场是顺时针方向旋转,等效于转子相对磁场则做逆时针转动,如图 5.20 所示。

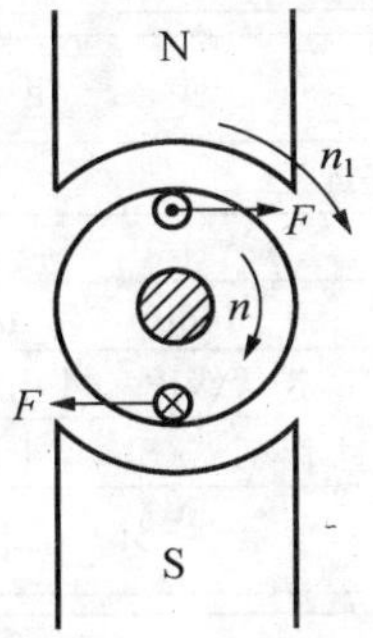

图 5.20　笼型转子转动原理

在转子铜条中产生的感应电动势和感应电流,可用右手定则确定方向:在转子上半部的铜条中感应电流的方向是流出纸面的;在转子下半部铜条中感应电流的方向是流入纸面的。

转子中产生的感应电流同时与旋转磁场作用,产生电磁力,可根据左手定则判断出转子上半部的铜条受力方向向右,下半部的铜条受力方向向左。这两个力大小相等、方向相反,形成电磁转矩,于是转子随旋转磁场方向转动。这就是三相笼型异步电动机的工作原理。

转子的转动方向与旋转磁场的旋转方向一致,旋转磁场的转向与通入定子绕组的三相交流电源相序有关。如果把三相电源接到定子绕组首端的三根导线中的任意两根对调位置,旋转磁场则反向转动,电动机也就跟着改变方向。

3. 异步电动机的转差率

转子转速 n 必定小于同步转速。如果 $n=n_1$,则转子和旋转磁场之间没有相对运动,转子不切割磁感线,转子中不会产生感应电动势和感应电流,不能形成电磁转矩,也就不能转动。

实际上转子转速小于同步转速，即 $n<n_1$，也就是说，转子转速与旋转磁场的转速是异步的，这就是异步电动机的由来。由于这类电动机的转子电流是由电磁感应产生的，所以又把它们叫做感应电动机。

通常我们将同步转速 n_1 与转子转速 n 之差对同步转速 n_1 之比称为转差率，用 s 表示。

$$s=\frac{n_1-n}{n_1}$$

异步电动机在启动瞬间，旋转磁场已经形成，其转速为 n_1，但转子尚未转动，$n=0$，故 $s=1$。一旦转子转动后，转子转速 n 上升，直至转速 n 接近 n_1 时，s 接近于 0。因此，异步电动机的转差率 s 的变化范围是在 0～1。电动机转速越高，转差率越小，一般异步电动机在额定负载运行时的转差率为 0.02～0.05。

四、三相异步电动机的技术参数和选择

每台异步电动机出厂时，都会在机座壳上钉一块铭牌，上面标有此电动机的各种技术参数。今以 Y 112 M—4 型电动机为例，来说明铭牌上各个数据的意义，如图 5.21 所示。此外，铭牌的主要技术参数还有：功率因数 0.85，效率 87%。

1. 三相异步电动机的技术参数

(1)型号。用来表示电动机的产品代号、规格代号和特殊环境代号。电动机型号中汉语拼音字母的意义如表 5.1 所示。

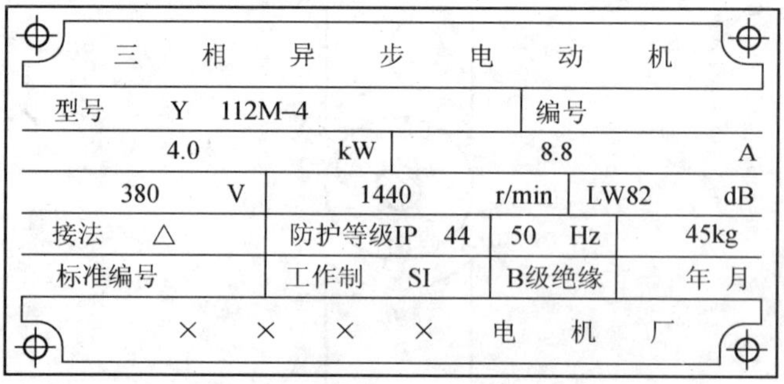

图 5.21 三相异步电动机的铭牌

表 5.1 电动机型号中汉语拼音字母的意义

代号	代号含义	代号	代号含义
Y	异步电动机	W	户外
T	同步电动机	F	化学防腐
Z	直流电动机	H	船、海洋
B	隔爆	G	高原

(2)额定电压 U_N：指额定运行状态下加在定子绕组上的线电压，单位为 V。

(3)额定电流 I_N：指电动机在额定运行时定子绕组的线电流，单位为 A。

(4)额定功率 P_N：铭牌上的功率值是指电动机在额定运行时轴上输出的机械功率值，输出功率与输入功率不同。

(5)额定转速 n_N：指电动机加额定频率的额定电压，在轴上输出额定功率时电动机的转

速，单位为 r/min。

(6)额定频率 f_N：指电动机额定运行时，定子绕组所加交流电源的频率，单位为 Hz。

(7)接法：指定子三相绕组的接法。若铭牌上电压写 380 V，接法写△形，这就表明定子每相绕组的额定电压为 380 V；当电源线电压为 380 V 时，定子绕组应接成三角形；若铭牌上的电压写 380/220 V，接法写 Y/△，就表明电动机每相定子绕组的额定电压是 220 V。所以，当电源线电压为 380 V 时，定子绕组应接成星形；当电源线电压为 220 V 时，定子绕组应接成三角形。

(8)工作方式：指电动机的运行状态，主要有连续、短时和断续三种。

2. 三相异步电动机的选用原则

(1) 根据负载大小选择电动机的功率；

(2)根据负载转速选择电动机的转速。

本章习题

一、单相选择题

1. 一个空心线圈两端加一交流电压 u，流过电流为 i。若将铁芯插入线圈时，则线圈中的电流 i 将(　　)。

A. 增大　　B. 减小　　C. 不变

2. 一个空心线圈两端加一直流电压 U，流过电流为 I。若将铁芯插入线圈，则线圈中的电流 I 将(　　)。

A. 增大　　B. 减小　　C. 不变

3. 直流铁芯线圈，当铁芯截面积 A 加倍，则磁通 Φ 将(　　)，磁感应强度 B 将(　　)。

A. 增大　　B. 减小　　C. 不变

二、判断题

4. 变压器副边电流 i_2 总是与其副边端电压 u_2 同相位。(　　)

5. 一台降压变压器也可以反过来用作升压变压器。(　　)

6. 若将空载变压器原绕组的匝数增加 1 倍，而所加电压不变，则空载电流也不变。(　　)

三、计算题

7. 如图 5.22 所示，交流信号源的电压 $E=120$ V，内阻 $R_0=800\ \Omega$，负载 $R_L=8\ \Omega$。试问：

(1)要求 R_L 折算到原绕组的等效电阻 $R_L'=R_0$，试求变压器的变比和信号源的输出功率。

(2)当负载直接和信号源连接时，信号源输出功率为多少？

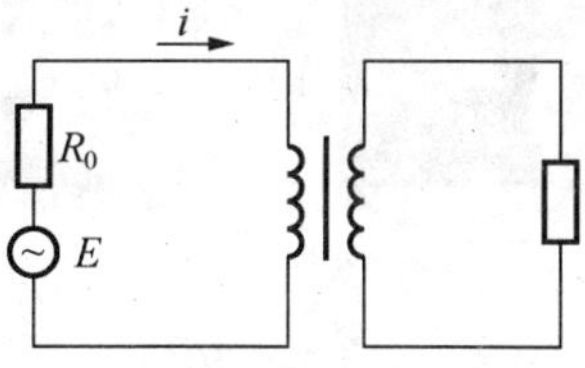

图　5.22

第6章 工作机械的基本电气控制电路

1. 了解常用控制电器的基本结构、动作原理和控制作用，并具有初步选用的能力。

2. 掌握三相笼型电动机的直接启动和正反转的控制线路，并了解行程控制和时间控制。

由于电能在传输、分配、使用及控制等方面具有优越性，因此电动机在许多工农业机械中被广泛使用，作为数控机床、龙门吊床、电梯、传送机等的原动力，如图 6.1 所示。

(a)数控机床

(b)龙门吊床

(c)电梯

(d)传送机

图 6.1　几种常用机械

为了对生产机械和生产过程进行控制，人们往往要求对拖动生产机械或设备的电动机的启动、停车、正反转及调速等进行自动控制，并对可能出现的事故有保护措施。本章主要讨论继电接触器控制系统，介绍常用低压电器和电动机的基本控制电路，并简要介绍可编程控制器(PLC)的应用。

第 1 节　常用低压电器

电器是所有电工器械的简称。低压电器是指在交流 50 Hz(或 60 Hz)、额定电压为1 200 V及以下、直流额定电压为 1 500 V 及以下的电路中起通断、保护、控制或调节作用的电器。

本节将介绍几种常用低压电器的结构、工作原理及其应用。

一、常用低压电器分类

1. 按用途和控制对象不同

按用途和控制对象不同，可将低压电器分为配电电器和控制电器。

(1)用于低压电力网的配电电器。这类电器包括刀开关、转换开关、空气断路器和熔断器等。对配电电器的主要技术要求是断流能力强、限流效果在系统发生故障时保护动作准确，工作可靠；有足够的热稳定性和动稳定性。

(2)用于电力拖动及自动控制系统的控制电器。这类电器包括接触器、启动器和各种控制继电器等。对控制电器的主要技术要求是操作频率高、寿命长，有相应的转换能力。

2. 按操作方式不同

按操作方式不同，可将低压电器分为自动电器和手动电器。

(1)自动电器。通过电磁(或压缩空气)做功来完成接通、分断、启动、反向和停止等动作的电器称为自动电器。常用的自动电器有接触器、继电器等。

(2)手动电器。通过人力做功来完成接通、分断、启动、反向和停止等动作的电器称为手动电器。常用的手动电器有刀开关、转换开关和主令电器等。

3. 按工作原理不同

按工作原理不同，可分为电磁式电器和非电量控制电器。

最典型的几类低压电器，如开关、熔断器、接触器、继电器等，下面分别予以介绍。

二、开关

开关主要用于分断和接通电路。一般情况下用手进行操作，因此，它是一种非自动切换电器。其主要类型有刀开关、铁壳开关、组合开关、断路器、行程开关等。

1. 刀开关

刀开关的优点是：结构简单、维修方便。可用于 380 V 及以下的低压线路，做不频繁的手动接通或切断电源，并可用它将电气设备与电源隔离。

刀开关有单极、双极和三极几种，额定电流一般在 1 500 A 以下，一般装于低压变电室配电柜上。刀开关的结构分为平板式和条架式，操作方式也分为直接手柄操作或杠杆操作机构的电动操作。三极开关的外形、结构与符号如图 6.2所示。

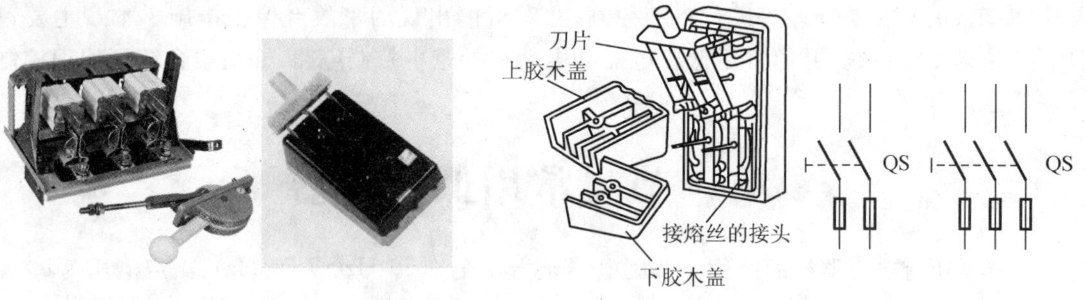

(a)外形　　　　(b)结构　　　　(c)符号

图 6.2　刀开关

安装和使用刀开关时的注意事项

(1)安装刀开关时，手柄要向上，不得倒装或平装。倒装时，手柄有可能因为振动而自动下落造成误合闸，另外，分闸时可能电弧灼手。

(2)接线时，应将电源线接在上端(静触点)，负载接在下端(动触点)，这样拉闸后刀开关与电源隔离，便于更换熔丝。

(3)刀开关通过的电流较大，接线时要把接线螺丝紧固，以免烧坏绝缘板引起短路。

(4)刀开关严禁带负荷拉闸。

(5)刀开关应防水防潮，并做好防尘、除尘工作，以免刀开关绝缘能力降低而引起短路。

2.铁壳开关

铁壳开关也叫负荷开关，由刀片、速断弹簧、刀座、操作手柄和熔断器等组成，将这些元件都装在铁盒内，所以叫做铁壳开关，其外形如图 6.3(a)所示。

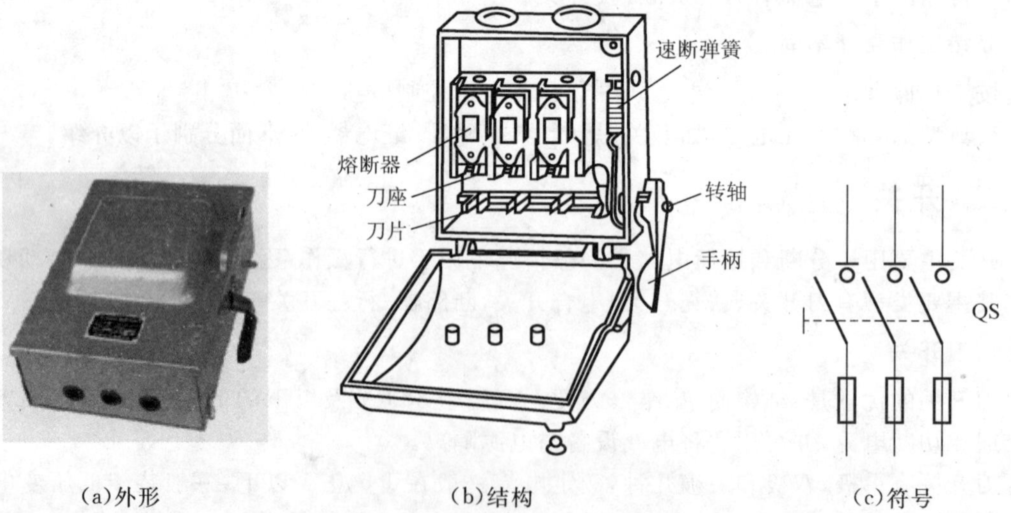

(a)外形　　　　(b)结构　　　　(c)符号

图 6.3　铁壳开关

铁壳开关实质上是一种能接通和切断一定负荷的刀开关。可用于控制 28 kW 以下的电动机直接启动和停车，开关的额定电流应大于电动机满载电流的 3 倍。铁壳开关结构、符号如图 6.3(b)、(c)所示。

安装和使用铁壳开关时的注意事项

(1)必须垂直安装，安装高度一般离地不低于 1.3～1.5 m，并以操作方便和安全为原则。

(2)接线时，应将电源进线接在静夹座一边的接线端子上，负载引线接在熔断器一边的接线端子上，且进出线都必须穿过开关的进出线孔。

(3)接开关时要把接线压紧，以防烧坏开关内部的绝缘。

(4)为了保障安全，开关外壳必须连接良好的接地线。

(5)开关的转动部位应定期加润滑油，接触处应定期清理调整，保证动作灵活，接触良好。

(6)铁壳开关应安装在通风干燥处。

3. 组合开关

HZ10－10/3 型组合开关又叫转换开关，可用于小型电动机的启动、停止和正反转控制，其特点是线路简单，维修方便，对于小容量的电动机不频繁启动时，可直接控制。另外，它也广泛应用于机床上小油泵电动机的控制。其外形、结构及符号如图 6.4 所示。

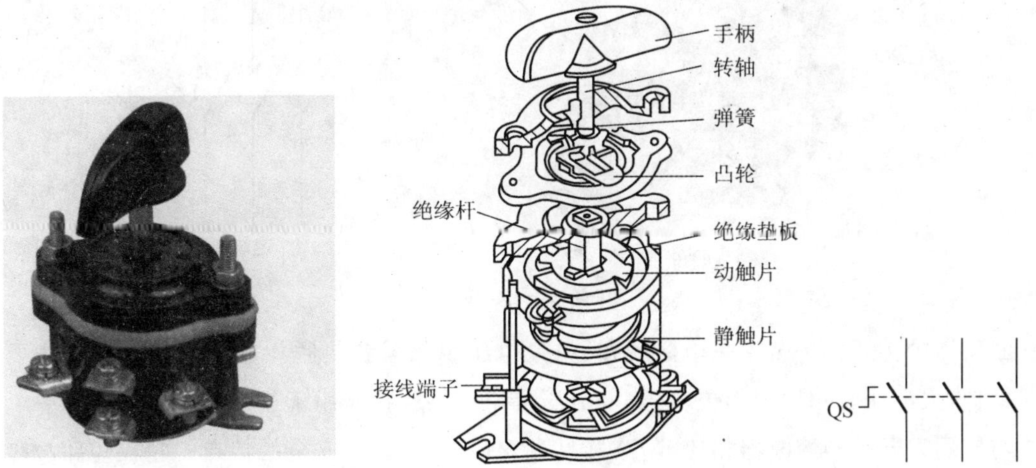

(a)外形　　(b)结构　　(c)符号

图 6.4　组合开关

小提示

安装和使用组合开关时的注意事项

(1)HZ10 系列组合开关应安装在控制箱(或壳体)内,其操作手柄最好在控制箱的前面或侧面。开关为断开状态时,应使手柄在水平旋转位置。

(2)HZ3 系列组合开关外壳上的接地螺钉必须可靠接地。

(3)组合开关本身不带过载和短路保护装置,因此,在它所控制的电路中,必须另外加装保护设备,才能保证线路和设备的安全。

(4)用组合开关控制电动机的全压启动,其开关容量应大于电动机额定电流的 1.5～2.5 倍,每小时切换开关的次数不宜超过 15～20 次。

(5)接线时要注意倒顺开关的线号和位置,电源进线接在 L_1、L_2、L_3 接线柱,出线接在 U、V、W 接线柱。

4. 断路器

断路器主要用作供电线路的保护开关、电动机及照明系统的控制开关等,也用于输、配电系统的某些重要环节。它带有多种保护功能,当线路中发生短路、过载、欠电压等不正常的现象时,能自动切断故障电路。其外形及符号如图 6.5 所示。

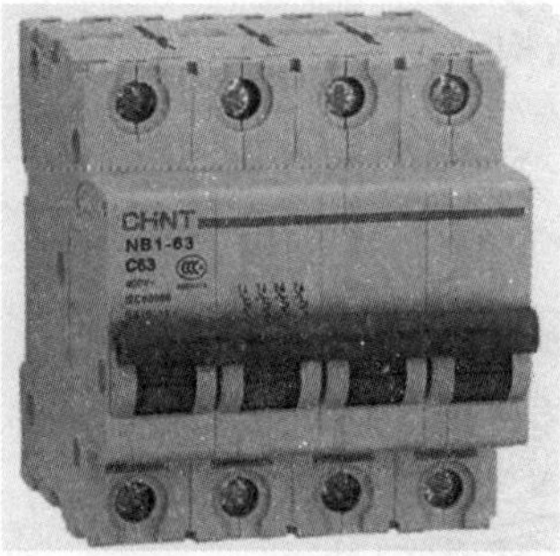

(a)外形

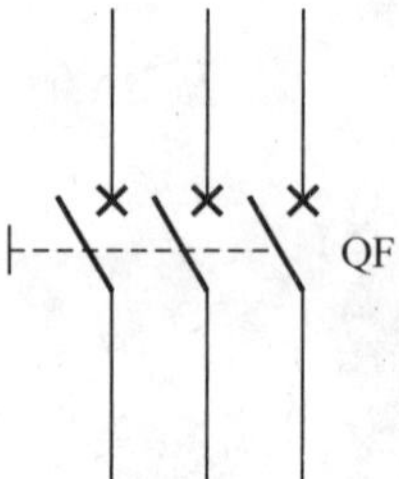

(b)符号

图 6.5　断路器

断路器的主要保护装置是电磁脱扣器、欠电压脱扣器和热脱扣器。电磁脱扣器主要用作短路保护;欠电压脱扣器用作欠电压(零电压)保护;热脱扣器用于过载保护。

与使用刀开关和熔断器相比,断路器具有安装方便、操作安全的特点。它在短路故障排除后就可使用,不需更换熔丝;它能自动同时切断三相主电路,避免电动机的断相运行,所以断路器在机床电气中得到广泛应用。

小提示

安装和使用断路器时的注意事项

(1)断路器应垂直安装，连接导线必须符合规定要求。

(2)工作时不可将灭弧罩取下，灭弧罩损坏应及时更换，以免发生短路。

(3)脱扣器的整定值一经调好后就不要随意变动。

(4)随时检查触点有无烧灼情况，如有应及时修复。

(5)应定期清除断路器的尘垢，以保证断路器的绝缘和正常动作。

5. **行程开关**

行程开关又称限位开关，它是利用生产机械的某些运动部件的碰撞而使触点动作，以接通或断开某些电路，达到一定控制要求的电器。

行程开关一般由操作头、触头系统和外壳三部分组成。操作头接收机械设备发出的动作指令和信号，并将其传递到触头系统。触头系统将操作头传递的指令或信号变为电信号，输出到有关控制电路，进行控制。常见行程开关的外形、结构及符号如图 6.6 所示。

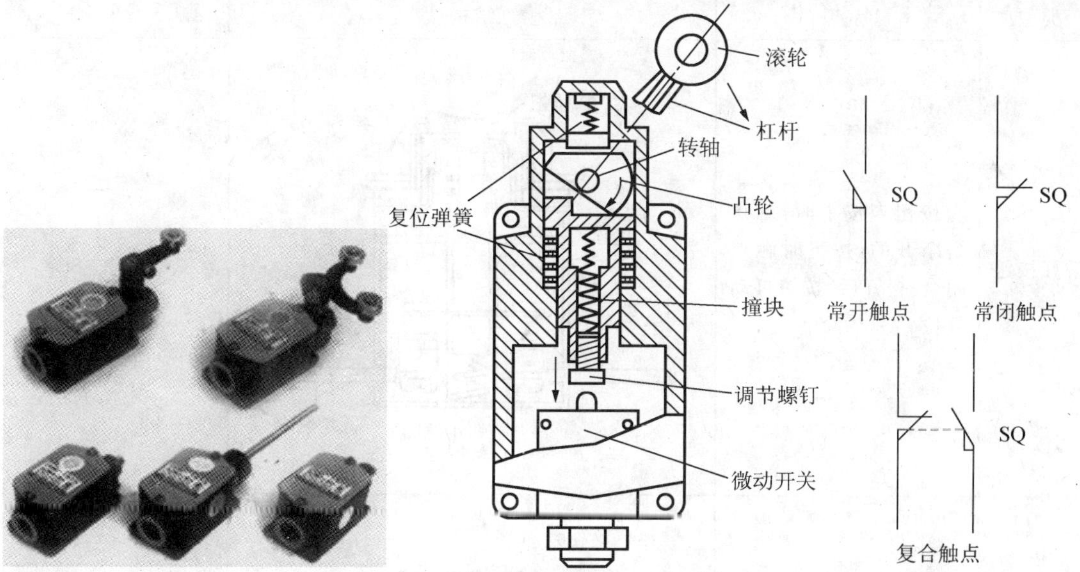

(a)外形　　(b)结构　　(c)符号

图 6.6　行程开关

当运动机构的挡铁碰到行程开关的滚轮时，杠杆连同转轴一起转动，使凸轮推动撞块，撞块移至一定位置时便推动微动开关快速换接。当运动部件离去后，复位弹簧又使行程开关的各部分恢复常态。

6. **按钮开关**

按钮开关简称按钮，是手动开关，它是电气控制系统中最简单的给出命令的电器。通常用它来接通或断开控制电路，与接触器的吸引线圈及其触点相互配合，便能远距离控制电动机的启动或停止。按钮主要由按钮帽、复位弹簧、动触点和静触点组成。按钮帽、复位弹簧及动触点连轴的外形如图 6.7 所示。

图 6.7　按钮

按钮的种类很多,按按钮静态时触点的状态划分,可分为常开按钮(启动按钮)、常闭按钮(停止按钮)和复合按钮(常开和常闭组合为一体的按钮)。按钮的类型、特点、结构及符号如表 6.1所示。

表 6.1　按钮的类型、特点、结构及符号

类型	特点	结构	符号
常开按钮	按钮未按下时,触点是断开的;按下时触点闭合;松开后,按钮自动复位	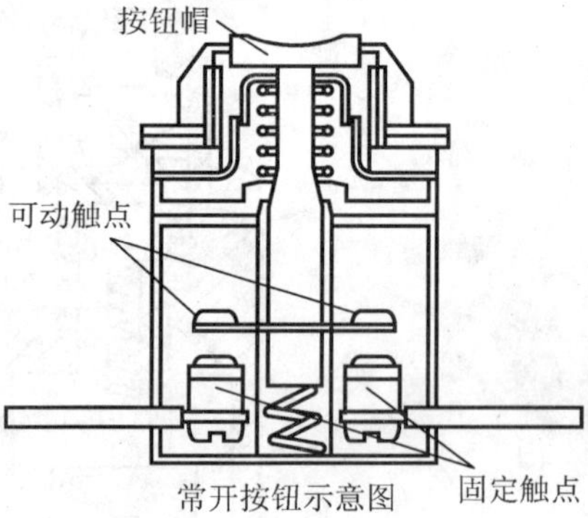 常开按钮示意图	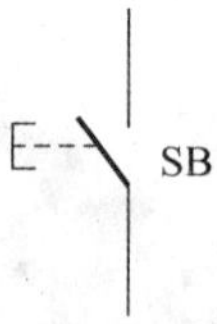
常闭按钮	按钮未按下时,触点是闭合的;按下时触点断开;松开后,按钮自动复位	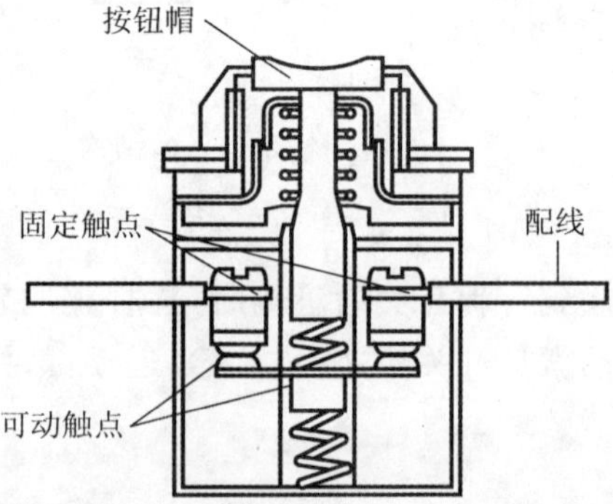 常闭按钮示意图	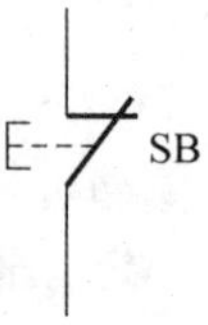

续表

类型	特点	结构	符号
复合按钮	将常开和常闭按钮组合为一体。按下复合按钮时，常闭触点先断开；然后，常开触点再闭合；松开后，常开触点先断开，常闭触点再闭合	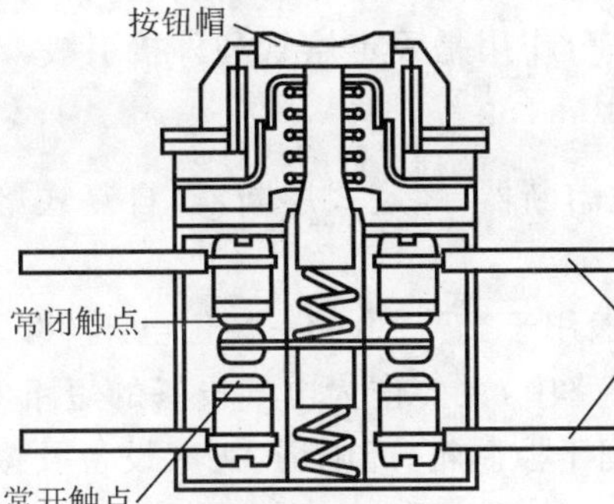 复合按钮示意图	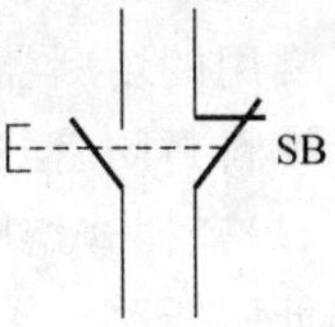

小提示

行程开关和按钮开关的异同

(1)行程开关是通过接收运动部分的碰撞使触点动作，按钮开关则是通过人力使触点动作。

(2)二者的共同点是只用来发出指令信号，外力一旦消失，触点马上复位。

三、熔断器

熔断器是电路中最常用的短路保护器，通常串接在被保护的电路中。在电流小于或等于熔体额定电流的情况下，熔体不应熔断；当电路发生短路故障时，短路电流使熔体迅速熔断，起到保护电路及电气设备的作用。

1. 熔断器的结构

熔断器主要由熔体、安装熔体的熔管和熔座三部分组成。下面以瓷插式熔断器为例，介绍其外形、结构及符号，如图 6.8 所示。

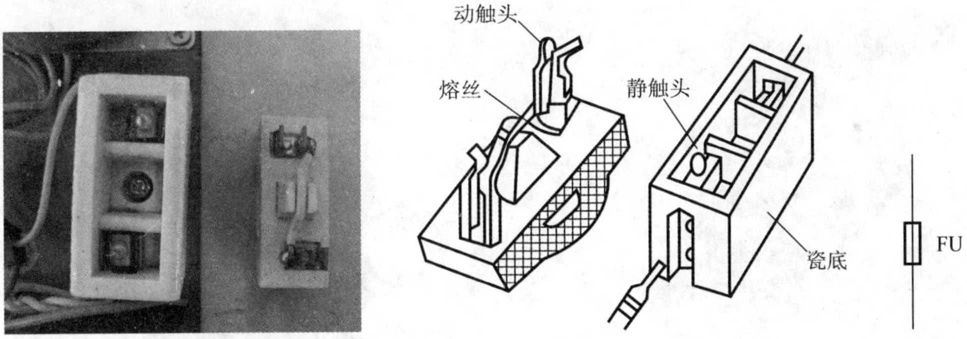

(a)外形　　(b)结构　　(c)符号

图 6.8　熔断器

(1)熔体是熔断器的主要组成部分，常做成丝状、片状或栅状。熔体的材料通常有两种：一种是由铅、铅锡合金或锌等低熔点材料制成，多用于小电流电路；另一种是由银、铜等较高熔点的金属制成，多用于大电流电路。

(2)熔管是熔体的保护外壳，用耐热绝缘材料制成，在熔体熔断时兼有灭弧作用。

(3)熔座是熔断器的底座，作用是固定熔管和外接引线。

2. 熔断器的分类及用途

常用的熔断器有瓷插式熔断器、螺旋式熔断器、自复式熔断器、有填料封闭管式熔断器以及无填料封闭管式熔断器。

(1)瓷插式熔断器。一般用于交流 50 Hz、额定电压 380 V 及以下或额定电流 200 A 及以下的低压线路末端或分支电路中，主要作为电气设备的短路保护。

(2)螺旋式熔断器。应用于控制箱、配电屏、机床设备及振动较大的场合，在交流 50 Hz、额定电压 500 V 或额定电流 200 A 及以下的电路中，作为短路保护器件。其外形如图 6.9(a)所示。

(a)螺旋式熔断器

(b)自复式熔断器

图 6.9　熔断器

(3)自复式熔断器。这种熔断器具有限流作用显著、动作时间短、熔而不断、动作后不需要更换熔体等特点，常与断路器串联使用，以提高组合分断性能。其外形如图 6.9(b)所示。

(4)有填料封闭管式熔断器。熔断器封闭管内充满经过特殊处理的石英砂，用来冷却和熄灭电弧。管内熔体是多根并联的网状熔片，管顶也装有红色指示器，指示熔体是否熔断。其外形如图 6.10(a)所示。

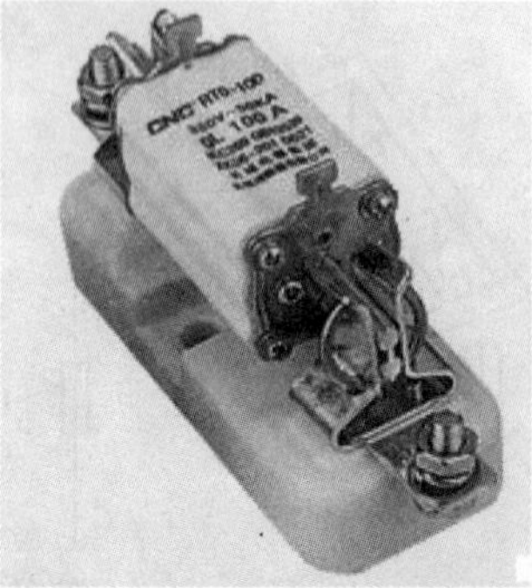

(a)有填料封闭管式熔断器

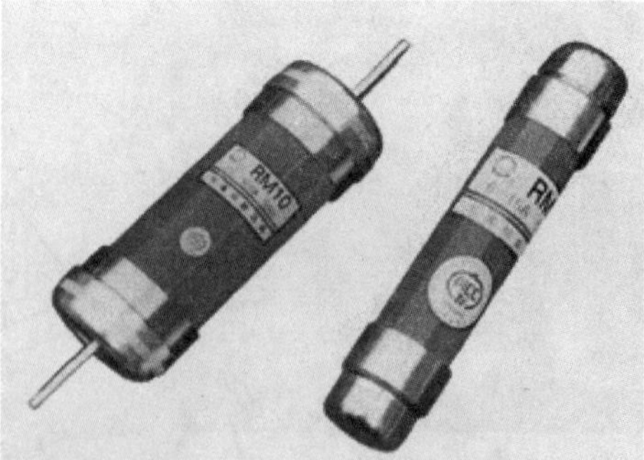

(b)无填料封闭管式熔断器

图 6.10　熔断器

(5)无填料封闭管式熔断器。适用于交流 50 Hz、额定电压 380 V 或直流额定电压 440 V 及以下电压等级的动力网络和成套配电设备中，作为导线、电缆及较大容量电气设备的短路和连续保护。其外形如图 6.10(b)所示。

3. 熔断器的选择

(1)熔体额定电流的选择。对电炉、照明电路等电阻性负载电路，熔体的额定电流应稍大于负载的额定电流；对电动机负载电路，熔体的额定电流应等于 1.5～2.5 倍电动机的额定电流。

(2)熔断器的选择。应根据使用场合、线路的要求以及安装条件做出选择。同时，熔断器的额定电压必须大于或等于线路的工作电压；熔断器的额定电流必须大于或等于所装熔体的额定电流。

小提示

安装熔断器时的注意事项

(1)安装熔体时必须注意不要使其受机械损伤，特别是较柔软的铅、锡合金丝，以免因接触电阻过大而使温度过高，从而引起误动作。

(2)更换熔体时，要注意新换熔体的规格与原来熔体的规格是否一致。

(3)更换熔体或熔管，必须在不带电的情况下进行。

四、接触器

接触器是用来接通或切断交、直流主电路及大容量控制电路的自动控制电器。

接触器具有手动切换电器不能实现的自动切换功能，工作可靠，寿命长，适用于频繁操作和远距离控制。接触器虽然有较强的接通和分断负载电流的能力，但其本身不具备短路保护和过载保护功能，因此，在电动机控制线路中，必须与熔断器、热继电器配合使用。

接触器按主触头通过电流的种类划分，可分为交流接触器和直流接触器两种。它们的结构和工作原理基本相同，这里只介绍交流接触器。

1. 交流接触器的结构

交流接触器可分为如下所述的四个部分，其外形、结构和符号如图 6.11 所示。

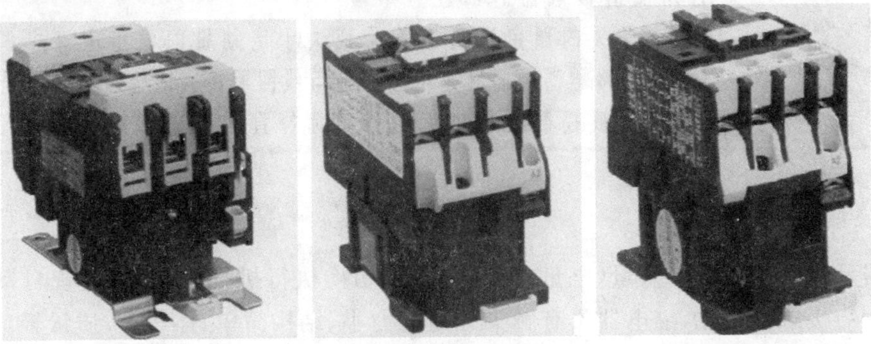

(a)几种交流接触器的外形

图 6.11　交流接触器

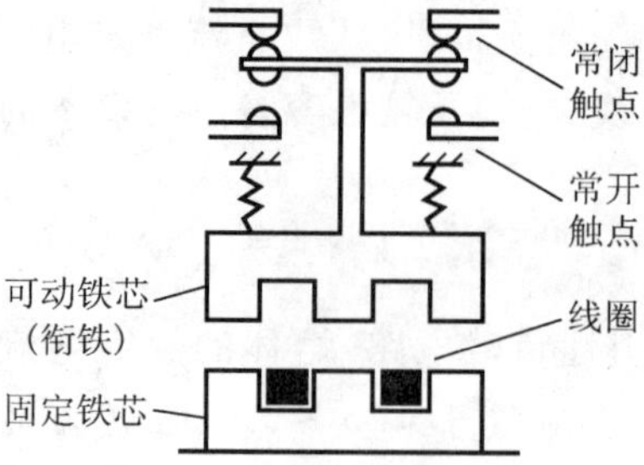

(b)结构

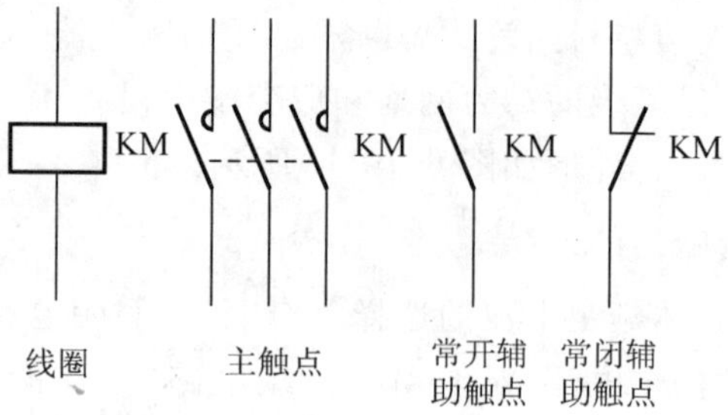

(c)符号

续图 6.11　交流接触器

(1)电磁系统。包括线圈、可动铁芯(衔铁)和固定铁芯三部分。线圈中通过电流时将产生磁场，于是可动铁芯被吸向固定铁芯，带动触头控制电路的接通与分断。

(2)触头系统。接触器有三对主触头和四对辅助触头。三对主触头用于接通和分断主电路，允许通过较大的电流；辅助触头用于控制电路，只允许小电流通过。

触头除有主、辅之分外，还可分为常开和常闭两类。当电磁系统未通电时(即平常状态下)，处在相互脱开状态的触头叫常开触头，又叫动合触头；处在相互接触状态的触头叫常闭触头，又叫动断触头。各种接触器的主触头都是常开的，而辅助触头有常开和常闭两种。

(3)灭弧装置。接触器在分断大电流电路时，在动、静触头之间会产生较大的电弧，它不仅会烧坏触头，延长电路分断时间，严重时还会造成相间短路。因此，在 24 A 以上的接触器中，主触头上均装有陶瓷灭弧罩，以便迅速切断触头分断时所产生的电弧。

(4)其他部分。反作用弹簧的作用是当线圈断电时，使触头复位；缓冲弹簧的作用是缓冲可动铁芯在吸合时对固定铁芯的冲击力；触头压力弹簧片的作用是增加动、静触头之间的压力，从而增大接触面积，以减少接触电阻。另外，还有传动机构和底座等。

2. 交流接触器的工作原理

电磁线圈通电后产生磁场，使固定铁芯产生足够大的电磁力，将可动铁芯吸合，三对主触头和所有动合辅助触头闭合，所有动断辅助触头断开。当电磁线圈断电时，由于固定铁芯电磁力的消失，可动铁芯在反作用弹簧的作用下释放，这时各触头也随之恢复到原来的状态，即主触头与动合触头断开，动断触头闭合。

小提示

选用交流接触器时的注意事项

(1)主触头的额定电流应等于或大于电动机的额定电流。

(2)所用接触器线圈额定电压必须与线圈所接入的控制回路电压相符。

(3)根据被控制负载电流的种类选择直流或交流接触器。

五、继电器

继电器是根据某一种输入量(电量或非电量)来切换执行机构的电器，实现自动控制和保护的电器。与接触器相比，继电器具有触头分断能力小、结构简单、体积小、质量轻、反应灵敏、动作准确、工作可靠等特点。一般情况下，继电器不直接控制电流较大的主电路。下面介绍几种在电气电路中常用的继电器。

1. 中间继电器

中间继电器是用来传输和转换信号的一种低压继电器。其主要作用是解决触点容量及数量的问题，以实现一点控多点、小功率控大功率的功能。中间继电器的结构及工作原理与接触器基本相同。其作用如下：

(1)增大触头的容量。当某电器进行下一级控制而触头容量不够时，可借助于中间继电器，作为一级中间放大器。

(2)增加触头的数量。当某电器进行下一级控制而触头数量不够时，可借助于中间继电器扩大控制规模。

中间继电器的外形及符号，如图 6.12 所示。

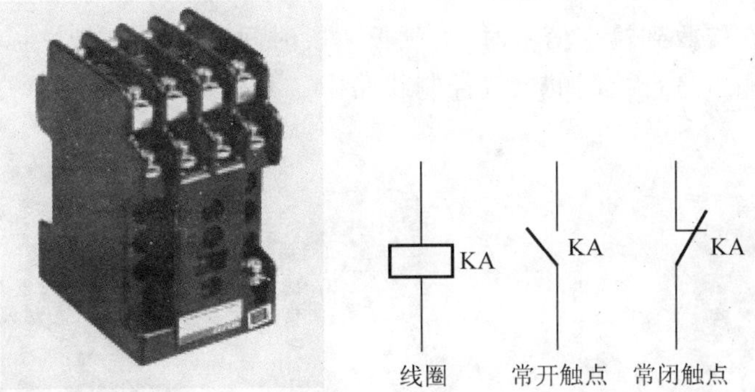

(a)外形　　(b)符号

图 6.12　中间继电器

2. 电流继电器

电流继电器是根据电路中电流值的大小而动作的继电器。使用时其线圈直接串联在被控电路中，反映电路中电流的变化。电流继电器匝数少，导线粗。根据用途分为过电流继电器和欠电流继电器。其外形及符号如图 6.13 所示。

(1)过电流继电器是在电路正常工作时不动作，当电路中的电流超过某一整定值时，过电流继电器动作，起过电流保护作用。

(2)欠电流继电器是在电路正常工作时已动作，当电路中的电流减小到某一整定值时，欠电流继电器释放，起欠电流保护作用。

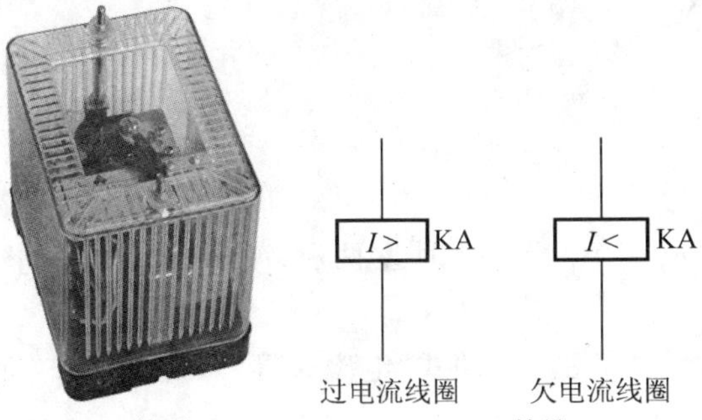

(a) 外形　　(b) 符号

图 6.13　电流继电器

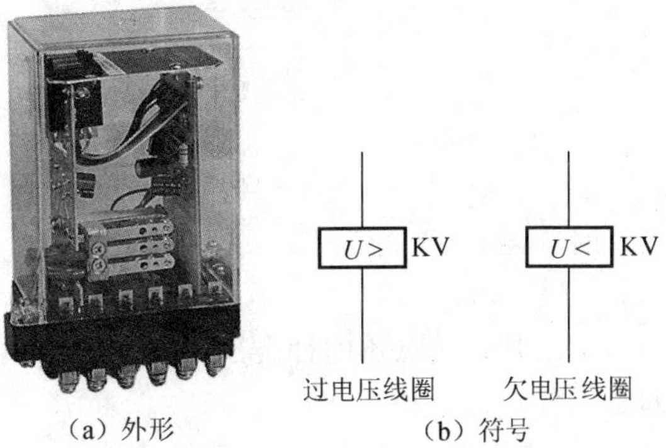

(a) 外形　　(b) 符号

图 6.14　电压继电器

3. **电压继电器**

电压继电器是根据电路中电压值的大小而动作的继电器。使用时其线圈直接并联在被控电路中。电压继电器的外形及符号，如图 6.14 所示。电压继电器分为过电压继电器和欠电压继电器两种。

(1)过电压继电器是在电路中的电压正常时不动作，电路中的电压超过某一整定值时，过电压继电器动作，起过电压保护作用。

(2)欠电压继电器是在电路正常工作时已动作，当电路中的电压减小到某一整定值或消失时，欠电压继电器释放，起欠电压保护作用。

4. **时间继电器**

时间继电器是在接收到输入信号时，需延长一段时间才产生响应发生动作的自动电器，广泛用于需要按时间顺序进行控制的电气控制线路中。其外形如图 6.15(a)所示。

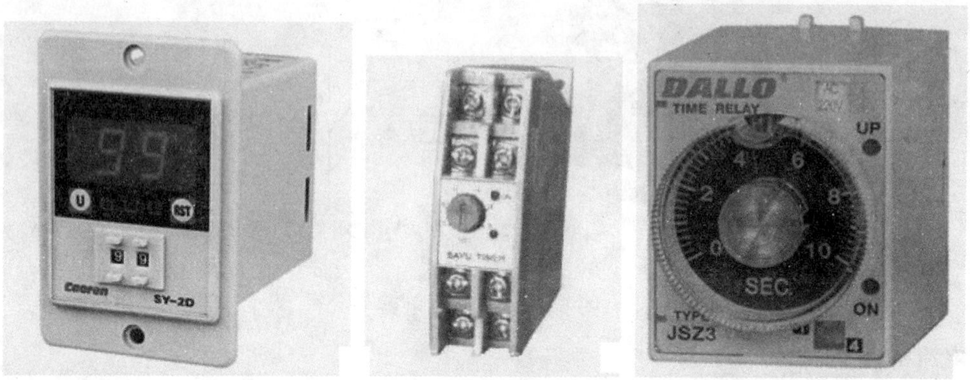

(a)时间继电器外形

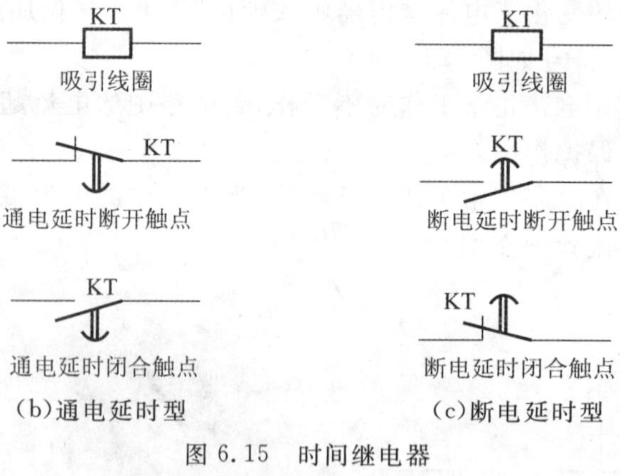

(b)通电延时型　　(c)断电延时型

图 6.15　时间继电器

时间继电器按延时方式的不同分为通电延时型和断电延时型两种，其符号分别如图 6.15(b)、(c)所示。

常用时间继电器的种类很多，有空气阻尼式、晶体管式、电动式、电磁式等。目前应用较多的是空气阻尼式和晶体管式两种。

(1)空气阻尼式时间继电器结构简单、价格低廉，延时可调范围大(0.4～180 s)，使用寿命长，且不受电压和频率波动的影响，但延时误差较大，适用于对延时精度要求不高的场合。

(2)晶体管式时间继电器机械结构简单,延时范围广,精度高,消耗功率小,耐冲击,调节方便,使用寿命长,适用于高频率且延时时间长的场合。

5. **热继电器**

热继电器用于电动机的过载保护,它是利用双金属片受热后弯曲,通过联动机构使触点动作原理制成的,其外形、结构及符号如图 6.16 所示。

(a) 外形

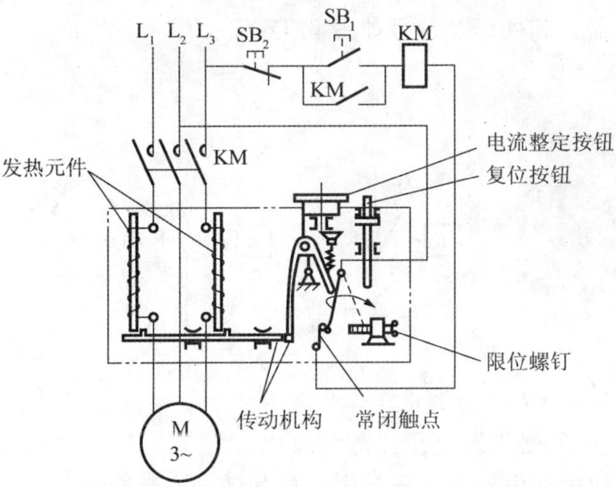

(b) 结构

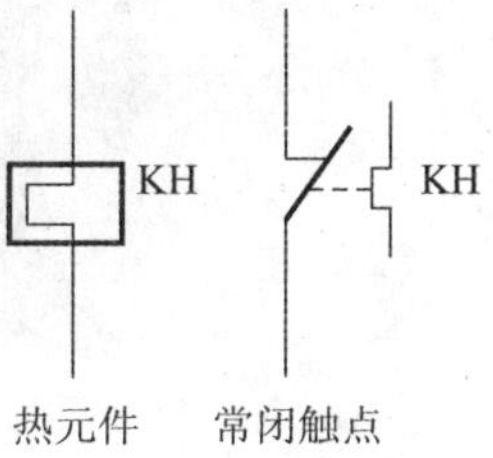

(c) 符号

图 6.16　热继电器

(1)热继电器的结构。图 6.16(b)所示是一种发热元件热继电器的结构原理图,主要包括以下几部分:

1)发热元件。它由主双金属片串联绕在它外面的加热元件(高阻丝)组成,电动机的电流同时通过主双金属片和高阻丝,直接加热与间接加热并用。

2)触点系统。一般为一个常开触点、一个常闭触点。

另外还包括传动机构、电流整定装置、复位机构和温度补偿元件等部分。

(2)热继电器的动作原理。将热元件分别串接在电动机的主电路中,常闭触点串接在控制电路的接触器线圈回路中。当电动机过载时，流过电阻丝的电流超过热继电器的整定电流，电阻丝发热，主双金属片弯曲，动触点与常闭静触点分开，使接触器线圈断电，接触器主触点断开，将电源切断起保护作用。

热继电器动作以后，经过一段时间冷却，即可按下复位按钮手动复位。也可根据需要将限位螺钉调紧，使触点开距变小，实现自动复位。

当环境温度变化时，补偿双金属片和主双金属片一样变形，也向相同的方向偏移相等的距离，使推杆并不因此产生偏转，从而补偿了环境温度变化对热继电器准确性的影响。

资料卡片

热继电器的主要参数选择

额定电压：热继电器的额定电压是指触点的电压值。选用时要求额定电压大于或等于触头所在线路的额定电压。

额定电流：热继电器的额定电流是指允许装入的热元件的最大额定电流值。选用时要求额定电流大于或等于被保护电动机及其他电气设备的额定电流。

6. **速度继电器**

速度继电器是一种反映转速和转向的继电器，其作用是与接触器配合，实现对电动机的反接制动控制，故又称为反接制动继电器。其外形及符号如图 6.17 所示。

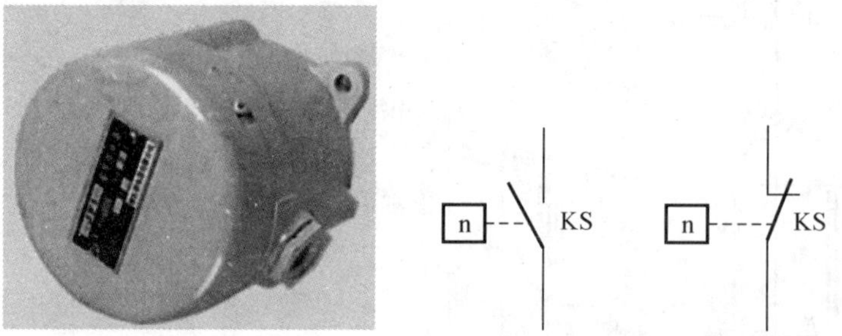

(a)外形　　(b)符号

图 6.17　速度继电器

(1)速度继电器的结构。主要由转子、触点及定子三部分组成。

(2)速度继电器的动作原理。将速度继电器的转子与电动机的转子安装在同一根轴上，将其常开触点串接在被控电路的接触器线圈回路中。当电动机旋转时，带动与其同轴连接的速度继电器的转子旋转，一旦达到速度继电器的动作转速(一般不低于 100～300 r/min)，其触点动作(常开触点闭合、常闭触点断开)，为制动做好准备。当转子转速减小到低于速度继电器的复位转速(一般在 100 r/min 以下)时，其触点复位(常开触点断开、常闭触点闭合)，将被控接触器的线圈断电，接触器主触点断开，将电源切断，实现了对电动机反接制动的控制。

第 2 节　电气控制系统图中基本环节的识读

比较复杂的控制系统或电路，一般都是由一些比较简单的基本控制环节、保护环节依据不同要求连接而成，因此掌握这些基本环节的电路图是正确认识复杂控制系统的基础。

一、电气控制线路原理图

工作机械的电气控制线路可用电气原理图来表示，原理图是用图形符号、文字符号和线条表明各个元器件的功能及其连接关系的示意图。它包括所有电器元件的导电部分和接线端子，但并不按照电器元件的实际布置位置来绘制，也不反映电器元件的实际大小。

另外，原理图上的符号必须采用国家最新颁布的有关标准。

二、电气控制线路的组成

工作机械的电气控制线路由以下四部分组成：

(1) 动力电路，是指由电网向电动机供电的电路，也称为主电路。

(2) 控制电路，是指操纵工作机械和电动机、电磁铁等设备的电路，如控制电动机的启动、变速、制动等，同时也对电动机等动力设备起到保护作用。控制电路与主电路之间有着密切的信号联系。

(3) 信号电路，是指示工作机械的动作或状态的电路，如各类信号指示灯、声响报警器电路等。

(4) 保护电路，指接地安全装置，如 PE 板、接地导线等。

下面以图 6.18 所示某机床电气原理图为例，说明电气原理图的组成。

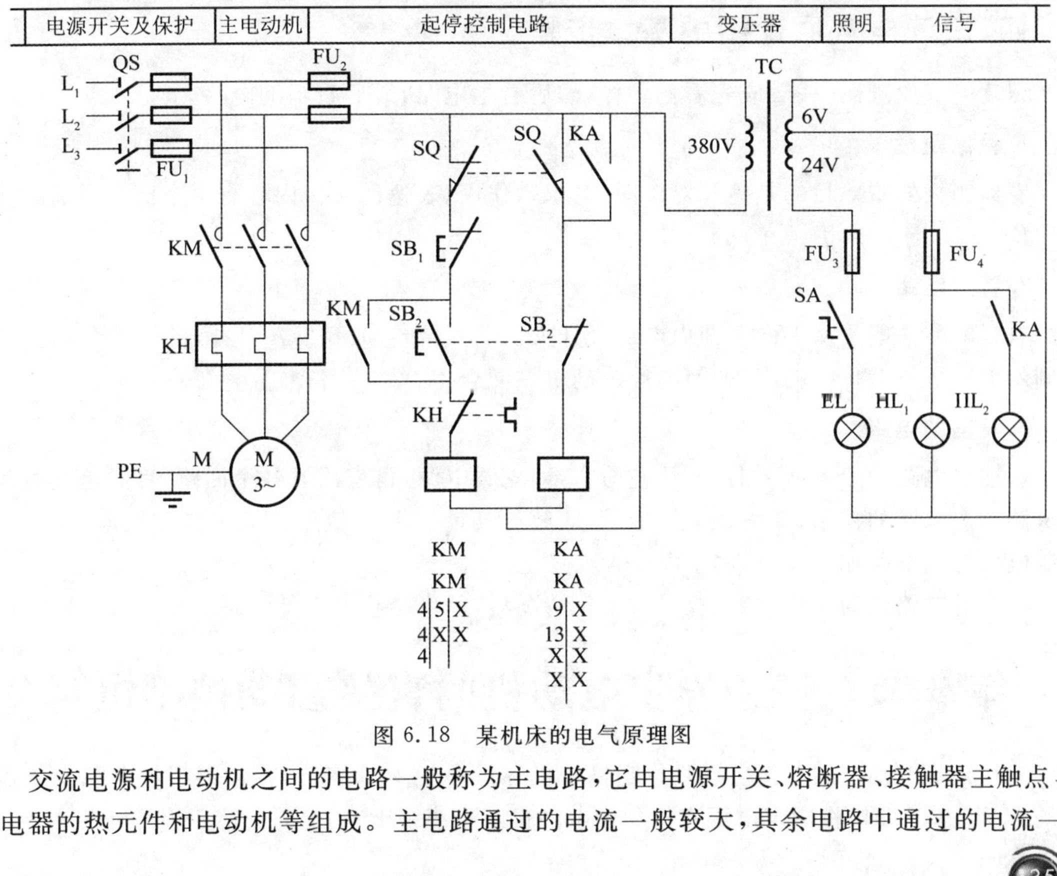

图 6.18　某机床的电气原理图

交流电源和电动机之间的电路一般称为主电路，它由电源开关、熔断器、接触器主触点、热继电器的热元件和电动机等组成。主电路通过的电流一般较大，其余电路中通过的电流一般较小(在 5 A 以下)。

除主电路以外的电路称为辅助电路。辅助电路包括控制电路、照明电路、信号电路和保护电路等,其中 PE 板是保护电路。

三、绘制电气原理图的一般原则

电气原理图是用来表明电气设备的工作原理及各电器元件的作用相互之间关系的一种表示方式。运用电气原理图的方法和技巧,对于分析电气线路,排除机床电路故障是十分有益的。绘制电气原理图的一般原则如下:

(1)绘制主电路时,应依照规定的电气图形符号用粗实线画出主要控制、保护等用电设备,如断路器、熔断器、变频器、热继电器、电动机等,并依次标明相关的文字符号。

(2)绘制控制电路一般由开关、按钮、信号指示、接触器、继电器的线圈和各种辅助触点构成。无论是简单还是复杂的控制电路,一般均是由各种典型电路(如延时电路、联锁电路、顺控电路等)组合而成,用以控制主电路中受控设备的“启动”、“运行”和“停止”,使主电路中的设备按设计工艺的要求正常工作。

对于简单的控制电路,只要依据主电路要实现的功能,结合生产工艺要求及设备动作的先、后顺序依次分析,仔细绘制。对于复杂的控制电路,要按各部分所完成的功能,分割成若干个局部控制电路,然后与典型电路相对照,找出相同之处,本着先简后繁、先易后难的原则逐个画出每个局部环节,再找到各个环节的相互关系。

四、识读电气原理图的基本步骤

识读电气原理图,一般应先看标题栏,然后看主电路,最后看辅助电路。

1. 看标题栏

看标题栏的主要目的是达到对该图的类型、作用、表达的大致内容有一个比较明确的认识和印象。

2. 看主电路

看主电路一般是从上向下即由电源经开关设备及导线向负载方向看,目的是了解主电路控制的电动机具有什么功能,如何与被拖动机械配合。

3. 看辅助电路

看辅助电路一般是从上向下、从左向右,即先看电源,再依次看各个回路,目的是分析各辅助电路对主电路的控制、保护、测量、指示、监察等功能。了解使用什么方式控制电动机,了解控制电路与主电路如何配合,属于哪一种典型电路。

弄清了电路图的布局、结构及大致工作情况后,即可结合专业知识进一步分析电路原理。

第 3 节　三相异步电动机的直接启动控制电路

三相异步电动机的直接启动是指当电动机容量小于 10 kW,或容量不超过电源变压器容量的 15%～20%时,将额定电压直接加到电动机定子绕组上,对其进行启动及停止控制。

为了对三相异步电动机的直接启动有个直观的认识,我们先了解一下手动正转控制电路。

一、手动正转控制电路

日常生活和生产中,一些比较简单的电气设备的启动是通过手动正转控制电路实现的。例如图 6.19 所示的电风扇、砂轮磨床、迷你钻等。

(a)电风扇　　(b)砂轮磨床　　(c)迷你钻

图 6.19　手动正转控制电路举例

如图 6.20 所示为手动正转控制电路的示意图,在电源和电动机之间,组合连接一个刀开关和熔断器。手动闭合开关,电动机中就会有电流通过,电动机启动;反之,手动断开开关,电动机中无电流通过,电动机停转。图 6.20 为手动正转控制电路示意图,采用标准的电气制图符号,如图 6.21 所示为手动正转控制电路的电路原理图。

如图 6.21 所示电路中,合上刀开关 QS,电动机 M 接通电源启动运转。断开刀开关 QS,电动机 M 断电停转。其中,保护措施熔断器 FU 起短路保护作用,PE 起保护接地作用。在手动正转控制电路中所用电器少,在频繁启停时,操作人员劳动强度大,而且安全性差。因此,手动正转控制电咱适用于非频繁操作,近距离控制的场合,电动机的功率一般小于 7 kW。

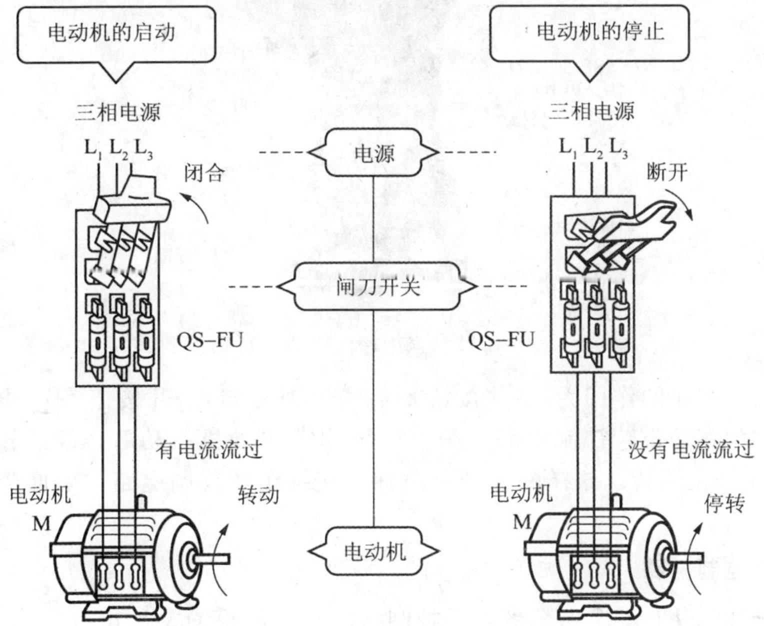

图 6.20　手动正转控制电路示意图

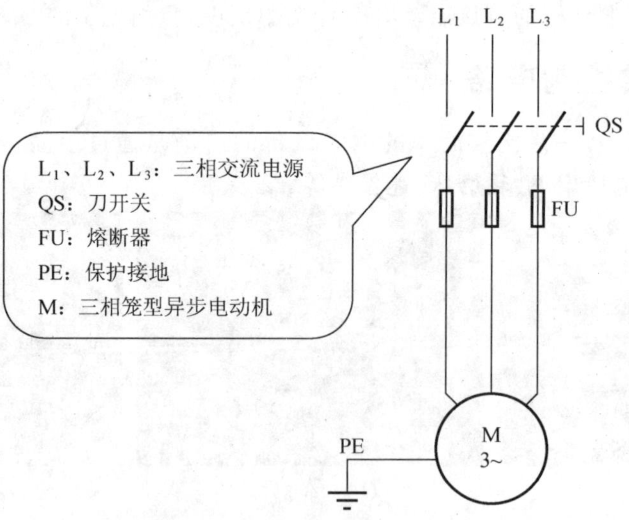

图 6.21　手动正转控制电路原理图

二、继电器正转控制电路

在上一节的内容中，介绍了继电器的结构及特点，下面利用继电器来控制电动机。图 6.22 是一台家用的榨汁机，它有三个按钮 SB_1、SB_2、SB_3，榨汁机刀片由电动机驱动。

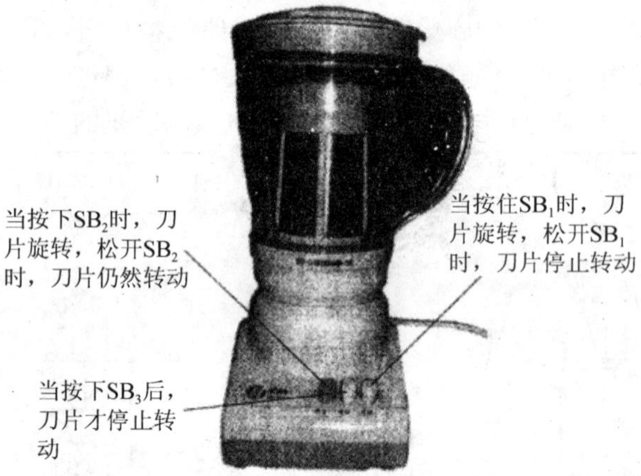

图 6.22　家用榨汁机的控制

榨汁机中三个按钮的作用为：按住按钮 SB_1，电动机运转，松开按钮 SB_1，电动机停转。这样的控制电路称为点动正转控制电路。按下按钮 SB_2，电动机启动后连续运转。只有按下按钮 SB_3，电动机才停止运转。这样的控制电路称为连续正转控制电路。下面分别介绍这两种控制电路。

1. 点动正转控制电路

(1)电路组成。如图 6.23 所示的点动控制线路是一种最简单的电气控制线路，主要由主电路和控制电路组成。

在图 6.23 中，由三相电源 L_1、L_2、L_3→组合开关 QS→熔断器 FU_1→主触头 KM→电动机

M 组成的电路是主电路，而由熔断器 FU_2、启动按钮 SB 和线圈 KM 组成的电路是控制电路。

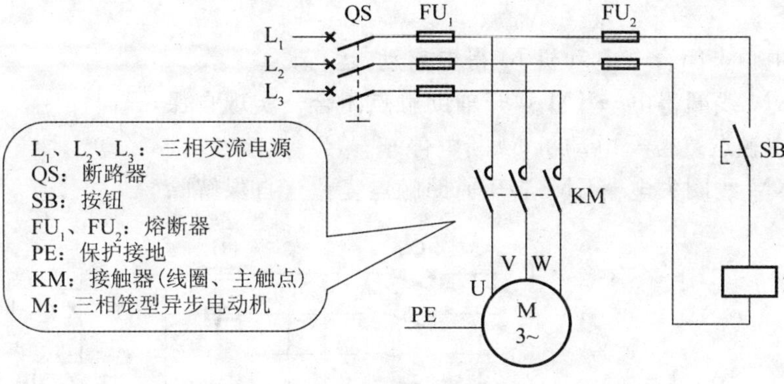

图 6.23　点动正转控制电路原理图

(2)工作原理。所谓点动，就是通过按钮使控制电路快速地重复闭合，从而启动处于静止状态的电动机。

当启动按钮 SB 按下时，线圈 KM 得电，主触头 KM 闭合，电动机 M 开始转动；当释放启动按钮 SB 时，线圈 KM 失电，主触头 KM 断开，电动机 M 停止转动。因此，启动按钮的重复闭合可瞬时启动电动机，使被驱动的机器缓慢移动或点动到理想位置。如车床中溜板箱的控制、电动葫芦的控制等。

2. 连续正转控制电路

(1)自锁触点的作用。连续正转控制电路的原理图如图 6.24 所示。从图中可以看出，连续正转控制电路比点动正转控制电路多了一个停止按钮和一个接触器 KM 的常开辅助触点，其中，停止按钮与启动按钮串联，常开辅助触点与启动按钮并联。

自锁触点是指接触器 KM 的常开辅助触点。欲使电动机启动后连续运转，必须在启动按钮 SB_1 两端并联这样一个自锁触点。自锁触点的作用是：当按下启动按钮 SB_1 的手松开时，接触器线圈利用并联在启动按钮 SB_1 两端的常开辅助触点 KM(自锁触点)为自己提供通路，保证电动机连续运转。为使运行中的电动机停转，可将停止按钮 SB_2 与启动按钮串联。要停止电路时，只需按一下停止按钮 SB_2 即可。

图 6.24 中，主电路由隔离开关 QS、熔断器 FU_1、接触器 KM 的常开主触点、热继电器 FR 的热元件和电动机 M 组成。控制电路由启动按钮 SB_2、停止按钮 SB_1、熔断器 FU_2、接触器 KM 线圈和常开辅助触点、热继电器 FR 的常闭触头构成。

(2)控制线路工作原理。

1)启动电动机。合上三相隔离开关 QS，按启动按钮 SB_2，按触器 KM 的吸引线圈得电，3 对常开主触点闭合，将电动机 M 接入电源，电动机开始启动。同时，与 SB_2 并联的 KM 的常开辅助触点闭合，即使松手断开 SB_2，吸引线圈 KM 通过其辅助触点也可以继续保持通电，维持吸合状态。

2)停止电动机。按停止按钮 SB_1，接触器 KM 的线圈失电，其主触点和辅助触点均断开，电动机脱离电源，停止运转。这时，即使松开停止按钮，由于自锁触点断开，接触器 KM 线圈也不会再通电，电动机不会自行启动。只有再次按下启动按钮 SB_2 时，电动机才能再次启动运转。

也可以用下述方式描述：

合上开关 QS；

启动→KM 主触点闭合→电动机 M 得电启动、运行；

按下 SB_2→KM 线圈得电→KM 常开辅助触点闭合→实现自保；

停车→KM 主触点复位→电动机 M 断电停车；

按下 SB_1→KM 线圈失电→KM 常开辅助触点复位→自保解除。

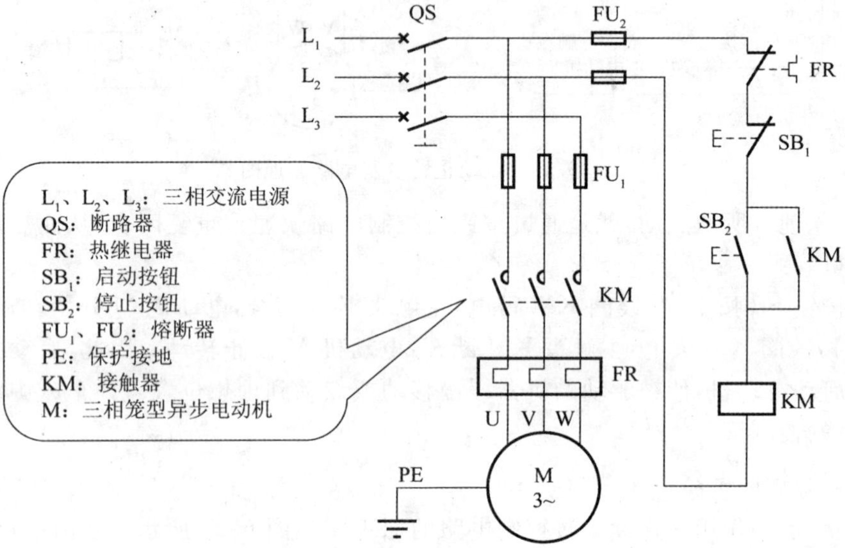

图 6.24　连续正转控制电路原理

(3)线路保护环节。

1)短路保护。短路时通过熔断器 FU_1 和 FU_2 的熔体熔断切开电路。

2)过载保护。通过热继电器 FR 实现。由于热继电器的热惯性比较大，即使热元件上流过几倍额定电流的电流，热继电器也不会立即动作。因此在电动机启动时间不太长的情况下，热继电器能够承受电动机启动电流的冲击而不会动作。只有在电动机长期过载的情况下 FR 才动作，断开控制电路，接触器 KM 失电，切断电动机主电路，电动机停转，实现过载保护。

3)欠压和失压保护。当电动机正在运行时，如果电源电压由于某种原因消失，那么在电源电压恢复时，电动机将自行启动，这就可能造成生产设备的损坏，甚至造成人身事故。对电网来说，同时有许多电动机及其他用电设备自行启动也会引起不允许的过电流及瞬间网络电压下降。为了防止电压恢复时电动机自行启动的保护叫失压保护或零压保护。

当电动机正常运转时，电源电压过分降低将引起一些电器释放，造成控制线路不正常工作，可能产生事故；电源电压过分降低也会引起电动机转速下降甚至停转。因此需要在电源电压降到一定允许值以下时将电源切断，这就是欠电压保护。

欠压和失压保护是通过接触器 KM 的自锁触点来实现的。在电动机正常运行中，由于某种原因使电网电压消失或降低，当电压低于接触器线圈的释放电压时，接触器释放，自锁触点断开，同时主触点断开，切断电动机电源，电动机停转。如果电源电压恢复正常，由于自锁解除，电动机不会自行启动，这就避免了意外事故发生。只有操作人员再次按下 SB_2 后，电动机才能启动。

小提示

控制线路具备了欠压和失压的保护能力以后，有如下三个方面的优点：

(1)防止电压严重下降时电动机在重负载情况下的低压运行；

(2)避免电动机同时启动而造成电压的严重下降；

(3)防止电源电压恢复时，电动机突然启动运转，造成设备和人身事故。

实验7 三相异步电动机的点动和自锁控制

一、实验目的

(1)通过对三相笼型异步电动机点动控制和自锁控制线路的接线，掌握由电气原理图变成安装接线图的知识。

(2)通过实验进一步加深理解点动控制和自锁控制的特点。

二、实验设备与器材

(1)三相笼型异步电动机(自制)一台。

(2)闸刀开关单元板(TS－B－18)一块。

(3)按钮开关单元板(TS－B－15)一块。

(4)交流接触器单元板(TS－B－11)两块。

(5)热继电器单元板(TS－B－12)一块。

(6)万用表(DT9205)一块。

三、实验原理说明

(1)继电-接触器控制在各类生产机械中获得广泛的应用，凡是需要进行前后、上下、左右、进退等运动的生产机械，均采用典型的继电一接触器控制。

(2)继电-接触器控制线路分为主电路和控制电路。其中控制电路主要控制接触器线圈通电、断电。在控制电路中常采用接触器的辅助触头来实现自锁。

(3)自锁就是要求接触器线圈得电后能自动保持动作后的状态。通常用接触器自身的常闭辅助触头与启动按钮并联来实现，以达到电动机的长期运行，这一常闭辅助触头称为“自锁触头”。

(4)在接线时一般遵循先主电路后控制电路、先串联后并联的原则。走线时遵循左进右出、上进下出的原则。

四、实验线路

实验线路如图 6.25 所示。

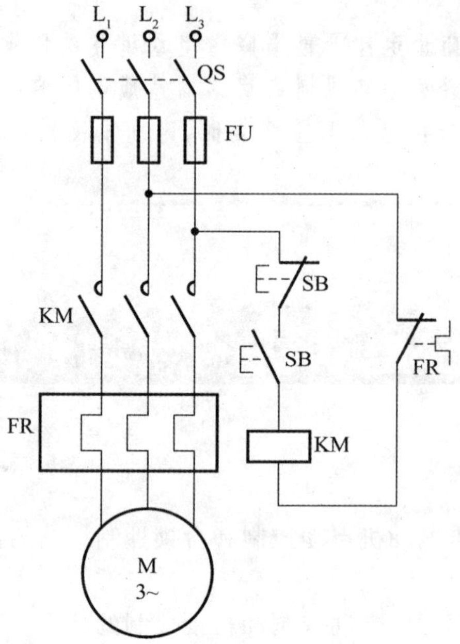

图 6.25 实验线路

五、实验内容

(1)电动机星形连接。

(2)按图 6.25 所示电路接主电路。接线时 3 条电源线同时接线。

(3)闭合闸刀开关,检查主电路能否实现电动机的运转。

(4)切断电源,按图 6.25 所示电路接控制电路。接线时,先串联后并联。走线时,从电器的左端进,右端出;上端进,下端出。

(5)接线完成后,自己反复检查,确认无误后,在指导教师的监督下,合上电源闸刀开关,使电动机实现点动。

(6)切断电源,在控制电路中加自锁。在指导教师监督下,合上电源闸刀开关,按下启动按钮,使电动机实现连续运转,按下停止按钮使电动机停转。

六、注意事项

(1)接线时合理安排元器件位置,接线要求牢靠、整齐、清楚、安全可靠。

(2)操作时要胆大、心细、谨慎,不许用手触及各电器元件的导电部分及电动机的转动部分,以免触电及意外损伤。

七、分析与讨论

(1)试比较点动控制线路与自锁控制线路在结构上的主要区别是什么。

(2)在长期工作后,自锁控制线路可能出现失去自锁作用,试分析产生的原因。

(3)交流接触线圈电压为 220 V,若误接到 380 V 电源上会产生什么后果? 反之,若交流接触线圈电压为 380 V,若误接到 220 V 电源其后果如何?

(4)在主回路中,熔断器和热继电器元件可否少用一只或两只? 熔断器和热继电器两者可否只采用其中一种就可起到短路和过载保护作用? 为什么?

第 4 节　三相异步电动机的正反转控制

在实际生产中,许多生产机械往往要求能够在两个方向进行运动。例如,主轴的正转和反转、起重机的上升和下降、机床工作台的前进和后退等。也就是说,在这些情况下需要对电动机实行正反转控制。

一、接触器联锁的正反转控制线路

1. 线路组成

如图 6.26 所示,控制线路中使用了两个接触器——正转接触器 KM_1 和反转接触器 KM_2。当主触头 KM_2 闭合后,电动机电源的两个接线头被对调,电动机的电源相序与主触头 KM_1 闭合时不同,电动机 M 将反向转动。

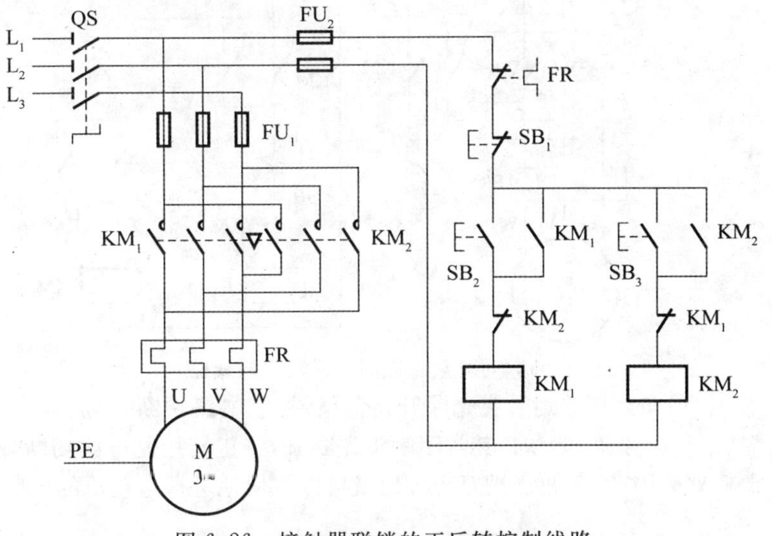

图 6.26　接触器联锁的正反转控制线路

控制电路中有 3 个按钮,即停止按钮 SB_1、正转启动按钮 SB_2 和反转启动按钮 SB_3。如果 KM_1 和 KM_2 同时闭合,则会造成两相短路,因此线路中必须实行联锁。联锁是指当控制电路中的一个接触器线圈得电时,另一个接触器线圈的电路是断开的,只有当第一个接触器线圈的电路断开后,第二个接触器线圈才能得电。

在图 6.26 所示的控制线路中,利用接触器的常闭辅助触头 KM_1 和 KM_2 可进行电气联锁。通常把在线路中起联锁作用的常闭辅助触头称为联锁触头。

2. 动作原理

(1)正向转动。当按下正转启动按钮 SB_2 时,线圈 KM_1 得电,先将反转控制电路断开,再使主触头 KM_1 和自锁触头 KM_1 闭合,电动机 M 正向转动。

(2)反向转动。若按下反转启动按钮 SB_3，线圈 KM_2 得电，先将正转控制电路断开，再使主触头 KM_2 和自锁触头 KM_2 闭合，电动机 M 反向转动。

(3)停转。如果按下停止按钮 SB_1，则控制电路断开，线圈 KM_1 或 KM_2 失电，所有常闭触头断开，电动机与三相电源之间的连接断开，电动机 M 停止转动。

3. 特点

由于接触器联锁的正反转控制线路只有电气联锁，所以必须先按下停止按钮 SB_1，再按下正转启动按钮 SB_2 或反转启动按钮 SB_3，才能实现电动机正反转的转换。因此，为了能方便地改变电动机的转动方向，在生产机械中广泛采用的是具有电气联锁和机械联锁双重功能的正反转控制线路。

二、双重联锁的正反转控制线路

如图 6.27 所示，复合按钮 SB_2 和 SB_3 具有机械联锁的功能。

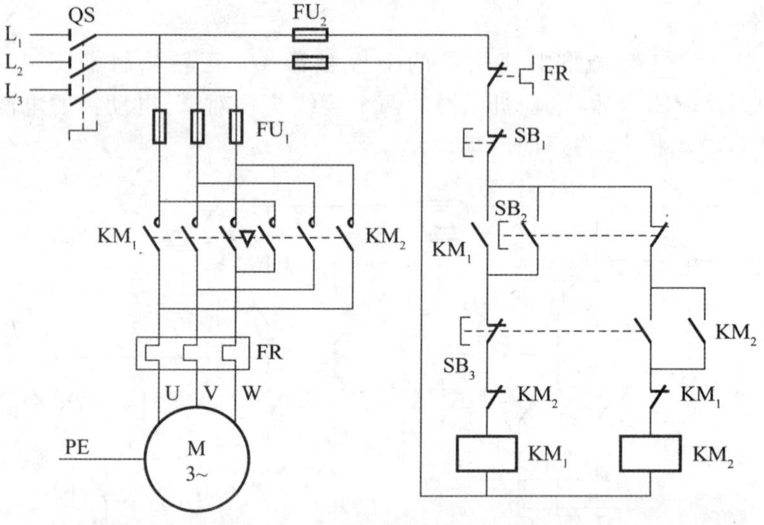

图 6.27　双重联锁的正反转控制线路

当按下复合按钮 SB_2 时，其常闭触头先断开，将反转控制电路切断，然后其常开触头闭合接通正转控制电路；当按下复合按钮 SB_3 时，其常闭触头先断开，将正转控制电路切断，然后其常开触头闭合接通反转控制电路。因此，只要操纵复合按钮就可以方便地进行电动机的正反转切换。

实验8 三相异步电动机的正反转控制电路

一、实验目的

(1)通过对三相笼型异步电动机正反转控制线路的安装接线，掌握由电气原理图接成实际操作电路的方法。

(2)加深对电气控制系统各种保护、自锁、联锁等环节的理解。

(3)学会分析、排除继电-接触器控制线路故障的方法。

二、实验设备与器材

(1)三相笼型异步电动机(自制)一台。

(2)闸刀开关单元板(TS－B－18)一块。

(3)按钮开关单元板(TS－B－15)一块。

(4)交流接触器单元板(TS－B－11)两块。

(5)热继电器单元板(TS－B－12)一块。

(6)万用表(DT9205)一块。

三、实验原理说明

在三相笼型异步电动机正反转控制线路中，通过相序的更换来改变电动机的旋转方向。本实验给出两种不同的正、反转控制线路如图 6.28 及图 6.29 所示。

1. 电气互锁

为了避免接触器 KM_1(正转)、KM_2(反转)同时得电吸合造成三相电源短路，在 KM_1(KM_2)线圈支路中串接 KM_2(KM_1)的常闭辅助触头。从而保证线路工作时 KM_1、KM_2 线圈不会同时得电，以达到电气互锁的目的，如图 6.28 所示。

2. 电气和机械双重互锁

除电气互锁以外，可采用复合按钮 SB_1、SB_2 组成的机械互锁环节，如图 6.29 所示，以求线路工作更加可靠。

四、实验电路

实验电路如图 6.28 所示。

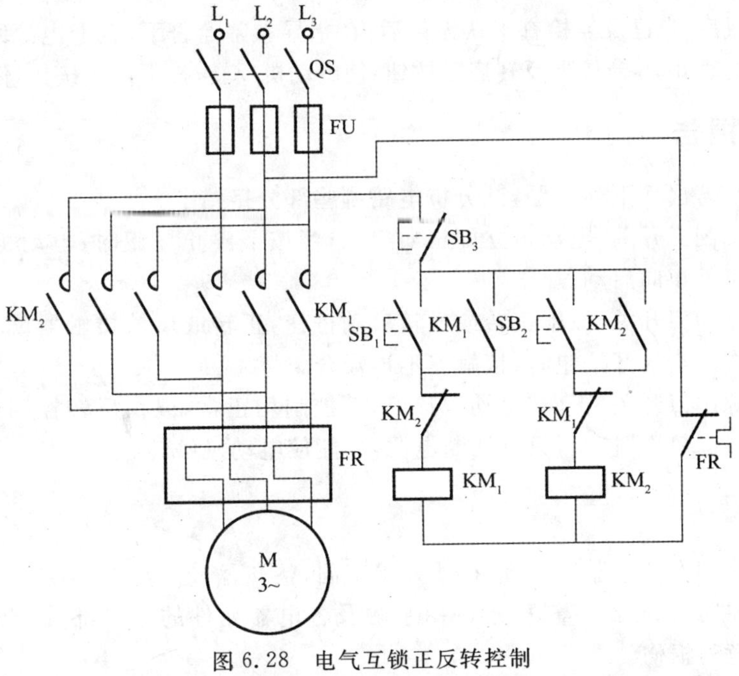

图 6.28　电气互锁正反转控制

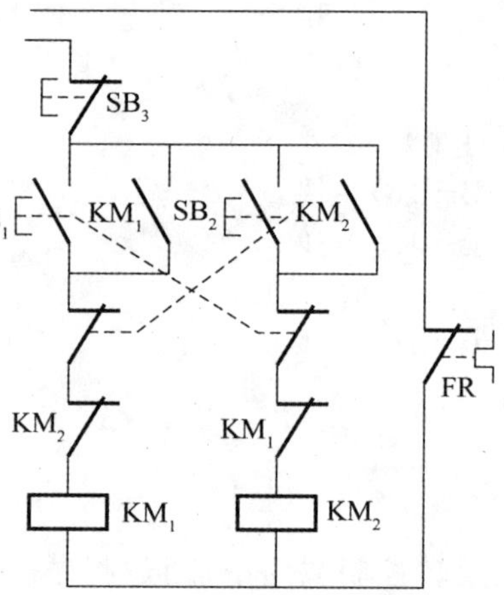

图 6.29 电气和机械互锁正反转控制线路

五、实验内容

(1)电动机星形连接。

(2)按图 6.28 所示电路接主电路。接线时三条电源线同时接线。

(3)合上电源闸刀开关,检查主电路能否实现电动机的运转。

(4)切断电源,按图 6.28 所示电路接控制电路。接线时,先串联后并联。走线时,从电器的左端进,右端出;上端进,下端出。

(5)接线完成后,自己反复检查确认无误后,在指导教师的监督下,合上电源闸刀开关,按下正转启动按钮,使电动机正转;按下停止按钮,使电动机停转;按下反转启动按钮,使电动机反转;按下停止按钮,使电动机停转。

(6)切断电源,按图 6.29 所示电路接控制电路。

(7)接线完成后,自己反复检查确认无误后,在指导教师监督下,合上电源闸刀开关,按下正转启动按钮,使电动机正转;按下反转启动按钮,使电动机反转;按下停止按钮,使电动机停转。

六、实验报告

实验过程中,若出现下列问题,试分析电路哪些部分接错了。

(1)合上电源闸刀开关,电动机立即正向启动;当按下停止按钮时,电动机停转,但一放开停止按钮,电动机又正向启动。

(2)合上电源闸刀开关,按下正转或反转启动按钮,正转或反转接触器就不停地吸合与释放,电路无法工作。当放开按钮时,接触器不再吸合。

(3)合上电源闸刀开关,正向“启动”与“停止”控制均正常,但在反转控制时,只能实现“启动”控制,不能实现“停止”控制,只有切断电源,才能使电动机停转。

七、注意事项

(1)接线时合理安排元器件位置,接线要求牢固、整齐、清楚、安全。

(2)操作时要胆大、心细、谨慎,不许用手触及各电器元件的导电部分及电动机的转动部分,以免触电及意外损伤。

八、分析与讨论

(1)在电动机正、反转控制线路中,为什么必须保证两个接触器不能同时工作?采用哪些措施可解决此问题,这些方法有何利弊,最佳方案是什么?

(2)在控制线路中,短路、过载、失压、欠压保护等功能是如何实现的?在实际运行中,这几种保护有什么意义?

第 5 节　工作台的限位和自动往返控制电路

在实际的生产机械中,如龙门刨床、导轨磨床等的工作台和动力头滑台,需要在一定距离内不断地重复送料、取料过程,才能实现对工件的连续加工,提高生产效率。完成这种自动控制功能主要依靠行程开关。

一、自动往返控制线路图

由行程开关控制的工作台自动往返控制线路如图 6.30 所示。

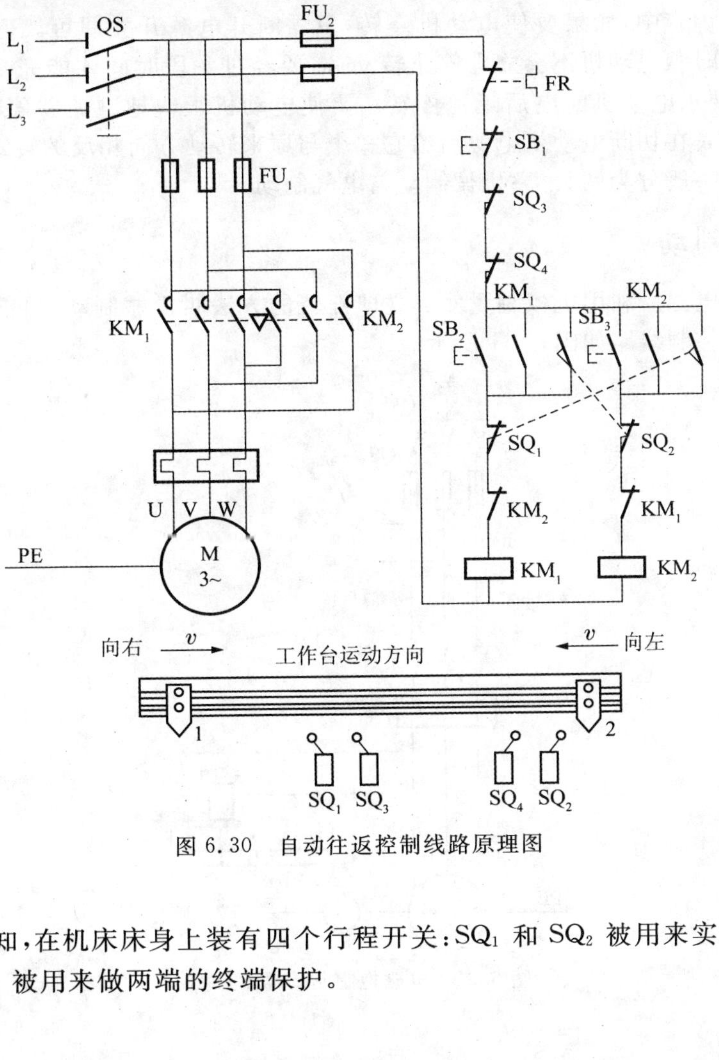

图 6.30　自动往返控制线路原理图

1. 行程开关

由示意图可知,在机床床身上装有四个行程开关:SQ_1 和 SQ_2 被用来实现工作台的自动往返;SQ_3 和 SQ_4 被用来做两端的终端保护。

2. **挡铁**

工作台的边上装有两块挡铁，挡铁 1 只能和 SQ_1、SQ_3 碰撞，挡铁 2 只能和 SQ_2、SQ_4 碰撞。挡铁碰上行程开关后，工作台停止运动并换向，从而使工作台做往返运动。

二、动作原理

自动往返控制过程：当工作台移至右端并碰到 SQ_1 时，将 SQ_1 压下，使其常闭触点 SQ_1 断开，从而切断 KM_1 接触器线圈电路并使其常开触点 SQ_1 闭合，接通反转接触器 KM_2 线圈电路。此时，电动机由正向旋转变为反向旋转，带动工作台向左移动，直到压下 SQ_2 行程开关，使电动机反转变成正转，工作台向右移动。由此工作台实现自动往返运动。

但是，运动部件每经过一次自动往复循环，电动机要进行两次反接制动，会出现较大的反接制动电流和机械冲击。另外，由于机械式的行程开关容易损坏，因此现在多用接近开关或光电开关来取代行程开关实现行程控制。

第 6 节　三相异步电动机的制动控制电路

在上几节的内容中，如果要使电动机停转，只需断开电源开关即可。但是在电动机断电后，由于惯性的作用，电动机不会立即停止转动，需要经过一段时间才能完全停下来。而在有些生产机械中，要求电动机断电后迅速停转。要使电动机很快地减速并停转，就需要对其制动。所谓制动就是在切断电动机电源后给它一个与原来转动方向相反的转矩。

制动的方法一般分为两大类：机械制动与电气制动。

一、机械制动

电动机切断电源后利用机械装置使其立即停转的方法叫机械制动，目前使用较多的是电磁抱闸制动。其控制线路如图 6.31 所示。

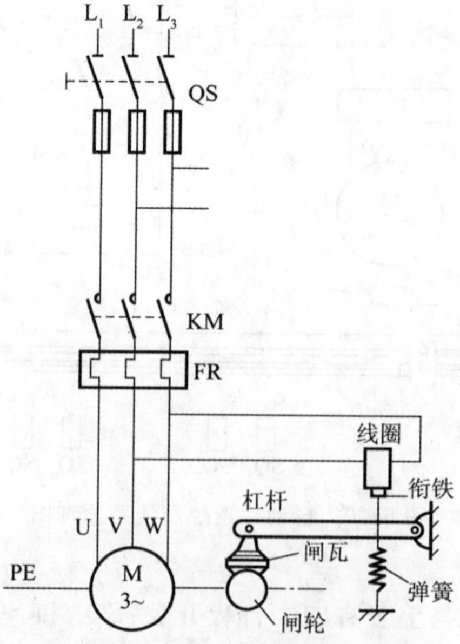

图 6.31　电磁抱闸制动器示意图

1. 动作原理

电磁抱闸制动器的动作原理如下：

当电动机通电时，电磁抱闸线圈通电产生磁场，在电磁吸引力作用下衔铁开始吸合，衔铁克服弹簧的反作用力，带动杠杆动作，使闸瓦松开闸轮，不影响电动机的正常运转。当电动机断电时，电磁抱闸线圈失电，衔铁释放，弹簧的弹力使闸瓦紧紧抱住闸轮，使电动机克服惯性立即停止转动。

2. 适用范围

机械制动适用于需要断电制动的场合，特别是在起重装卸机械上被广泛采用。例如，当货物被起吊到一定高度时，无论是正常停电还是故障停电，由于电磁抱闸制动器的制动作用，货物都不会自行坠落。

二、电气制动

在断电停转的过程中，电动机通过线路的转换或改变供电条件使其产生与实际运转方向相反的电磁转矩——制动转矩，从而使电动机停转的制动方式叫电气制动。电气制动常用的方法有反接制动和能耗制动。

1. 反接制动

(1)动作原理。反接制动是通过改变电动机定子绕组中三相电源的相序，使定子绕组中旋转磁场的方向反向，从而产生与原有转向相反的制动转矩，迫使电动机迅速停转。如图 6.32 所示为反接制动控制线路。

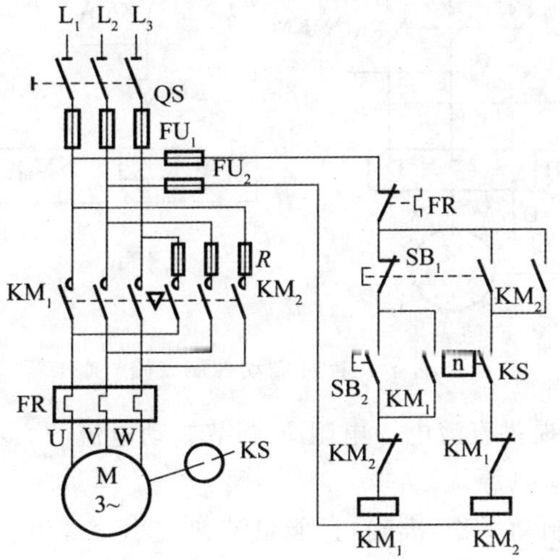

图 6.32　反接制动控制线路

图中，KS 为速度继电器，其转子与电动机的轴相连。当电动机转速上升到 120 r/min 左右时，KS 的常开触点闭合；电动机停转或转速接近零时，KS 常开触点打开。R 为反接制动电阻，限制反接制动电流。

小提示 反接制动是为了快速停转，但应注意在电动机转子刚好停止并开始向相反方向旋转的瞬时及时切断电源，否则电动机将反向启动。

(2)特点及适用范围。制动力矩大，制动效果显著，但在制动时冲击较强烈，能量消耗大。适用于10 kW以下小容量电动机的制动，对4.5 kW以上的电动机进行反接制动时，需要在定子回路中串入限流电阻，以限制反接制动电流。

2.能耗制动

(1)动作原理。在电动机脱离三相电源后，立即给其定子绕组通入直流电，电动机中将产生一个恒定磁场。当笼型转子在恒定磁场中做惯性转动时，在转子中就会产生较大的感应电流。恒定磁场与感应电流相互作用，就会产生制动转矩，迫使电动机很快减速并停转。如图6.33所示为能耗制动控制线路。

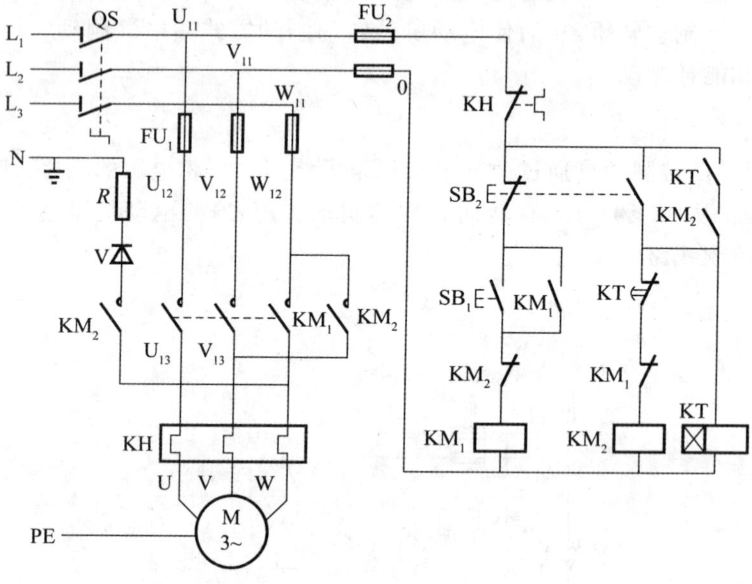

图6.33 能耗制动控制线路

图中，二极管V为电路提供直流电。电阻R调节制动电流的大小。时间继电器KT保证电动机完全停转后，切断直流电源。

(2)特点及适用范围。制动平稳、准确，且能量消耗较小。常用于10 kW以下小容量电动机，且对制动要求不高的场合。

小提示 能耗制动不仅可以用来快速停转，它还可以用来匀速落货。如起重机采用能耗制动，可以平稳、准确地下放易燃易爆或贵重物品，减少货损量；铣床采用能耗制动，可以使刀具平稳、准确地定位，提高了工件的加工精度。

第 7 节　电动机的日常维护和检修

一、电动机的日常维护

为了使电动机一直处于良好的运行状态，我们需要根据电动机的容量、重要程度、使用状况及环境条件等因素，对其进行定期维护。电动机的日常维护通常包括以下几个方面：

(1)检查电动机各部位的发热情况。

(2)检查电动机和轴承运行时的声音。

(3)检查主要连接处的情况，变阻器、控制设备等的工作情况。

(4)检查直流电动机和交流滑环式电动机的换向器、滑环和电刷的工作情况。

(5)检查润滑油的油面高度。

二、电动机常见机械故障检修

在工作机械的日常运行过程中，难免会出现一些故障，这些故障如果不能及时地发现和处理，就会严重威胁人身及设备安全。因此，我们需要尽早发现故障，并及时采取正确的处理方法，以防止故障扩大造成严重的后果。

1. 电动机不能启动

(1)电动机不转也没有声音。原因是电动机电源或绕组有两相或三相断路。首先检查是否有电源电压。如三相均无电压，说明故障出在电路方面；若三相电压平衡，则故障在电动机本身。这时可测量电动机三相绕组的电阻，找出断相的绕组。

(2)电动机不转，但有"嗡嗡"的响声。测量电动机接线柱，如三相电压平衡且为额定值，可判定为严重过载。应先去掉负载，若电动机的转速与声音正常，可以判定过载或负载机械部分有故障。

2. 启动时熔断器熔断或热继电器断开

(1)故障检查步骤。检查熔丝容量是否合适，如太小可换装合适容量的熔丝后再试。如熔丝仍旧熔断，则检查传动皮带是否太紧或所带负载是否过大，电路中有无短路处，以及电动机本身是否短路或接地。

(2)接地故障的检查方法。用兆欧表测量电动机绕组对地的绝缘电阻。当绝缘电阻低于 0.2 MΩ 时，说明绕组严重受潮，应进行烘干处理。

(3)绕组短路故障的检查方法。利用兆欧表或万用表在分开连接线处，测量任意两个相间的绝缘电阻，如在 0.2 MΩ 以下甚至接近于零，说明是相间短路。分别测量三个绕组的电流，电流大的相为短路相，也可用短路探测器检查绕组相间及匝间短路。

3. 电动机振动

将电动机和机械传动部分脱开，再启动电动机。如振动消除，说明是机械故障，反之是电动机故障。电动机振动产生的原因有机座不牢、电动机与被驱动的机械部分不同心等。

4. 电动机运转时有噪声

产生噪声的原因可能是机械故障，也可能是电磁故障。区分的方法是：先运行电动机，仔细听运转时的声音，然后停电。若不正常声音消失，说明是电动机电磁部分故障，反之是机械故障。

(1)机械噪声。

1)轴承发出的噪声。可能是轴承钢珠破碎或润滑油太少。检查方法是：用螺丝刀头部顶在轴承盖的外面，耳朵附在柄部，听到“咕噜咕噜”的声音(用合适的空心管最好，这样听出的声音极清楚)，说明是轴承故障；

2)空气摩擦产生的噪声很均匀，不强烈，是正常现象；

3)电动机扫膛引起的噪声是“嚓嚓”声。

新修复的电动机运行时，如发现噪声，可检查电动机电流是否平衡，转动是否灵活，是否达到额定转速。

(2)电磁噪声。转子和定子配合不好(一般在新电动机或同型号电动机互换转子时产生)。正常情况下，定子长度应比转子长度略长一点，噪声为低沉的嗡声(或称空声)。

造成电磁噪声而且空载电流增大，电动机电磁性能降低。产生原因为：定子、转子槽数配合不当(常发生在新电动机中)；误装了其他电动机的转子(或应急对换)，定子、转子间隙不均匀；定子、转子不圆，轴有轻微弯曲；电动机绕组缺相，匝间短路，相间短路；过载运行都能引起电磁噪声。

5. 电动机温升过高或绕组烧毁

原因如下：

(1)正反转次数过于频繁，电动机经常处于启动状态。

(2)被驱动的机械卡住、周围环境温度过高(超过 40 ℃以上)、皮带过紧、电磁部分发生故障、电源电压过高或过低、电动机气隙不均匀、铁芯通风孔堵塞及风扇叶损坏等。

第 8 节　可编程控制器(PLC)简介

以上介绍的都是继电接触器控制电路，虽然这种电路应用很广泛，但其触点使用寿命短、体积大、接线复杂，并且继电器采用的是固定的接线方式，通用性和灵活性较差。

可编程控制器诞生于 20 世纪 60 年代末期，当时称为可编程逻辑控制电器(Programmable Logic Controller)，简称 PLC。PLC 是在传统的继电接触器控制的基础上结合先进的微机技术发展起来的一种崭新的工业控制器。它把计算机的功能完备、灵活性和通用性强等特点与继电-接触器控制的简单易懂、价格便宜等优点结合在一起，问世以来，深受使用者的欢迎，应用日益广泛，发展十分迅速。

一、可编程控制器的结构

PLC 是以微处理器为核心的电子系统，它与计算机所用的电路类似。PLC 的外形及结构框图如图 6.34 所示。

传统的继电-接触器控制系统都是由输入部分、逻辑部分和输出部分三部分组成，如图 6.35(a)所示。其中输入部分是指各种开关信息(按钮、控制开关、限位开关、传感器等)；逻辑部分是由若干继电器及其触点组成的有一定的逻辑功能的控制电路；输出部分则是各种执行元件（继电器、电磁阀、照明灯等）。

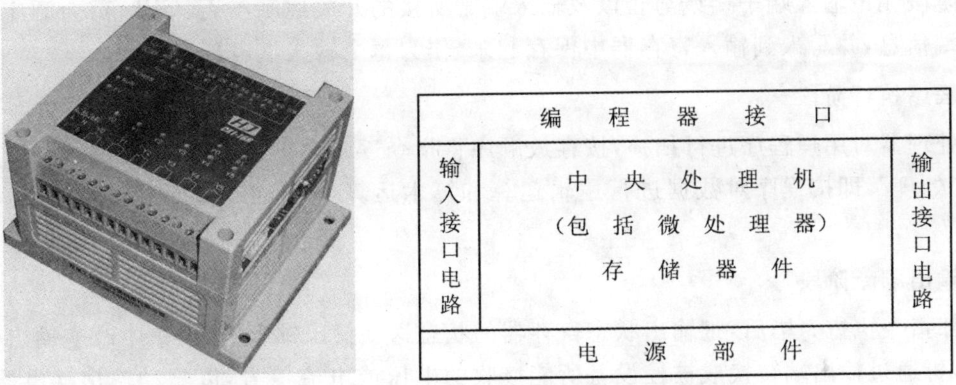

(a)外形　　(b)内部结构示意图

图 6.34　可编程控制器

以 PLC 为核心的控制系统也包括输入单元、逻辑运算单元和输出单元等部分，如图 6.35(b)所示。它将原来传统的“硬”接线程序控制方式改变为存储程序控制方式，即通过运行事先编制好的、并存于程序存储器中的用户程序来完成控制功能，控制要求改变时只需修改存储器中用户程序的部分语句即可。

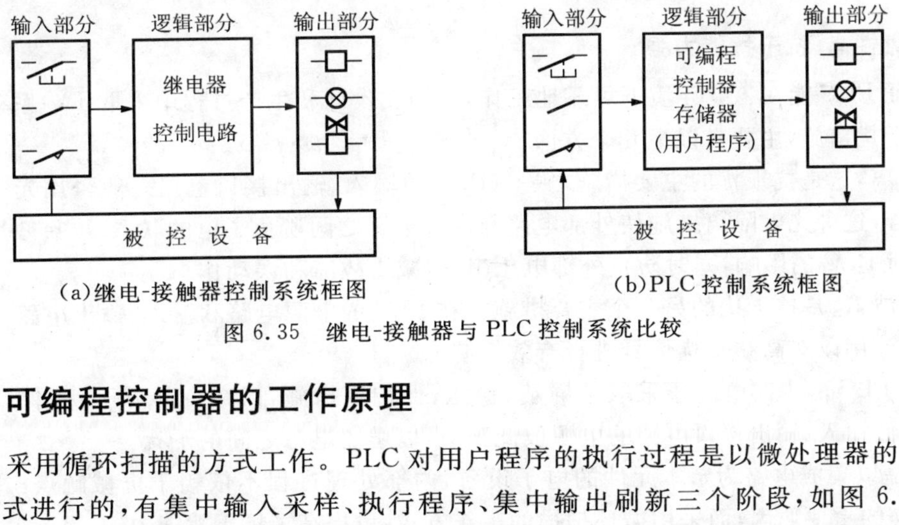

(a)继电-接触器控制系统框图　　(b)PLC 控制系统框图

图 6.35　继电-接触器与 PLC 控制系统比较

二、可编程控制器的工作原理

PLC 采用循环扫描的方式工作。PLC 对用户程序的执行过程是以微处理器的周期性循环扫描方式进行的，有集中输入采样、执行程序、集中输出刷新三个阶段，如图 6.36 所示。PLC 开始运行时，首先清除输入、输出状态寄存器中原来的内容，然后进行自诊断，自检 CPU 及 I/O 组件，确认工作正常后开始循环扫描。

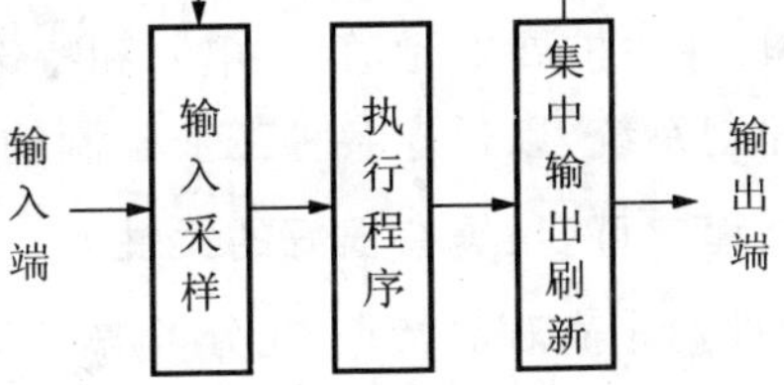

图 6.36　PLC 循环扫描示意图

1. 输入采样阶段

该阶段无论输入端子接线与否以及输入端子所接的开关通断与否，CPU 都会顺序读取全部输入端信息，并写入到输入寄存器中保存起来，作为每个输入继电器的状态。

2. 程序执行阶段

微处理器对用户程序进行扫描，按存放顺序将指令逐条调出并执行，以对输入和原输出状态进行“处理”，即按程序对数据进行逻辑运算和算术运算，再将正确的结果送到输出状态寄存器。

3. 输出刷新阶段

全部指令执行完毕后，把输出状态寄存器的状态送到输出锁存电路，集中改变输出寄存器的状态，再通过输出端转换成被控设备所能接收的电压或电流信号，以驱动输出继电器线圈，控制执行部件的相应动作。然后，CPU 又返回进行下一个循环的扫描。

PLC 中完成这三个阶段的工作过程，称为一个扫描周期。

PLC 的这种顺序扫描工作方式简单、直观，大大简化了用户程序的设计。由于 PLC 在程序执行阶段只根据输入、输出状态表中的内容进行处理，与外电路相隔离，因此为 PLC 的可靠运行提供了保证。

三、可编程控制器的特点

1. 可靠性高、抗干扰能力强

为保证 PLC 能在工业环境下可靠地工作，我们在设计和生产过程中采取了一系列硬件和软件的抗干扰措施，主要有以下几个方面：

(1)隔离，这是抗干扰的主要措施之一。PLC 的输入、输出接口电路一般采用光电耦合器来传递信号，这种光电隔离措施使外部电路与内部电路之间避免了电的联系，可有效地抑制外部干扰源对 PLC 的影响，同时防止外部电压串入，减少故障和误动作。

(2)滤波，这是抗干扰的另一个主要措施。在 PLC 的电源电路和输入、输出电路中设置多种滤波电路，用以对高频干扰信号进行有效抑制。

(3)对 PLC 的内部电源还采取了屏蔽、稳压、保护等措施，以减少外界干扰，保证供电质量。另外，使输入、输出接口电路的电源彼此独立，以避免电源之间的干扰。

PLC 是以集成电路为基本元件的电子设备，内部处理过程不依赖于机械触点，这也是保障可靠性高的重要原因；而采用循环扫描的工作方式，也提高了抗干扰能力。

通过以上措施，保证了 PLC 能在恶劣的环境中可靠地工作。

2. 功能完善、扩充方便、组合灵活、实用性强

现代 PLC 所具有的功能及其各种扩展单元、智能单元和特殊功能模块，可以方便、灵活地组合成各种不同规模和要求的控制系统，以适应各种工业控制的需要。

3. 编程简单、使用方便、控制程序可变、具有很好的柔性

PLC 继承了传统电气控制电路清晰直观的特点，充分考虑工人和技术人员的读图习惯，采用面向控制过程和操作者的“自然语言”——梯形图编程语言，便于学习和掌握。PLC 控制系统采用软件编程来实现控制功能，其外围只需将信号输入设备和接收输出信号执行控制任务的输出设备与 PLC 的输入、输出端子相连接，安装简单、工作量少，且生产工艺流程改变或生产线设备更新时，不必改变 PLC 硬件设备，只需改变程序即可，灵活方便，具有很强的“柔性”。

4. 体积小、重量轻、功耗低

由于 PLC 是专为工业控制而设计的，其结构紧密、坚固，体积小巧，易于装入机械内部，是实现机电一体化的理想控制设备。

本章习题

一、选择题

1. 在正反转和行程控制电路中，各个动断辅助触点互相串联在对方的吸引线圈电路中，其目的是为了(　　)。

A. 保证两个接触器的主触头不能同时动作

B. 能灵活控制正反转(或行程)运行

C. 保证两个接触器可以同时带电

D. 起自锁作用

2. 在图 6.37 所示电路中，能正常工作的是图(　　)。

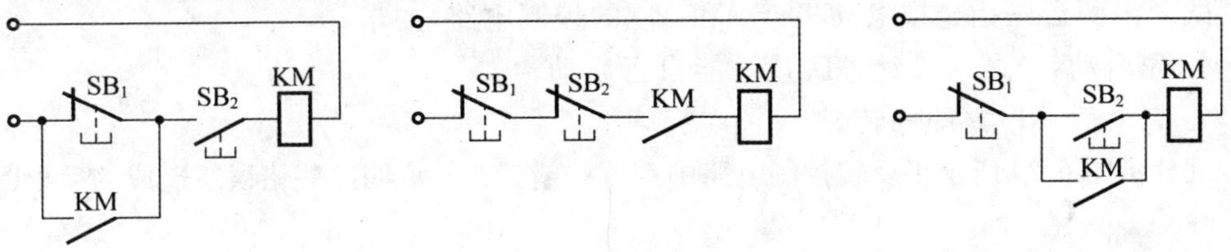

(A)　　　　(B)　　　　(C)

图　6.37

3. 电动机正反转控制电路中的保护环节是(　　)。

A. 只保护电动机

B. 只保护电源

C. 电动机与电源均保护

4. 两处可以停转的两个停转按钮应(　　)。

A. 并联

B. 串联

C. 串、并联都可以

二、填空题

5. 熔断器是用来作________保护的，而热继电器是用来作________保护的。

6. 三相异步电动机的控制电路中，为了可靠地防止电动机过载，主电路中至少要用________个热继电器元件。

三、分析题

7. 热继电器的发热元件为什么要用三个，用两个或一个是否可以？试从电动机的单相运行进行分析。

8. 试归纳一下自锁和互锁的作用和区别。

9. 如图 6.38 所示各电路能否控制异步电动机的启、停？为什么？

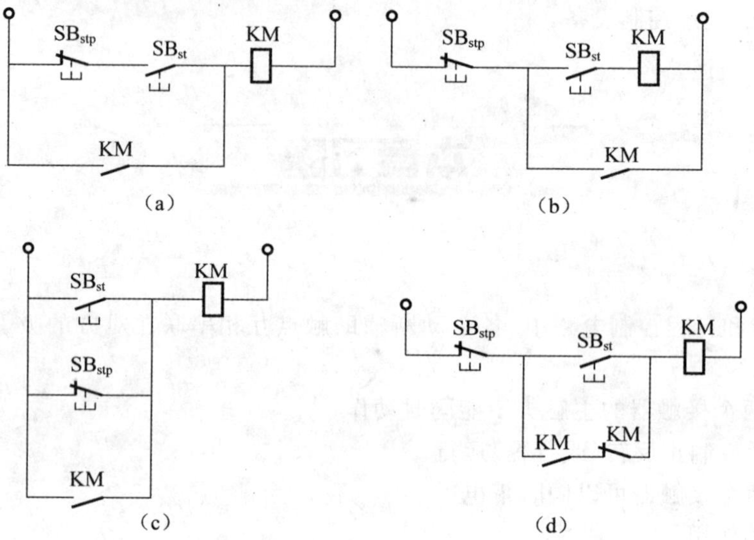

图 6.38

10. 试画出两台三相笼型电动机 M_1 和 M_2 的控制电路，要求：

(1) M_1 先启动，经过一段延时后，M_2 能自行启动；

(2) M_2 启动后，M_1 立即停转。

11. 试分析图 6.39 所示正反转控制电路中有哪些错误？并说明这些错误所造成的后果。

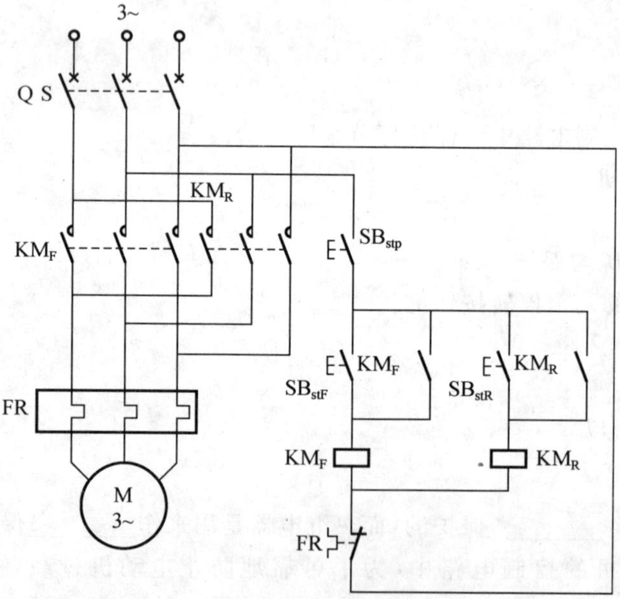

图 6.39

第7章 常用电子元器件及其应用电路

1. 掌握半导体二极管、三极管的结构特性及应用。
2. 掌握集成运算放大器的基本组成，了解集成电路的简单应用。
3. 掌握直流稳压电源的组成及工作原理。

第1节 晶体二极管

一、半导体的基本知识

1.半导体及其特性

导电能力介于导体和绝缘体之间的物质称为半导体。常用的半导体材料有硅和锗等。半导体的导电能力对温度、光照、磁场、电场等十分敏感，分别称为热敏特性、光敏特性等，统称为半导体的敏感特性。例如，环境温度每上升1 ℃，半导体的电阻率将下降百分之几到几十。利用这些特性可以制成多种多样的半导体器件，如热敏电阻、光敏二极管等。但有些敏感特性会影响半导体器件的正常工作，例如环境温度严重影响半导体器件工作的稳定性，应用中必须注意。

在纯净半导体中掺入某种微量元素后称为掺杂半导体，它的导电能力与纯净半导体相比将增加几万乃至上百万倍。根据掺杂半导体导电粒子的不同，半导体可分为N型半导体和P型半导体。

2.PN结及其单向导电性

(1)PN结。在一块纯净半导体中，采用不同的掺杂工艺，使一半成为P型半导体，另一半成为N型半导体，则在交界处就会形成一种特殊的薄层，这种薄层称为PN结，如图7.1所示。PN结是构成各种半导体器件的基础。

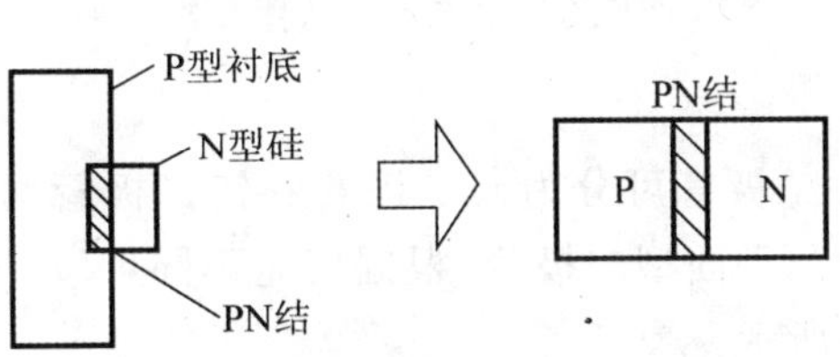

图7.1 PN结的结构

(2)PN结的单向导电性。由于PN结的结构特殊，它具有单向导电性。这种单向导电性与机械设备中单向阀的单向流通性类似，例如，自行车的气门芯、风箱的进气孔及出气孔、单向排风扇的通风道等。

在不同极性的外加电压作用下，流过PN结的电流大小是不同的。

如图7.2(a)所示，在PN结上加正向电压，即P区接电源正极，N区接电源负极。这种接法使PN结处于正向偏置状态，PN结正向导通，呈现低电阻特性，电路中形成较大电流，串联在电路中的小电灯发光。

如图7.2(b)所示，在PN结上加反向电压，即P区接电源负极，N区接电源正极。这种接法使PN结处于反向偏置状态，PN结反向截止，呈现高电阻特性，电路中几乎没有电流，小电灯不亮。

由此可见，PN结正向偏置时导通，反向偏置时截止，因此，PN结具有单向导电性。

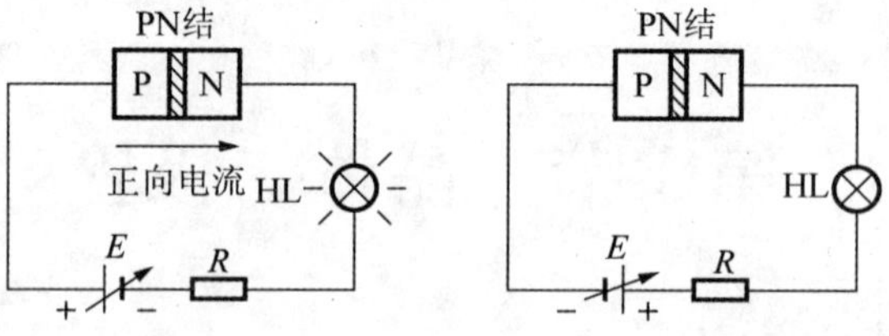

(a) 正向导通　　(b) 反向截止

图7.2　PN结单向导电性

二、晶体二极管

晶体二极管又称半导体二极管，它具有单向导电的特性，常用于整流、检波，在电子线路中应用十分广泛。

1.二极管的结构

将PN结的P区和N区各接上一条引出线，并封装在管壳内，就制成一只晶体二极管，其外形、结构及符号，如图7.3所示。P区的引线为正极(阳极)，N区的引线为负极(阴极)，V为二极管的文字符号，箭头指向为PN结的正向电流方向。

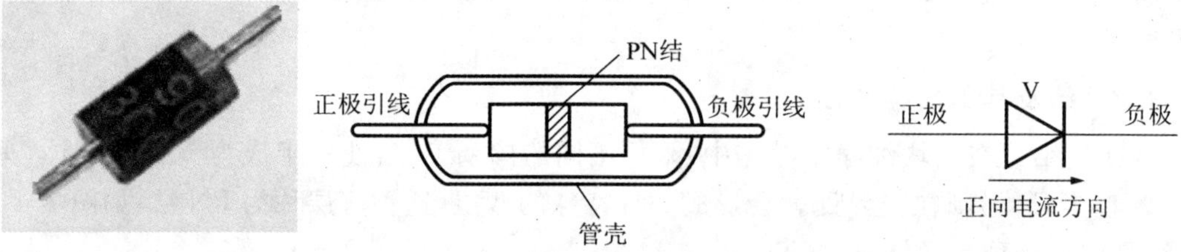

(a)外形　　(b)结构　　(c)符号

图7.3　二极管的结构及符号

2.二极管的分类

根据制造材料的不同，二极管可分为硅二极管和锗二极管两类；根据PN结的结构特点，可分为点接触型、面接触型及平面型二极管；根据用途不同，又可分为普通二极管、整流二极管和稳压二极管等，如表7.1所示。

表 7.1　二极管的种类

种类	普通二极管	整流二极管	开关二极管	稳压二极管	发光二极管	光电二极管
用途	高频检波等	大功率整流	开关电路	稳压电路	显示器件	光控器件
图形符号						

3.**二极管的伏安特性**

二极管的主要特性是单向导电，可用伏安特性曲线来描述。它是指流过二极管的电流 I_V 与加在二极管两端的电压 U_V 之间的关系曲线，如图 7.4 所示，可见二极管的伏安特性分为正向特性和反向特性两部分。

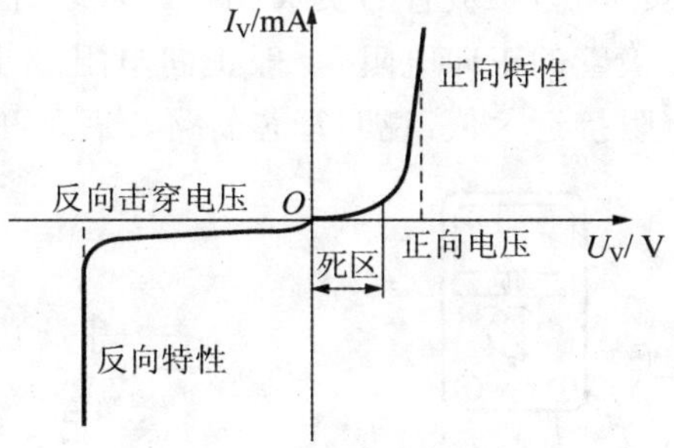

图 7.4　二极管的伏安特性

(1)正向特性。当给二极管加上正向电压时，二极管电流从阳极流向阴极。当正向电压小于某一数值时，电流很小，近似为零，这一电压值称为死区电压，这段区域称为二极管的死区。

当正向电压超过死区电压时，二极管开始导通，正向电流随电压增大而迅速增大。二极管导通后，电流在一定范围内变化，阳极与阴极的电压却几乎维持不变，该电压称为二极管的正向电压。

(2)反向特性。当二极管两端加上反向电压时，由于二极管反向偏置时呈高阻特性，只有极小的反向电流，约为几到几十微安。当反向电压小于某一数值时，反向电流大小基本恒定，不随反向电压的增大而增大，故称为反向饱和电流。

当反向电压超过某一数值时，反向电流急剧增加，二极管失去单向导电性，这种现象称为反向击穿，对应的反向电压称为反向击穿电压。二极管一旦击穿，由于电流、电压值都很大，导致二极管过热而损坏。因此在使用二极管时，所加反向电压应远小于其反向击穿电压，以保证二极管可靠工作。

4.**二极管的主要参数**

二极管的参数是用来表示二极管的性能好坏和适用范围的技术指标。不同类型的二极管有不同的特性参数。

(1)额定正向工作电流。额定正向工作电流是指二极管长期连续工作时允许通过的最大正向电流值。

(2)最高反向工作电压。加在二极管两端的反向电压高到一定值时，会将管子击穿，失去单向导电能力。为了保证使用安全，规定了最高反向工作电压值(对交流电来说是指它的最大值)。例如，2AP1 型二极管最高反向工作电压为 20 V，2CP10 型管则为 25 V。

(3)反向电流。反向电流是指二极管在规定的温度和最高反向电压作用下，流过二极管的反向电流。反向电流越小，管子的单向导电性能越好。

此外还有最大反向电流、正向管压降、工作频率等参数，选用二极管时，可根据需要给予考虑。

5. **二极管的检测**

可以使用万用电表测试二极管性能的好坏。测试前先把万用电表的转换开关拨到欧姆挡的 $R\times1$ k 挡位(注意不要使用 $R\times1$ 挡，以免电流过大烧坏二极管)，再将红、黑两根表笔短接，进行欧姆调零。

(1)正向特性测试。按图 7.5(a)所示，把万用电表的黑表笔(表内电池正极)与二极管的正极相接，红表笔(表内电池负极)与二极管的负极相接。若表针没有摆到 0 值而是停在标度盘的中间，这时的阻值就是二极管的正向电阻，一般正向电阻越小越好。若正向电阻为 0 值，说明管芯短路损坏；若正向电阻接近∞值，说明管芯断路。短路和断路的管子都不能使用。

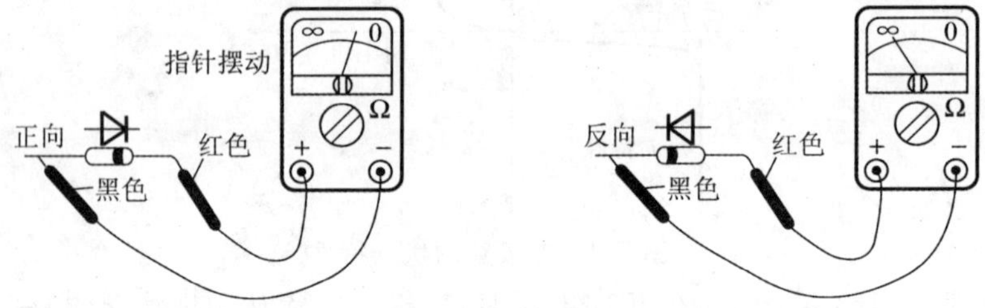

(a)正向特性测试　　(b)反向特性测试

图 7.5　用万用表检测二极管

(2)反向特性测试。按图 7.5(b)所示，把万用电表的红表笔与二极管的正极相连，黑表笔与二极管的负极相连，若表针指在∞值或接近∞值，管子就是合格的。

6. **二极管应用实例**

(1)整流元件利用二极管的单向导电性，可以把方向交替变化的交流电变换成单一方向的脉动直流电。图 7.6 绘出了最简单的二极管半波整流电路。

(2)开关元件二极管在正向电压作用下电阻很小，处于导通状态，相当于一只接通的开关；在反向电压作用下，电阻很大，处于截止状态，如同一只断开的开关。利用二极管的开关特性，可以组成各种逻辑电路，如图 7.7 所示。

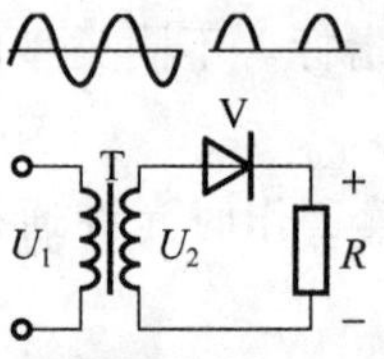

图 7.6　整流电路

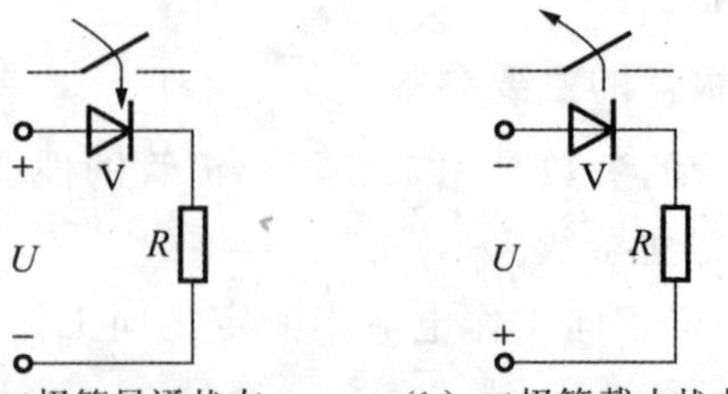

(a) 二极管导通状态　　(b) 二极管截止状态

图 7.7　逻辑电路

(3)限幅元件二极管正向导通后，它的正向压降基本保持不变(硅管为 0.7 V，锗管为

0.3 V)。利用这一特性，在电路中作为限幅元件，可以把信号幅度限制在一定范围内。图 7.8 中硅二极管 V_1、V_2 组成的限幅电路，可以把正向和负向信号幅度限制在±0.7 V 左右。

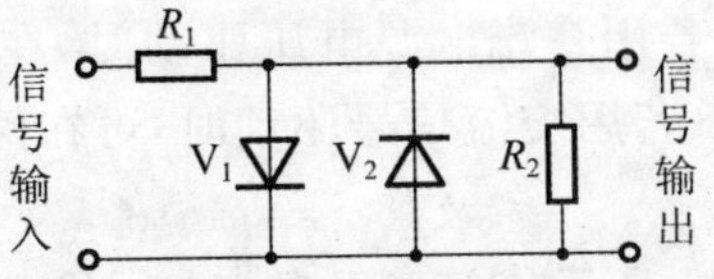

图 7.8　限幅电路

三、特殊二极管

前面介绍的是普通二极管，除此以外还有一些特殊用途的二极管，如稳压管、发光二极管、光电二极管等。

1. 稳压管

稳压管实质上也是一种二极管，它是用特殊工艺制作，使其反向击穿电压很低(一般为几伏到十几伏)。使用时，它的阴极接外加电压的正端，阳极接负端，管子反向偏置，工作在反向击穿状态，利用它的反向击穿特性稳定直流电压。稳压管的外形、符号及伏安特性如图 7.9 表示。

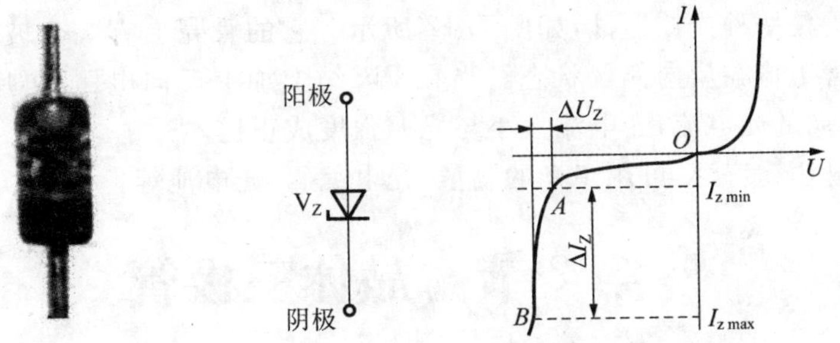

(a)外形　(b)符号　(c)伏安特性

图 7.9　稳压管

稳压二极管的主要参数为稳压值 U_Z 和最大稳定电流 I_{Zmax}。稳压值 U_Z 一般取反向击穿电压。稳压二极管使用时一般需串联限流电阻，以确保工作电流不超过最大稳定电流 I_{Zmax}。

如图 7.10 所示为稳压管稳压电路，R 为限流电阻，R_L 为负载电阻，只要输入反向电压在超过 U_Z 的范围内变化，负载电压则一直稳定在 U_Z。

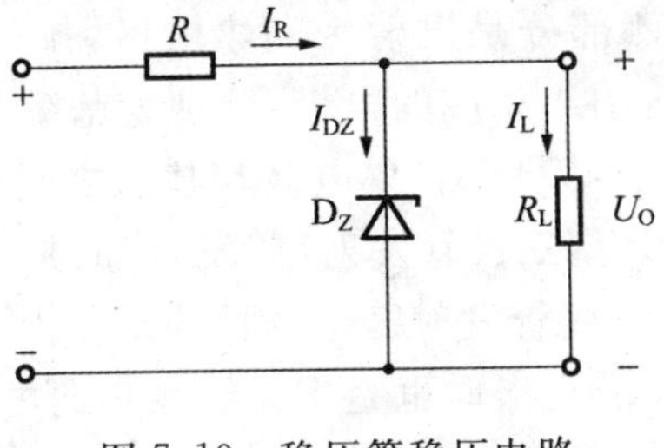

图 7.10　稳压管稳压电路

2. 发光二极管

发光二极管的伏安特性与普通二极管类似，但它的正向压降和正向电阻要大一些，同时在正向电流达到一定值时能发出某种颜色的光。发光二极管的发光颜色与在 PN 结中所掺杂的材料有关，其发光亮度与所通正向电流大小有关。

使用发光二极管时应注意：若用直流电源电压驱动时，在电路中要串接限流电阻，以防通过 LED 的电流过大而烧毁管子；若用交流信号驱动时，可在两端反极性并联整流二极管，以防止 LED 被反向击穿。

发光二极管的外形如图 7.11 所示。管脚及其好坏的判别与普通二极管相同。

图 7.11 发光二极管

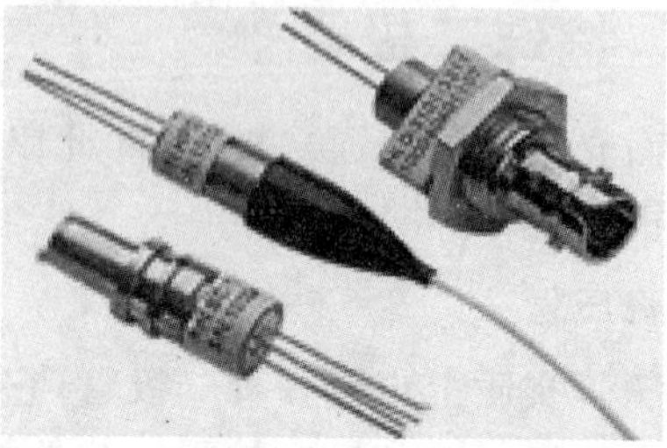

图 7.12 光电二极管

3. **光电二极管**

光电二极管是一种光控器件，如图 7.12 所示。它的管壳上有一个玻璃窗口，以便接受光照。光电二极管工作在反向偏置状态。当在 PN 结上加上反向电压，再用光照射到 PN 结上时，就能形成反向的光电流，光电流大小与光照强度成正比。

光电二极管用途广泛，可用于光的测量、光电编码、光电池等。

第 2 节 晶体三极管

晶体三极管是半导体的基本元器件之一，电子电路中可以用来构成放大器。但是，三极管除了具有放大作用外还具有许多其他作用。实际上，许多电子电路中的绝大多数三极管并不是处在放大状态。

一、三极管的结构及类型

三极管是在一块半导体基片上制作两个相距很近的 PN 结，两个 PN 结把整块半导体分成三部分，中间部分是基区，两侧部分是发射区和集电区，排列方式有 NPN 和 PNP 两种，如图 7.13、图 7.14 所示，从三个区引出相应的电极，分别为基极 b、发射极 e 和集电极 c。

发射区和基区之间的 PN 结叫发射结，集电区和基区之间的 PN 结叫集电结。基区很薄，而发射区较厚，杂质浓度大，PNP 型三极管发射区“发射”的是空穴，其移动方向与电流方向一致，故发射极箭头向里；NPN 型三极管发射区“发射”的是自由电子，其移动方向与电流方向相反，故发射极箭头向外。发射极箭头指向也是 PN 结在正向电压下的导通方向。硅晶体三极管和锗晶体三极管都有 PNP 和 NPN 两种类型。

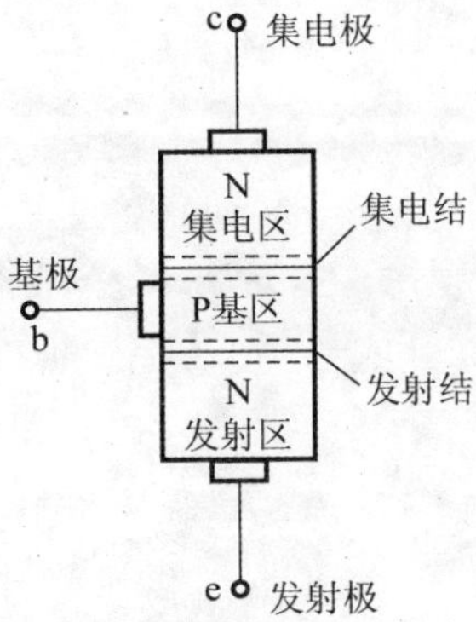

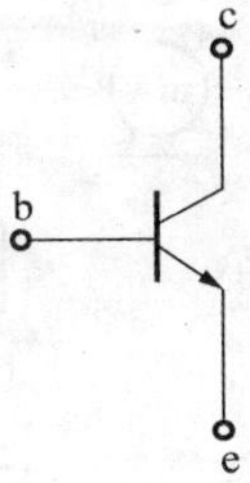

(a) 结构示意图　　(b) 电路符号

图 7.13　NPN 型三极管

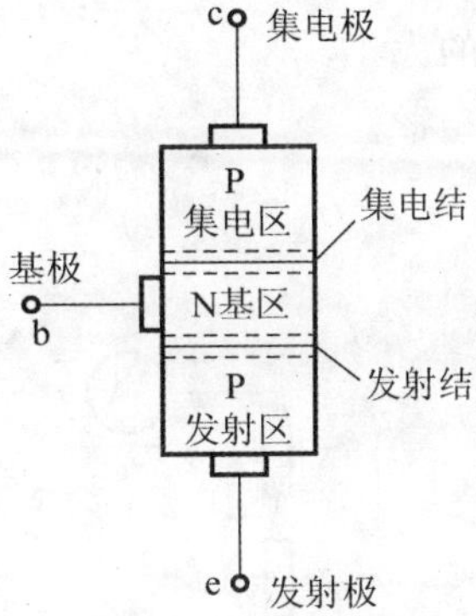

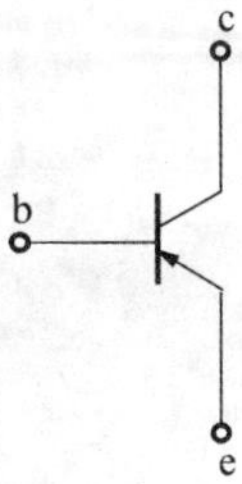

(a) 结构示意图　　(b) 电路符号

图 7.14　PNP 型三极管

常见三极管外形如图 7.15 所示。

(a) 普通塑封三极管

(b) 大功率三极管

(c) 金属封装三极管

(d) 功率三极管

(e) 贴片三极管

图 7.15　几种常见三极管的外形

二、三极管的电流放大作用

1. 晶体管电流放大的条件

要使晶体管实现电流放大，必须满足两个条件：第一，发射结要加正向电压；第二，集电结要加反向电压。也就是说发射结的 P 区接电源正极，N 区接电源负极；集电结的 P 区接电源负极，N 区接电源正极。三极管放大电路不论采用哪种管型和哪种电路形式，都要满足这个基本条件。

2. 电流的分配及放大作用

如图 7.16 所示为 NPN 型三极管共发射极电流测试电路，该电路以基极为输入端，集电极为输出端，发射极为输入、输出两个回路的公共端，因此叫共发射极电路，简称共射极电路。

电源 U_{BB} 使发射结正偏，U_{CC} 使集电结反偏。电位器 R_P 的作用是改变基极电流 I_B、集电极电流 I_C 和发射极电流 I_E 的大小。

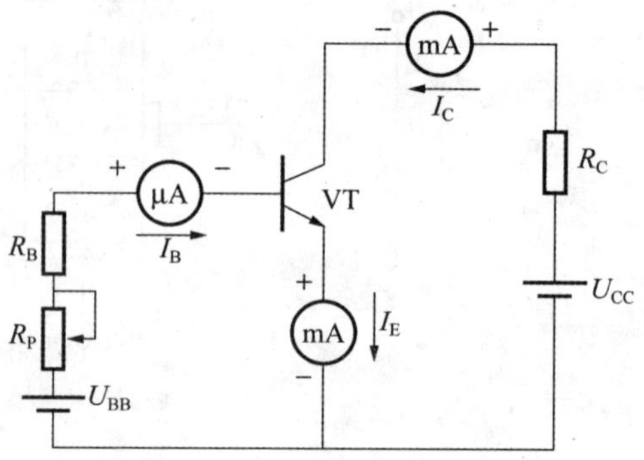

图 7.16　三极管共发射极电流测试电路

由实验可知，三极管各极电流关系为：

(1)电流分配关系。发射极电流等于基极电流和集电极电流之和，即

$$I_E = I_B + I_C$$

(2)电流放大作用。集电极电流 I_C 受基极电流 I_B 的控制，或者说很小的基极电流 I_B 能使集电极产生很大的电流 I_C，这就是三极管的直流放大作用。I_C 与 I_B 的比值称为三极管的共发射极直流放大系数，用 $\bar{\beta}$ 表示，即

$$\bar{\beta} = \frac{I_C}{I_B}$$

另外，当基极电流有很小的变化量 ΔI_B 时，集电极电流有较大的变化量 ΔI_C。ΔI_C 与 ΔI_B 的比值称为三极管共发射极交流电流放大系数，用 β 表示，即

$$\beta = \frac{\Delta I_C}{\Delta I_B}$$

$\bar{\beta}$ 和 β 数值近似相等。在工程计算中，可认为 $\beta = \bar{\beta}$。

综上所述，三极管工作在放大状态的条件是：发射结正偏，集电结反偏。放大作用的实质是微小的基极电流变化量 ΔI_B 控制较大的集电极电流变化量 ΔI_C。三极管是一个电流控制器件，即通过基极电流 I_B 控制集电极电流 I_C。

三、三极管的三种工作状态

1. 截止状态

当加在三极管发射结的电压小于 PN 结的导通电压，基极电流为零，集电极电流和发射极电流都为零，这时三极管失去了电流放大作用，集电极和发射极之间相当于开关的断开状态，我们称三极管处于截止状态。

三极管处于截止状态的工作条件是发射结零偏或反偏、集电结反偏。实际上，发射结电压小于死区电压时，三极管就进入截止状态。

2. 放大状态

当加在三极管发射结的电压大于 PN 结的导通电压，并处于某一恰当的值时，三极管的发射结正向偏置，集电结反向偏置，这时基极电流对集电极电流起着控制作用，使三极管具有电流放大作用，其电流放大倍数 $\beta=\Delta I_C/\Delta I_B$，这时三极管处于放大状态。

三极管处于放大状态的工作条件是发射结正偏，集电结反偏。

3. 饱和导通状态

当加在三极管发射结的电压大于 PN 结的导通电压，并当基极电流增大到一定程度时，集电极电流不再随着基极电流的增大而增大，而是处于某一定值附近不怎么变化，这时三极管失去电流放大作用，集电极与发射极之间的电压很小，集电极和发射极之间相当于开关的导通状态。三极管的这种状态我们称之为饱和导通状态。

三极管的饱和状态工作条件是发射结、集电结均正向偏置。

综上述，这三种工作状态都是三极管的正常工作状态。三极管做放大使用时工作在放大状态，做开关使用时工作在饱和状态或截止状态。

四、三极管的主要参数

三极管的参数是设计电路、选择三极管的依据，主要有以下几个：

1. 电流放大系数 β

电流放大系数 β 表示三极管的电流放大能力。由于制造工艺的离散性，同一型号的三极管的 β 值也有很大差别，一般在 20～200 之间。选用三极管时可查阅有关的参考手册。

2. 集电极-基极反向饱和电流 I_{CBO}

这是指发射极开路且集电结反向偏置时，由集电极流向基极的电流。可见 I_{CBO} 是由少数载流子的漂移运动形成的，其数值很小，小功率硅管的 I_{CBO} 为 0.1 μA 以下，锗管的 I_{CBO} 值在几微安到几十微安。

3. 集电极-发射极穿透电流 I_{CEO}

这是指基极开路（$I_B=0$）且集电结反向偏置时，由集电极流向发射极的电流。可见 I_{CEO} 是由少数载流子形成的电流，其数值很小。I_{CEO} 越小，则三极管的质量越好。I_C、I_B 及 I_{CEO} 的关系为

$$I_C=\beta I_B+I_{CEO}$$

4. 集电极-发射极反向击穿电压 $U_{(BR)CEO}$

这是指基极开路时，允许加在集电极与发射极之间的最大允许电压。如果 $U_{CE}>U_{(BR)CEO}$，那么 I_{CEO} 会大幅度上升，说明三极管已被击穿。

5. 集电极最大允许电流 I_{CM}

集电极电流 I_C 太大时，电流放大倍数 β 的值会明显下降。β 值下降到正常数值的 $\frac{2}{3}$ 时，此时的集电极电流就是集电极最大允许电流。如果三极管用于放大电信号，那么应使 $I<I_{CM}$。

6. **集电极最大允许耗散功率 P_{CM}**

这是指集电结的结温不超过允许值、未引起参数变化时，集电极所消耗的最大功率。如果 $U_{CE}<U_{(BR)CEO}$、$I_C<I_{CM}$、$U_{CE}I_C<P_{CM}$，那么三极管可以安全工作。

上述 6 个参数中，β、I_{CBO}、I_{CEO}是表征三极管质量优劣的参数；$U_{(BR)CEO}$、I_{CM}、P_{CM}是使用时的极限参数，其中 P_{CM}绝对不允许超过。

五、三极管的检测

如果不知道三极管的型号和管脚，则应首先找出三极管的 e、b、c，检测方法如下。

1. **确定基极和管型**

根据 PN 结正向电阻小，反向电阻大的特点，可以判断管子的基极和管子的类型(是 PNP 型还是 NPN 型)。用万用表 $R\times100$ 或 $R\times1$ k 挡测试时，可以先假定一根引线为“基极”，用红表笔接“基极”，黑表笔分别接触另外两根引线，如果测得的均为低阻值，则红表笔接的就是要找的“基极”，而且是 PNP 型的管子，如图 7.17(a)所示。

为了验证这一点，再将红、黑表笔对调一下(即黑表笔接基极，红表笔接另外两根引线)，若读数均为高阻值，则上述判别的基极是正确的。如果用红表笔接触“基极”，照上述方法测量结果均为高阻值，而且用黑笔接触“基极”，红笔接触另外两根引线，测得结果均为低阻值，则所接的“基极”是 NPN 型管子的基极，如图 7.17(b)所示。

如果用上述方法测得结果一个是低阻值，一个是高阻值，则原假定的“基极”是错的，必须另换一根引线假定为“基极”，直到满足要求为止。

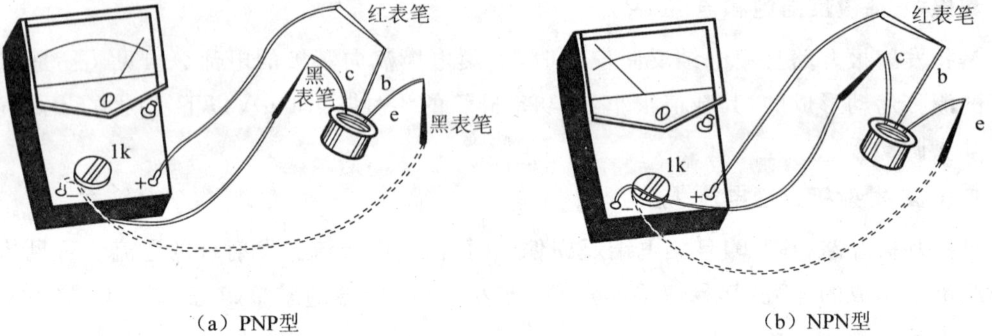

图 7.17　用万用表判断三极管基极

2. **判别发射极与集电极**

对于 PNP 型半导体管，判别方法如图 7.18 所示，先假定红表笔接的是“集电极”，黑表笔接的是“发射极”，用拇指和食指捏住红表笔和“集电极”，用中指接触基极，即通过手的电阻给三极管的基极加一个正向偏压，使三极管导通，记下此时的阻值。然后再假定另一根引线为集电极做同样的测试，也记下阻值读数。比较两次读数的大小，哪次阻值较小，就说明哪次假定是正确的，即该次红表笔接触的是集电极引线。如果是 NPN 型管，只要将红、黑表笔对调一下(黑表笔接“集电极”)，照上述方法测试判别即可。

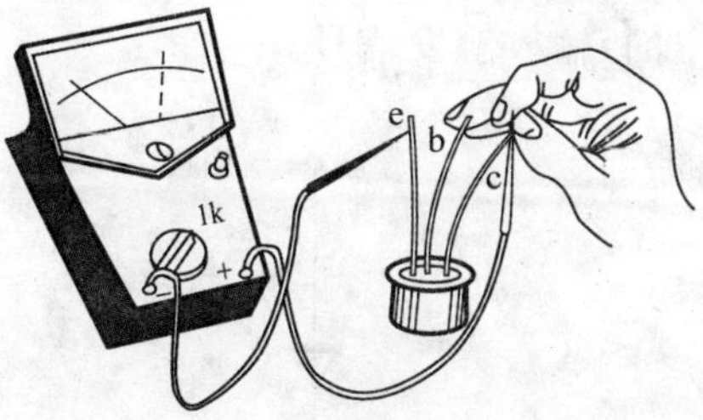

图 7.18 判断三极管的集电极和发射极

第 3 节 晶 闸 管

晶闸管又叫硅可控整流元件(简称可控硅),它具有体积小、重量轻、功耗低、效率高、寿命长及使用方便等优点,应用十分广泛。

一、晶闸管的种类及外形

晶闸管的种类很多,按特性分有单向晶闸管、双向晶闸管、逆导晶闸管、可关断晶闸管、快速晶闸管、光控晶闸管等多种类型,常见的是单向晶闸管和双向晶闸管;按封装形式分有金属壳封(平板式、螺栓式、小圆壳式)、塑封(带散热片、无散热片)等;按电流容量分有大功率管、中功率管和小功率管。

常见晶闸管的外形如图 7.19 所示。

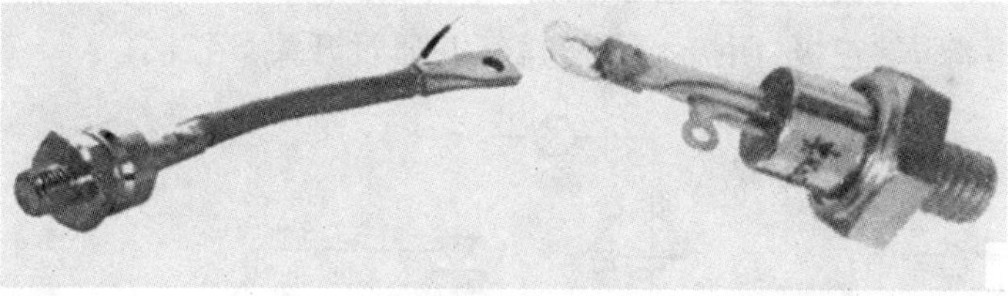

(a)螺栓式

(b)平板式

(c)其他形式

图 7.19 常见晶闸管外形

二、晶闸管的结构及特性

1. 晶闸管的结构

晶闸管的结构、电路符号及等效电路如图 7.20 所示。由图可见,它是一种有三个 PN 结四层结构的半导体器件。晶闸管有三个电极,分别为阳极(A)、阴极(K)和控制极(G),控制极又称栅极，是从 P 型硅层上引出的，输入触发信号。

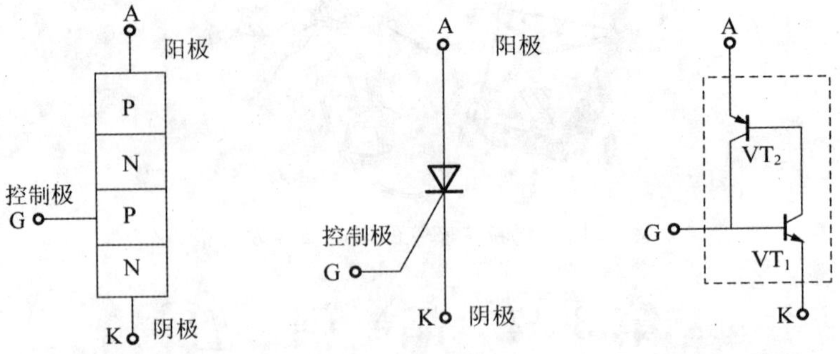

(a)晶闸管的结构　(b)电路符号　(c)等效电路

图 7.20　晶闸管

由图可见，如果只在阳极和阴极间加电压，不论哪一端为正，可控硅是不导通的，因为至少有一个 PN 结处于反向偏置状态。但是如果在阳极接正电压，阴极接负电压，而在控制极再加不大的正向电压(相对于阴极)，可控硅就导通了。而且，一旦导通，再撤去控制极电压，可控硅仍保持原来的导通状态。为使导通的晶闸管截止，只有使其电流降到某个值以下或将阳极与阴极间的电压减小到零或负值。

2.晶闸管的工作特性

为便于理解，我们用实验来说明普通晶闸管的工作原理，如图 7.21 所示。

主电路：将晶闸管的阳极接电源 E_a 负极，阴极接电源 E_a 正极，并在回路中串联小电灯 HL。

控制电路：控制极(门极)接电源 E_g 正极，阴极接 E_g 负极，并通过开关 S 控制。

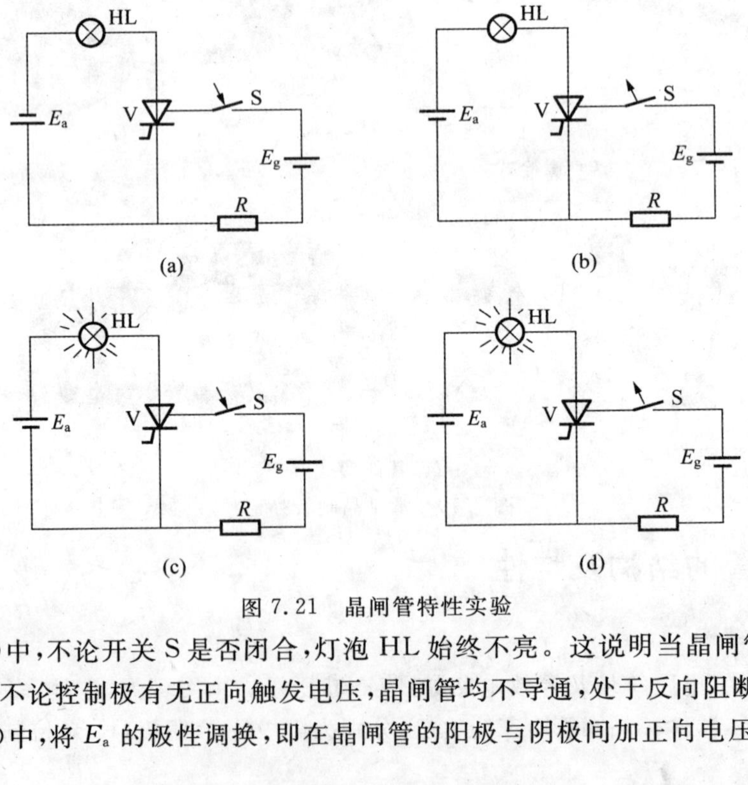

图 7.21　晶闸管特性实验

图 7.21(a)中，不论开关 S 是否闭合，灯泡 HL 始终不亮。这说明当晶闸管阳极与阴极间加反向电压时，不论控制极有无正向触发电压，晶闸管均不导通，处于反向阻断状态。

图 7.21(b)中，将 E_a 的极性调换，即在晶闸管的阳极与阴极间加正向电压，若 S 断开，HL

不亮，说明晶闸管不导通，处于正向阻断状态。

图 7.21(c)中，将开关 S 闭合，即在晶闸管阳极与阴极间加正向电压的同时，给控制极与阴极间加上正向触发电压，HL 亮，说明晶闸管被触发导通。

图 7.21(d)中，在晶闸管导通后，将开关 S 打开，HL 仍然发光，这说明晶闸管仍然导通，控制极失去作用。

由以上分析可得出晶闸管的工作性能：

(1)导通条件。在晶闸管的阳极与阴极间加正向电压，同时在控制极与阴极间加正向电压，晶闸管就能导通。两者缺一不可。

(2)关断条件。晶闸管导通后，控制极失去控制作用，即使去掉控制极电压，晶闸管仍然导通。若要使晶闸管关断，只有在阳极与阴极间加反向电压，或去掉正向电压，使流过晶闸管的阳极主电流小于某一数值，才能关断。

(3)晶闸管导通后，控制极失去控制作用，因此，控制极只需要一个触发脉冲就可触发晶闸管导通。

(4)晶闸管具有单向导电性，且导通时刻是可以通过控制极控制的，所以，晶闸管可以用来构成可控整流电路。

(5)晶闸管还可以用作无触点功率静态开关，取代继电器、接触器构成控制电路。

三、晶闸管的主要技术参数

1. 额定正向平均电流 I_F

它是指在规定的环境温度、标准散热和全导通的条件下，阴极和阳极间通过的工频正弦电流的平均值。$I_F=0.637I$，式中 I 是该正弦电流的有效值。

2. 反向阻断峰值电压

它是指当控制极开路，结温为额定值时允许重复加在器件上的反向峰值电压，按规定它是最高反向测试电压的 80%。

四、晶闸管的检测

1. 判定晶闸管的电极

将万用表拨至 $R\times1$ 挡，测量任意两脚间的电阻，仅当黑表笔接 G 极，红表笔接 K 极时，电阻呈低阻值，对其他情况电阻值均为无穷大。由此可迅速判定 G、K 极，剩下的就是 A 极。

2. 检查触发能力

如图 7.22(a)所示，首先将表 Ⅰ 的黑表笔接 A 极，红表笔接 K 极，电阻为无穷大；然后用黑表笔尖也同时接触 G 极，加上正向触发信号，表针向右偏转到低阻值即表明晶闸管已经导通；最后脱开 G 极，只要晶闸管维持通态，就说明被测晶闸管具有触发能力。

3. 检查可关断晶闸管关断能力

现采用双表法检查晶闸管的关断能力，如图 7.22(b)所示，表 Ⅰ 的挡位及接法保持不变。将表 Ⅱ 拨于 $R\times10$ 挡，红表笔接 G 极，黑表笔接 K 极，施以负向触发信号，如果表 Ⅰ 的指针向左摆到无穷大位置，证明晶闸管具有关断能力。

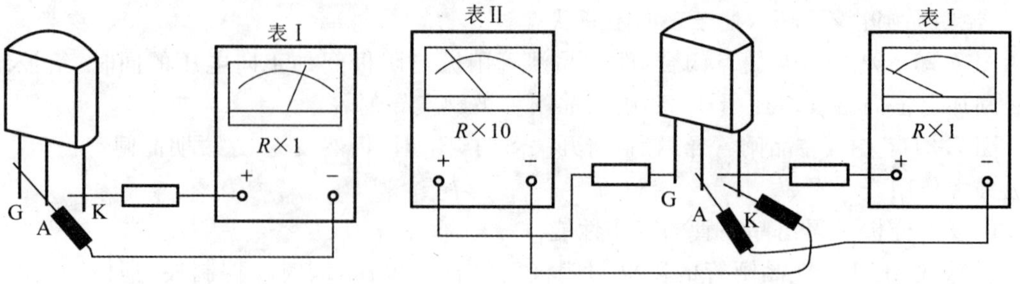

(a)检查触发能力　　(b)检查关断能力

图 7.22　晶闸管的检测

五、晶闸管的应用

1. 单相桥式可控整流电路

可控硅的特性可以用于整流电路，如图 7.23 所示为单相桥式可控硅整流电路及其波形图。

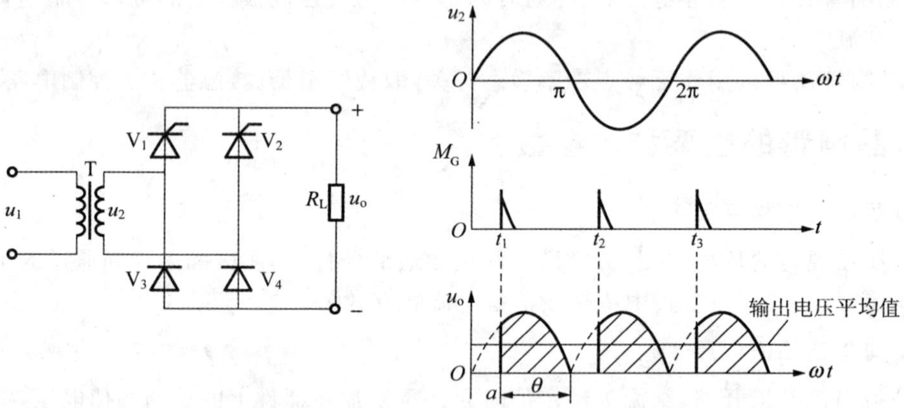

(a)电路图　　(b)波形图

图 7.23　单相桥式可控硅整流电路及其波形图

工作原理：

(1)当 u_2 为正半周时，晶闸管 V_1 和二极管 V_4 承受正向电压，如果这时未加触发电压，则晶闸管处于正向阻断状态，输出电压为零。

(2)在 t_1 时刻时，由控制极 G 加入触发脉冲 u_G，晶闸管 V_1 触发导通。

(3)在 $\alpha \sim \pi$ 期间，尽管触发脉冲 u_G 已消失，但晶闸管仍保持导通，直至 u_2 为零时，晶闸管才自行关断，在此期间 $u_o = u_2$，极性为上正下负。

(4) u_2 为负半周时，晶闸管 V_2 和二极管 V_3 承受正向电压，只要触发脉冲 u_G 到来，晶闸管就能导通，负载上所得到的仍为上正下负的电压。

在控制极加上触发脉冲使晶闸管开始导通的角度 α 称为控制角。在 $0 \sim \alpha$ 期间，晶闸管正向阻断。$\alpha \sim \pi$ 被称为晶闸管的导通角(θ)。显然控制角越大，输出电压越高，当 $\alpha = 0$ 时，导通角 $\theta = \pi$，称全导通。

由此可见，改变触发脉冲输入的时刻，即可改变控制角 α 的大小，就可改变导通角 θ，负载 R_L 上的电压平均值也随之改变，从而达到可控整流的目的。

2. **逆变与变频**

逆变是整流的逆过程，即把直流电变为交流电，逆变过程可以用晶闸管来实现，基本电路如图 7.24所示。如果令两组晶闸管 V_1、V_4 和 V_2、V_3 轮流切换导通，负载上便可得到交流输出电压 u_L，u_L 的频率取决于两组晶闸管的切换频率。变频技术被广泛应用于异步电动机的变频调速。

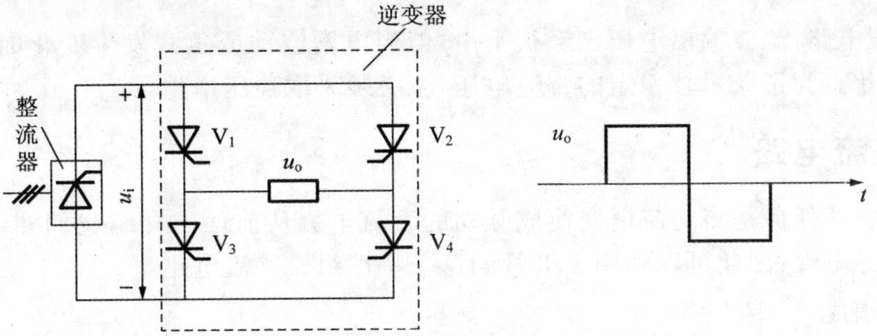

图 7.24　逆变与变频

3. **交流调压器**

晶闸管交流电压的调节，其基本电路及波形如图 7.25 所示。

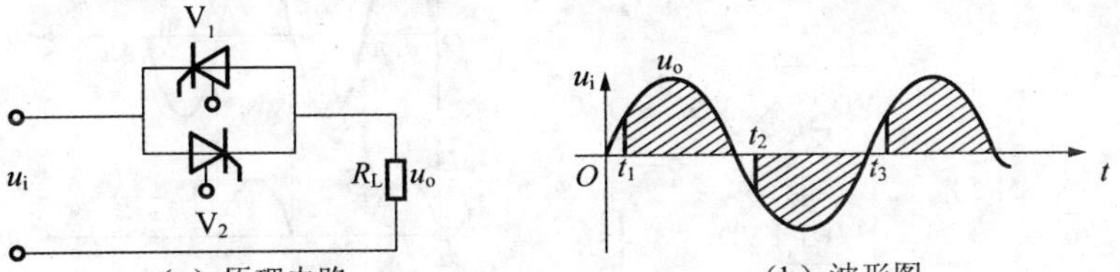

(a) 原理电路　　(b) 波形图

图 7.25　晶闸管交流调压电路及波形图

由图 7.25(a)可见，两只晶闸管反向并联，在电源电压的正、负半周内轮流触发导通，输出如图 7.25(b)所示的电压波形。调节触发脉冲的控制角便可实现交流调压。交流调压器可用于交流电机无级调速、调光及电热炉的恒温控制。

第 4 节　直流稳压电源

各种电子电路和系统都需要稳定的直流电源供电，但电网提供的是 50 Hz 的正弦交流电，这就需要把电网的交流电转换成稳定的直流电，直流稳压电源就是实现这种转换的电气设备。

一、直流稳压电源概述

小功率直流稳压电源一般包括变压器、整流电路、滤波电路和稳压电路四个部分，如图 7.26所示。

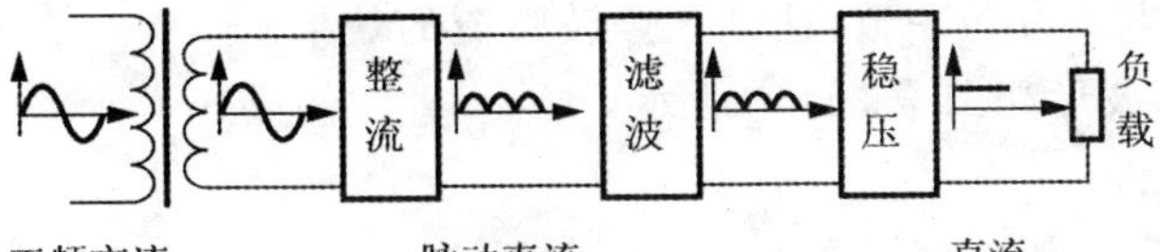

图 7.26　直流稳压电源组成框图

各部分功能简述如下：

(1)电源变压器：将电网 220 V 或 380 V 的交流电压变为合适的交流电压。

(2)整流电路：整流是将交流电变成脉动直流电的过程。

(3)滤波电路：整流输出虽然已是直流电，但脉动很大，通过滤波电路可以进一步去除交流成分。

(4)稳压电路：滤波输出电压已经很平滑，但当电网波动或负载发生变化时输出电压也会相应发生变化。为了获得较稳定的直流电压，就必须采取稳压措施。

二、整流电路

整流电路的任务是将交流电变换成脉动的直流电。从前面的介绍我们知道，半导体二极管具有单向导电性，因此可以利用二极管的这一特性组成整流电路。

1. 电路组成

单相桥式整流电路图及其简化画法如图 7.27(a)所示。电路由变压器 T 和四只二极管 VD_1、VD_2、VD_3、VD_4 及负载 R_L 组成，四只二极管接成电桥形式，故称为桥式整流电路。

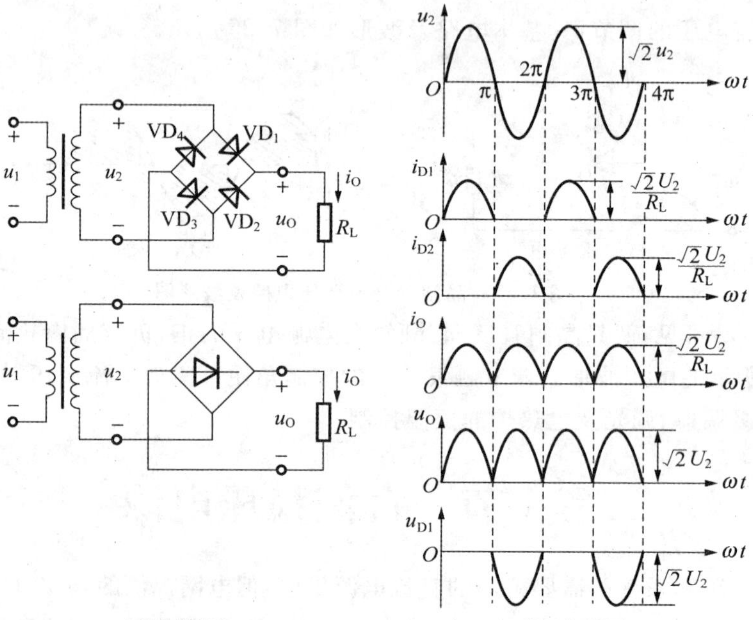

(a)电路图　　(b)波形图

图 7.27　单相桥式整流电路

2. 工作原理

由图 7.27 可见，在 u_2 的正半周内，二极管 VD_1、VD_3 承受正向电压导通，VD_2、VD_4 承受反向电压截止；u_2 负半周时，VD_2、VD_4 导通，VD_1、VD_3 截止。在交流电压的正、负半周均有电流流过负载 R_L 且电流方向一致，达到了全波整流的效果。

桥式整流电路的波形如图 7.27(b)所示。

三、滤波电路

经过整流后得到的单向脉动直流中有较大的交流成分，必须用滤波电路滤除交流分量。

可用电抗元件组成滤波电路，利用电容与负载并联或利用电感与负载串联均能起到滤波的作用。常用的滤波电路有电容滤波电路、电感滤波电路和复式滤波电路等。

1. 电容滤波

(1)电路组成。电容滤波电路就是在整流电路的输出端并联一个大容量的电容器 C，使整流电路的负载呈现电容性质，其电路如图 7.28(a)所示。

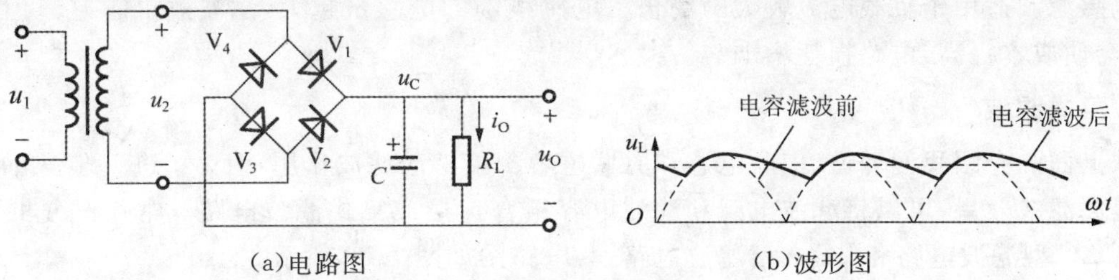

图 7.28　电容滤波电路及波形图

图 7.28(a)中，电容 C 称为滤波电容，电容器 C 对直流开路，对交流阻抗小，所以 C 应该并联在负载两端，电容滤波前后波形如图 7.28(b)所示。

(2)滤波原理。电容滤波可从能量和阻抗两种角度来解释：

1)从能量的角度来看，电容器是储存电荷的元件，它能将整流二极管导通时负载用不完的电能暂时储存起来；当整流二极管截止时，它又能将所储存的电能释放出来提供给负载使用，于是经电容滤波后负载获得的直流电压和电流都比滤波前平稳。

2)从阻抗的角度来看，电容器具有对交流电阻抗小、对直流电阻抗大的特性，经整流所得的脉动直流电中的交流分量(波动部分)被电容旁路，而余下的直流分量(恒定部分)则加在负载两端，因此负载获得的电压和电流就比滤波前平稳得多。

值得注意的是，电容滤波电路不适合负载电流变化较大的场合。在负载电流较小、滤波电容较大时，电容滤波效果较好。

2. 电感滤波

(1)电路组成。电感滤波电路就是在整流电路的输出端串联一个电感 L，使整流电路的负载呈现电感性质。如图 7.29(a)所示为桥式整流、电感滤波电路。

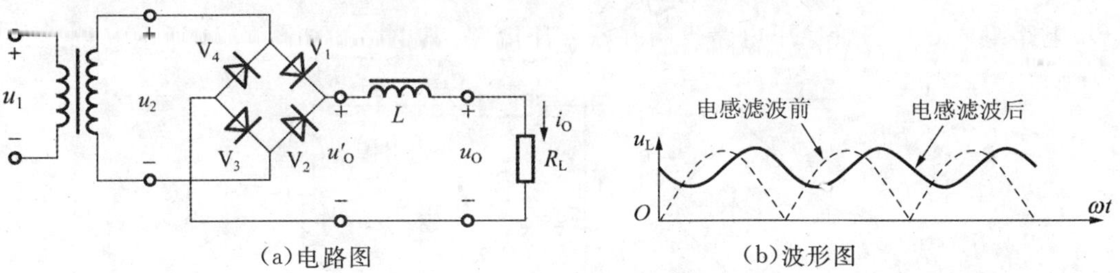

图 7.29　电感滤波电路

图 7.29(a)中，电感 L 称为滤波电感，电感对直流阻抗小，对交流阻抗大，因此 L 应与负载串联，电感滤波前后波形如图 7.29(b)所示。

(2)滤波原理。电感滤波也可用能量和阻抗两种角度来解释：

1)从能量的角度来看，就是利用电感线圈的自感电动势阻碍线圈中电流变化的原理。当通过线圈流向负载的电流增大时，线圈将电能变成磁能暂时储存起来；当电流减小时，线圈又将储存的磁能转换成电能释放出来提供给负载，因此负载获得的脉动直流电压和电流都较滤波前平稳。

2)从阻抗的角度来看，电感线圈对直流电的阻抗小、对交流电的阻抗大，所以它能阻碍整流后的交流分量流向负载，只让直流分量通过负载，从而使负载获得的脉动直流电压和电流都较滤波前平稳得多。

电感滤波适用于负载电流较大的场合。电感线圈的电感量越大，滤波效果越好。但电感过大，会使成本提高，电路损耗增加。

3.复式滤波

从上面的介绍我们知道，串联电感和并联电容都能够起滤波作用，但为了进一步减小脉动程度提高滤波效果，可以将滤波电感和滤波电容组合连接成复式滤波电路。常用的复式滤波电路有 LC 型滤波电路和 LC-π 型滤波电路，其电路图如图 7.30 所示。

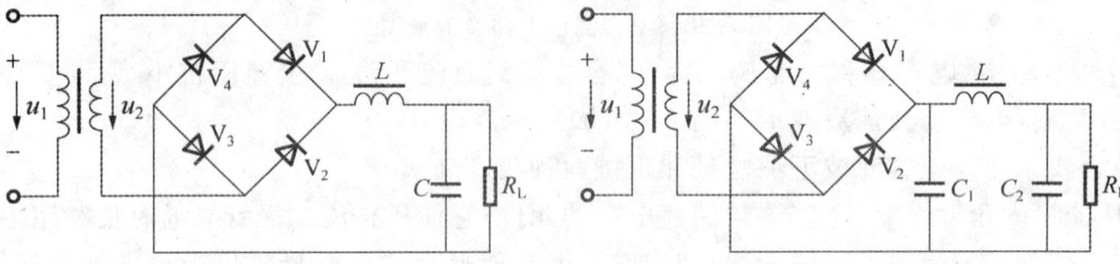

(a)LC 型滤波电路　　(b)LC-π 型滤波电路

图 7.30　复式滤波电路

四、稳压电路

通过整流滤波电路能把交流电变成比较平滑的直流电输出。但是，输出的直流电压会随交流电压的波动和负载的变化而变化，这与理想的直流电压还有很大的差距，为了能够提供更加稳定的直流电压，需要在整流滤波后再进行稳压，以调整输出电压的变化，使之基本上维持稳定。

常用稳压电路有稳压管稳压电路和集成稳压电路。

1.稳压管稳压电路

(1)电路组成。稳压管稳压电路也叫并联稳压电路，其电路图如图 7.31 所示。

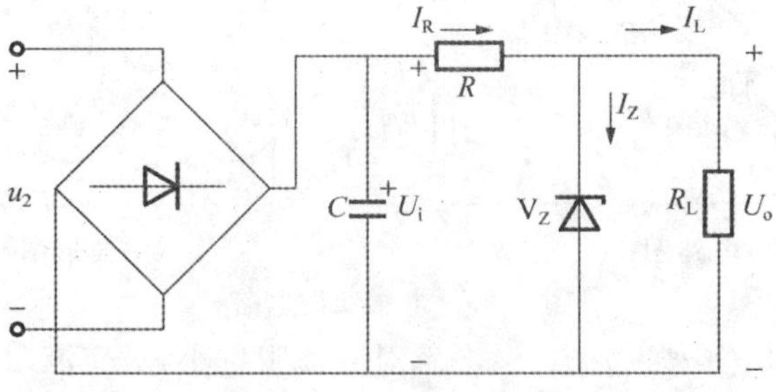

图 7.31　并联稳压电路

由图可知，整流滤波后得到的直流电压作为稳压电路的输入电压 U_i，稳压管 V_Z 与负载电阻 R_L 并联，稳压管工作在反向击穿区。限流电阻 R 也是稳压电路中必不可少的组成元件，当电网电压波动以及负载变化时，通过调节 R 上的压降来保持输出电压基本不变。

(2)稳压原理。当负载电流不变、电源电压增大时，整流滤波电路的电压 U_i 随之增大，输出电压 U_o 也要增大。U_o 就是稳压管两端的电压，由稳压管的伏安特性可知，当 U_o 稍有增大时，稳压管的电流 I_Z 就会显著增大，流过电阻 R 的电流 I_R 增大，因此电阻 R 上的压降增大，以抵偿 U_i 的增大，从而使输出电压 U_o 近似保持不变。稳压过程可表示为

$$u_2 \uparrow \rightarrow U_i \uparrow \rightarrow U_o \uparrow \rightarrow I_Z \uparrow \rightarrow I_R \uparrow \rightarrow U_R \uparrow \rightarrow U_o \downarrow$$

如果电源电压保持不变，当负载电流发生变化，稳压电路仍能起到稳压作用。例如，当负载电流增大时，电阻 R 上压降增大，输出电压 U_o 就会下降，只要 U_o 稍有下降，稳压管的电流 I_Z 就显著减小，电阻 R 上的压降就减小，使输出电压近似不变。稳压过程可表示为

$$I_L \uparrow \rightarrow U_R \uparrow \rightarrow U_o \downarrow \rightarrow I_Z \downarrow \rightarrow I_R \downarrow \rightarrow U_R \downarrow \rightarrow U_o \uparrow$$

稳压管稳压电路结构简单，成本低，但输出电流较小，稳定性也较差，适用于功率较小且要求不高的负载。

2. 集成稳压电路

目前应用较广泛的是集成稳压器，常用的集成稳压器有 CW78XX 和 CW79XX 两种，其外形如图 7.32 所示。

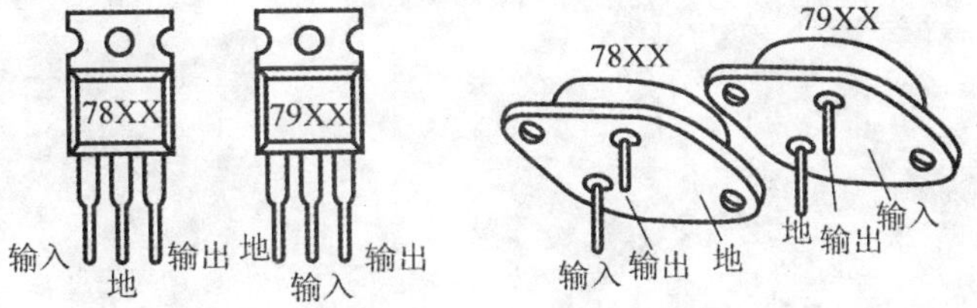

图 7.32　CW78/79 系列三端稳压器

CW78XX 系列集成稳压器为正电压型，CW79XX 系列集成稳压器为负电压型，其电路组成如图 7.33 所示。

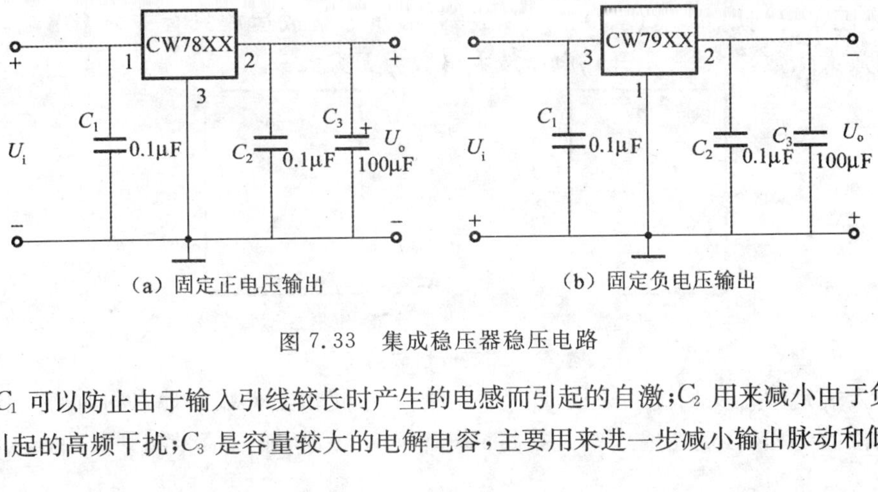

图 7.33　集成稳压器稳压电路

图中 C_1 可以防止由于输入引线较长时产生的电感而引起的自激；C_2 用来减小由于负载电流瞬时变化而引起的高频干扰；C_3 是容量较大的电解电容，主要用来进一步减小输出脉动和低频干扰。

小提示

使用集成稳压器和注意事项

(1)为了保证集成稳压器正常工作，当市电处于最低值时，应使集成稳压器的输入电压高于输出电压 2～3 V。

(2)集成稳压器的引脚不可接错，同时注意接地端不可悬空。

(3)按要求加散热装置。

(4)严禁超负荷使用。

第 5 节　集成运算放大器

集成运算放大器是模拟集成电路的一种，由于它最初是做运算、放大使用，所以称为集成运算放大器(简称集成运放)。随着电子技术的不断发展，集成运放的应用已经不限于数学运算，它作为一种高放大倍数的直接耦合放大器件，广泛应用于自动控制、通信、信号处理以及电源等电子技术应用的所有领域。

一、集成运放的外形与符号

集成电路常见的外形封装有三种，即双列直插式、扁平式和圆壳式。如图 7.34 所示为这三种封装的外形图。双列直插式有 8、10、12、14、16 管脚等种类。金属壳封装有 8、10、12 管脚等种类，集成运算放大器是应用最为广泛的器件。

(a)双列直插式　　(b)扁平式　　(c)圆壳式

图 7.34　集成电路外形图

集成运放的符号如图 7.35 所示。它有两个输入端：一个为同相输入端，另一个为反相输入端，在符号图中分别用“+”(或 P)、“−”(或 N)表示。集成运放只有一个输出端。“A_{u0}”表示开环电压放大倍数，“∞”表示开环电压放大倍数为无穷大。

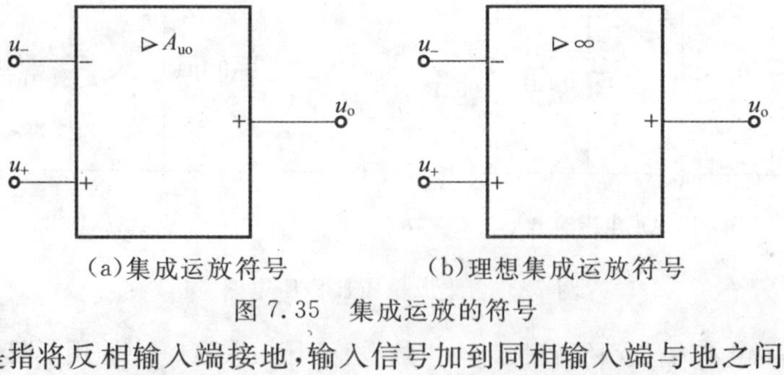

(a)集成运放符号　　(b)理想集成运放符号

图 7.35　集成运放的符号

同相输入端是指将反相输入端接地，输入信号加到同相输入端与地之间时，输出信号与输入信号的相位始终相同；反相输入端是指将同相输入端接地，输入信号加到反相输入端与地之间时，输出信号与输入信号的相位始终相反。

二、集成运算放大器的应用电路

1. 集成运放的理想条件

在实际分析集成运放的过程中，为了使问题分析简化，通常把它看做一个理想元件，其理想条件为：

(1)开环差模电压放大倍数 $A_{uo}\to\infty$；

(2)开环差模输入电阻值 $r_{id}\to\infty$；

(3)输出电阻值 $r_o\to 0$；

(4)共模抑制比 $K_{CMR}\to\infty$；

(5)没有失调现象，即当输入信号为零时，输出信号也为零。

2. 集成运放工作在线性区和非线性区的特点

集成运放工作可以在线性区，也可以在非线性区。如图 7.36 所示即为其电压传输特性曲线。

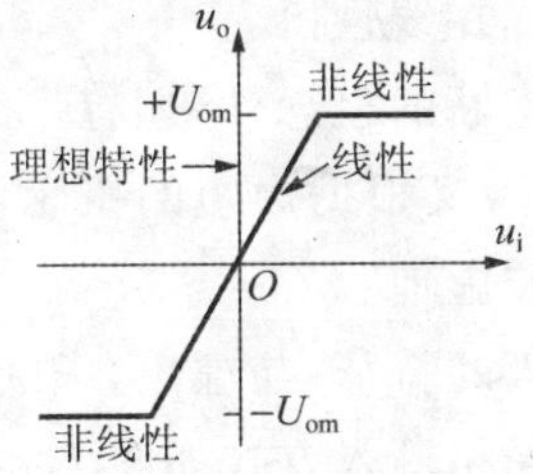

图 7.36　集成运放的电压传输特性

图中曲线上升部分代表线性区，其斜率与开环放大倍数 A_{uo} 相等。理想运放的传输特性曲线与纵坐标轴重合。该曲线与横轴平行的左、右两段代表非线性区，与横轴的间距等于最大输出电压 $\pm U_{om}$。理想运放的电压传输特性见表 7.2。

表 7.2　理想运放的电压传输特性

工作区域	传输特性	工作特点
线性区	输出电压 u_o 和输入电压 u_i 是线性关系，即 $u_o=A_{uo}u_i=A_{uo}(u_+-u_-)$	(1)虚短：两输入端电压 $u_+-u_-=0$，$u_+=u_-$。此式表示运放同相输入端与反相输入端两点的电压相等，如同时将该两点短路，但实际上并未真正短路，我们称此为“虚短” (2)虚断：两输入端的输入电流为零，$i_+=i_-=0$。看似断路却又未真正断路，称为“虚断”
非线性区	输出电压 u_o 只有两种可能，即 $+U_{om}$ 和 $-U_{om}$	(1)“虚短”特性不再成立，即：$u_+\neq u_-$ 当 $u_+>u_-$ 时，$u_+=+U_{om}$ 当 $u_+<u_-$ 时，$u_+=-U_{om}$ (2)“虚断”特性依然成立

3. **比例运算电路**

(1)反相比例运算放大电路。反相输入方式如图 7.37 所示。

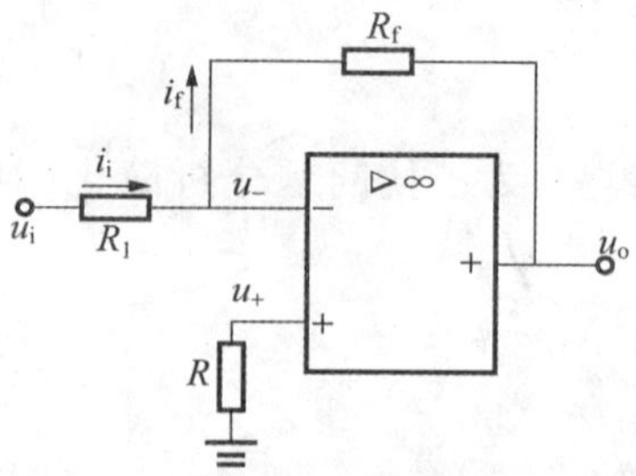

图 7.37　反相输入方式

信号 u_i 从反相端输入,同相端通过电阻 R 接地。R 的作用是使运放处于平衡状态,减小失调及温度漂移。静态时 u_i 为零,u_o 也应为零,运放的同相端和反相端等电位(电位平衡),这就要求由同相端对地向外看时的等效电阻等于由反相端对地向外看时的等效电阻,即要求

$$R=R_1 /\!/ R_f$$

式中,R 为平衡电阻,R_f 为反馈电阻。反馈电阻 R_f 必须接在输出端与反相端之间,引入深度的电压并联负反馈,以保证运放工作在线性区。

反相输入时,除了具有虚短和虚断的概念外,还有一个重要的概念就是"虚地"。由虚断的概念,流过 R 的电流为零,则 $u_+=0$,又根据虚短的概念,有 $u_+=u_-=0$。相当于反相输入端接地,但又不是真正的接地,故称为"虚地"。

虚地是虚短的特例,是反向输入的特征,与虚短、虚断一样,经常用来分析传输特性。

(2)同相比例运算放大电路。同相输入方式如图 7.38 所示。

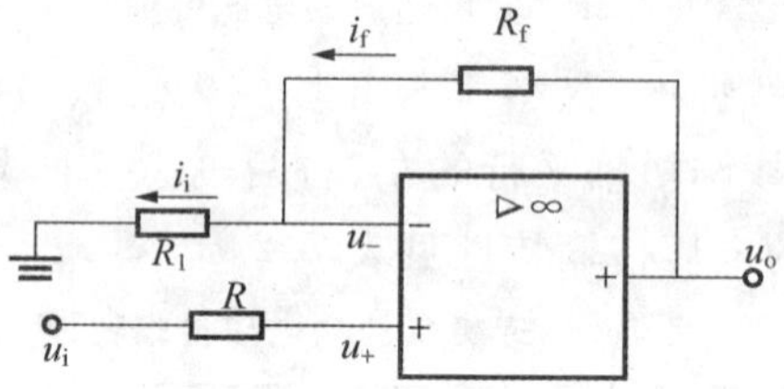

图 7.38　同相输入方式

信号 u_i 从同相端加入,反相端通过电阻 R_1 接地。反馈支路电阻 R_f 的连接方式不变,构成深度的电压串联负反馈。此时有 $u_+=u_-=u_i$,即运放的两个输入端同时加入同一个信号 u_i,可以看作共模输入。

同相输入时,反相端不存在"虚地"现象,即 $u_+=u_-\neq 0$。

三、集成运算放大器的非线性应用电路

集成运放工作在开环(无反馈)或正反馈状态时,输出和输入之间的对应关系不成比例,集成运放工作在非线性区,这时构成的电路称为非线性应用电路。

集成运放的这种非线性特性在数字电子技术和自动控制系统中有广泛的应用,电压比较器是集成运放非线性应用的典型例子。

1. 单门限电压比较器

单门限电压比较器有反相输入和同相输入两种形式，如图 7.39 所示为反相输入形式。其中 U_R 为已知的参考电压，加在集成运放的同相输入端，输入电压 u_i 加在反相输入端。

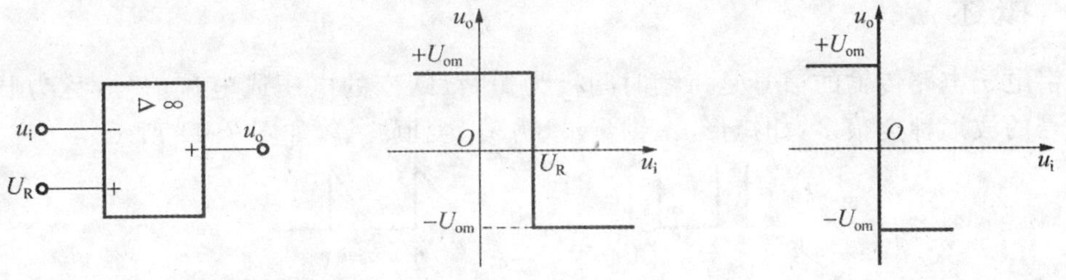

(a)原理电路　　(b)门限为 U_R 的传输特性　　(c)过零电压比较器的传输特性

图 7.39　单门限电压比较器及其传输特性曲线

$u_i<U_R$ 时，$u_o=+U_{om}$（高电平）；

$u_i>U_R$ 时，$u_o=-U_{om}$（低电平）。

门限电压为 U_R。当 $u_i=U_R$ 时，理想运放输出状态发生跃变。因输入电压只与一个参考电压 U_R 进行比较，故此电路称为“单门限电压比较器”。

单门限电压比较器的输入电压只跟一个参考电压 U_R 相比较，这种比较器虽然电路结构简单、灵敏度高，但是抗干扰能力差，当输入电压 u_i 因受干扰在参考值附近发生微小变化时，输出电压就会频繁地跳变。而用双门限电压比较器在实现波形变换的同时，又可以较好地解决这个问题。

2. 双门限电压比较器

双门限电压比较器又称为“迟滞比较器”，也称“施密特触发器”。它是一个含有正反馈的比较器，其原理和传输特性如图 7.40 所示。

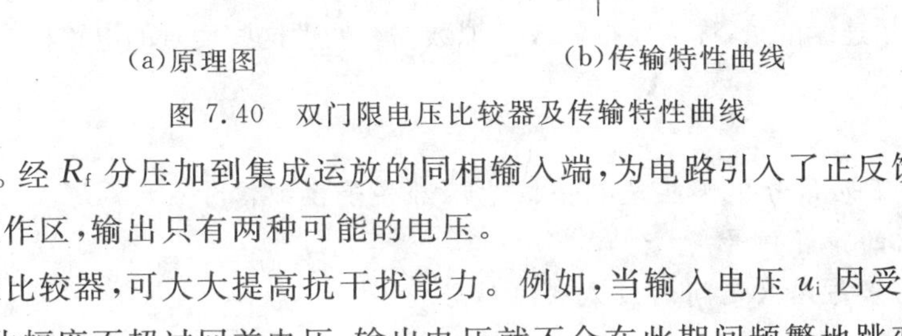

(a)原理图　　(b)传输特性曲线

图 7.40　双门限电压比较器及传输特性曲线

输出电压 u_o 经 R_f 分压加到集成运放的同相输入端，为电路引入了正反馈，所以集成运放工作在非线性工作区，输出只有两种可能的电压。

利用双门限比较器，可大大提高抗干扰能力。例如，当输入电压 u_i 因受干扰或含有噪声信号时，只要变化幅度不超过回差电压，输出电压就不会在此期间频繁地跳变，仍保持比较稳定的输出电压波形。

第 6 节　数字集成电路

一、概述

数字电子电路传输的信号是持续时间极为短暂、跃变的电压或电流信号，称为脉冲信号。脉冲信号的波形种类很多，如矩形波、锯齿波、方波、尖顶波等，如图 7.41 所示。

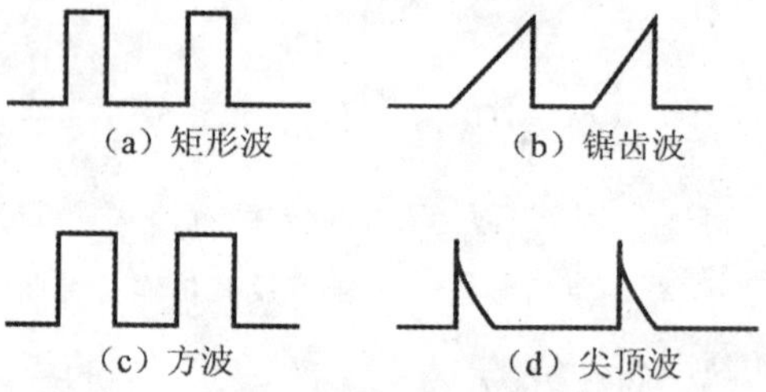

图 7.41　脉冲信号

数字电子电路中，常用的是矩形波，如图 7.42 所示。

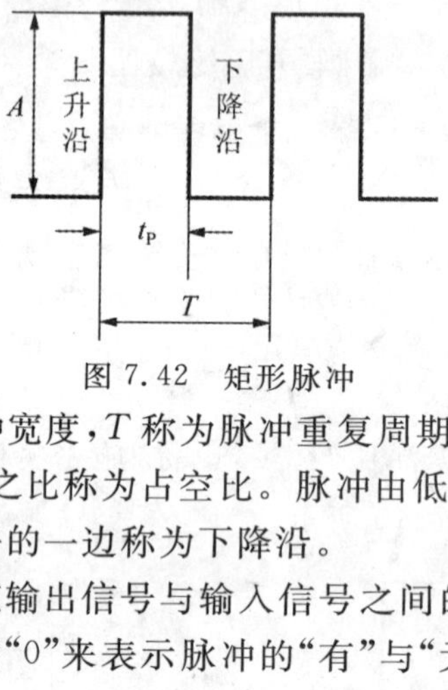

图 7.42　矩形脉冲

A 称为脉冲幅度，t_P 称为脉冲宽度，T 称为脉冲重复周期，每秒交变周数 f 称为脉冲重复频率，脉冲宽度 t_P 与脉冲周期 T 之比称为占空比。脉冲由低电平跃变为高电平的一边称为上升沿，脉冲由高电平跃变为低电平的一边称为下降沿。

数字电路的任务是分析、研究输出信号与输入信号之间的逻辑关系。对数字电路中的脉冲信号通常用最简单的数字“1”与“0”来表示脉冲的“有”与“无”、电平的高与低。这在电子电路中很容易做到，例如二极管加上正向电压时，工作在导通状态，其两端电压为 0 V，相当于开关接通；二极管加上反向电压时，工作在截止状态，其两端电压为电源电压，相当于开关断开。

由于数字电路中的信号是脉冲形式的，它反映了一些离散的、不连续的量，称为数字量或数字数据，通常称为数字信号。处理这些信号的电路称为数字电子电路。而在放大电路中处理的是交、直流信号，它反映了连续的量，称为模拟量或模拟数据。处理这些信号的电路称为模拟电子电路。

小思考

下列信号中哪些是数字信号？哪些是模拟信号？

(1)话筒输出的声音信号。

(2)海洋上船只与船只之间的灯光联络信号。

(3)220 V 正弦交流电压。

(4)信用卡上的条码。

资料卡片

数字信号的记录和保存

由于数字信号只有 1 和 0 两种状态，所以可以很方便地利用电路输出电压的高和低、电容上电荷的有和无、铁磁物质的极化方向、穿孔卡是否穿孔、光盘表面有无凹坑等方式保存。

目前光盘的应用已经很普及，它是在塑料母片上用激光“烧”出许多直径不到 1 $\mu m(10^{-6} m)$、沿光盘圆周方向排列的凹坑，有坑和无坑分别代表 1 和 0。在读盘时，光盘旋转，激光射到盘面上，依据凹坑的有和无所造成的反射光的有和无可分辨出所记录的信号是 1 还是 0。

二、门电路

门电路是数字电路中最基本的单元电路，它的输入信号与输出信号之间存在着一定的逻辑(因果)关系。当电路满足一定条件时，允许信号通过，否则就不能通过，起着“门”的作用。

基本逻辑门电路有“与”门、“或”门、“非”门等。

1.“与”门电路

“与”门的逻辑关系是：只有当每个输入端都有规定的信号输入时，输出端才有规定的信号输出。

如图 7.43(a)所示逻辑开关电路中，只有当 S_1、S_2 两个开关都闭合时，灯才亮；只要有一个开关断开，灯就不亮，这样的关系称为“与”逻辑关系，“与”门符号如图 7.43(b)所示。

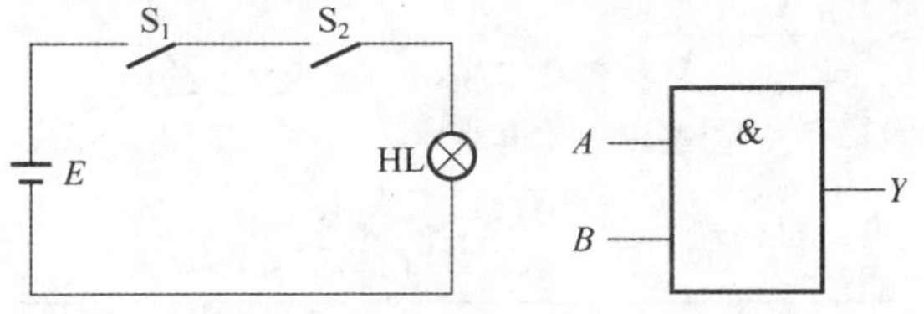

(a)“与”门逻辑开关电路　(b)“与”门逻辑符号

图 7.43　“与”门

开关通断与灯泡亮灭的关系，如表 7.3 所示。如果设开关通为 1、不通为 0，灯亮为 1、不亮为 0，则可得“与”门的真值表，如表 7.4 所示，它反映了与门输出状态与输入状态之间的逻辑关系。

表 7.3

开关 S_1	开关 S_2	灯泡状态
断	断	不亮
断	通	不亮
通	断	不亮
通	通	亮

表 7.4 “与”门真值表

输入		输出
A	B	Y
0	0	0
0	1	0
1	0	0
1	1	1

“与”逻辑关系又称为逻辑乘，其表达式为

$$Y=A\cdot B$$

对照上表，逻辑乘的基本运算规律为

$$0\times0=0;0\times1=0;1\times0=0;1\times1=1$$

“与”门电路的输入端可以不止一个，其逻辑关系可总结为：“见 0 出 0，全 1 出 1”。

2.“或”门电路

“或”门的逻辑关系是：只要几个输入端中有一个输入端有规定的信号输入时，输出端就有规定的信号输出。

如图 7.44(a)所示“或门”逻辑开关电路中，S_1 和 S_2 两个开关只要有一个闭合灯就亮，这样的关系称为“或”逻辑关系，“或”门符号如图 7.44(b)所示，“或”门真值表如表 7.5 所示。

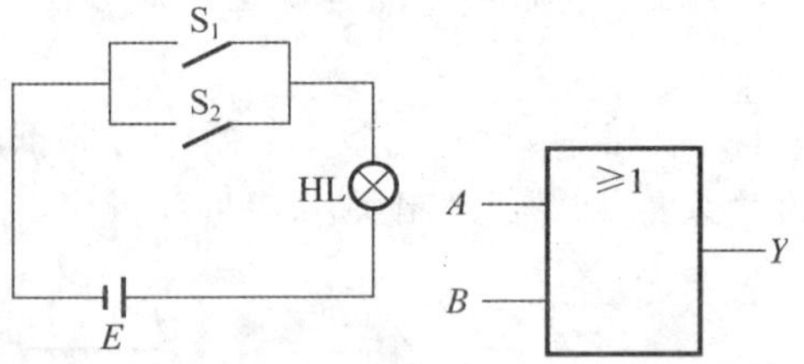

(a)“或”门逻辑开关电路　(b)“或”门逻辑符号

图 7.44 “或”门

表 7.5 “或”门真值表

输入		输出
A	B	Y
0	0	0
0	1	1
1	0	1
1	1	1

“或”逻辑关系又称为逻辑加，其表达式为

$$Y=A+B$$

对照上表，逻辑加的基本运算规律为

$$0+0=0;0+1=1;1+0=1;1+1=1$$

“或”门逻辑关系可总结为:“见 1 出 1,全 0 出 0”。

3.**“非”门电路**

“非”门电路是一种单端输入、单端输出的逻辑电路。“非”门的逻辑关系是:输入低电平“0”时,输出高电平“1”;输入高电平“1”时,输出低电平“0”。

如图 7.45(a)所示“非门”逻辑开关电路中,当开关 S 断开时,灯亮;开关 S 闭合时,灯不亮。这样的关系称为“非”逻辑关系,“非”门符号如图 7.45(b)所示,“非”门真值表如表 7.6 所示。

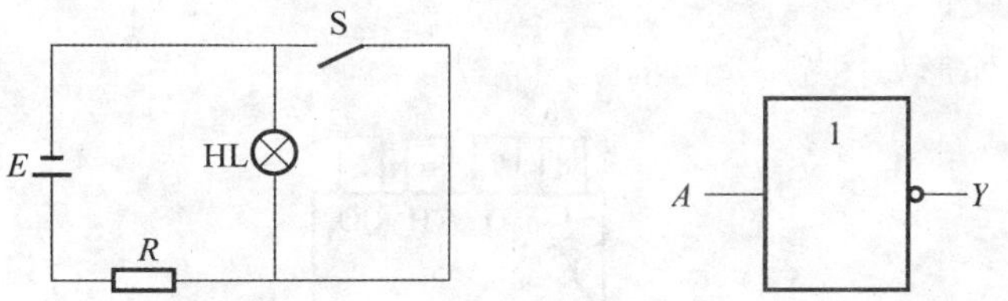

(a)“非”门逻辑开关电路　　(b)“非”门逻辑符号

图 7.45　“非”门

表 7.6　“非”门真值表

输入	输出
A	Y
0	1
1	0

“非”逻辑关系又称为逻辑“非”,其表达式为

$$Y=\overline{A}$$

读作 A 非,对照上表,逻辑“非”的基本运算规律为

$$\overline{0}=1;\overline{1}=0$$

“非”门逻辑关系可总结为:“0 非出 1,1 非出 0”。

三、数字集成电路

1.**组合电路**

组合电路是没有存储功能的数字逻辑集成电路,其输出状态仅与当前的输入状态有关。它包括基本门电路、施密特触发器、加法器(如 74LS283)、算术逻辑单元、乘法器等。

2.**时序电路**

在组合电路的基础上再加上存储单元,便构成了时序电路,时序电路的输出状态不但与当时的输入状态有关,还与电路以前的状态有关。它包括 RS 触发器、D 触发器、JK 触发器、移位寄存器、计数器等。

3.**D/A 转换器和 A/D 转换器**

D/A 转换器用以将数字量转换成模拟量,将数字系统的信号传送给模拟系统或用数字系统的信号控制模拟系统。A/D 转换器用以将模拟量转换成数字量,将模拟系统的信号传送给数字系统或用模拟系统的信号控制数字系统。

第7节　555时基电路

555时基电路又称为集成555定时器，它是把模拟电路和数字电路结合在一起的一种中规模集成电路，又是一种通用的多功能电路，由它构成的各种各样的电路，在许多领域中都得到了广泛的应用。

一、555时基电路的功能

555时基电路外形如图7.46所示。

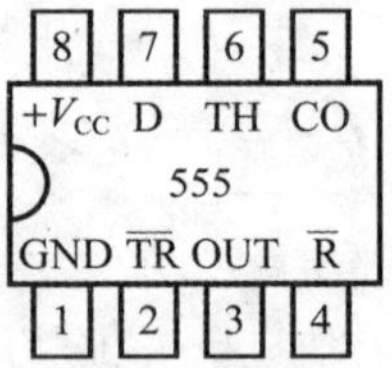

图7.46　555时基电路外形

各引脚功能如表7.7所示。

表7.7　555时基电路各引脚的功能

引脚	功能	引脚	功能
1	接地端	5	控制端
2	低触发端	6	高触发端
3	输出端	7	放电端
4	强制复位端	8	电源端

其中，4脚如果不需要强制复位，可与电源正极相连或悬空。5脚如果不需要调节，可通过0.01 μF电容接地，以消除高频干扰。

二、555时基电路的特点

555定时器的电源电压范围较宽，电源电压U_G在4.5～16 V(双极型)和3～18 V(CMOS型)范围内均可正常工作；输出高电平不低于电源电压的90%(双极型)和95%(CMOS型)；带拉电流负载能力可达200 mA(双极型)和1 mA(CMOS型)，灌电流负载能力可达200 mA(双极型)和3.2 mA(CMOS型)。

三、555时基电路的应用

555时基电路的应用很广泛，如图7.47所示是一个用555时基电路构成的交流电过压、欠压报警器。当交流电在正常范围(180～240 V)时，绿色指示灯亮；如电压不正常时(超过240 V或低于180 V)，绿色指示灯灭，红色指示灯点亮报警器。

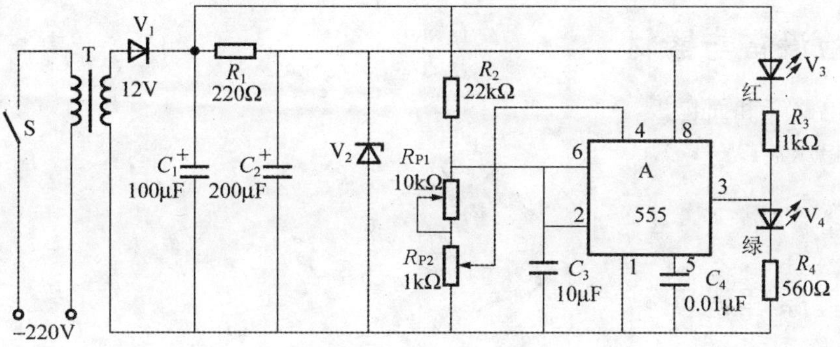

图 7.47　报警器电路

1. 电路组成

555 时基电路的直流电源由降压变压器 T、整流管 V_1、R_1、C_1、C_2 以及稳压管 V_2(稳压值 6 V)等组成。

2. 工作原理

(1)正常电压。S 闭合时,时基电路 2、4 脚电位从 0 V 开始上升,3 脚输出高电平,绿色发光二极管点亮。电阻 R_2、R_{P1} 和 R_{P2} 串联成分压器,接在未经稳压的整流输出端。当电网电压发生波动时,它的两个分压点即 6 脚和 4 脚电位也随之波动,但只要电网电压波动在 180～240 V 范围内,则绿色发光二极管 V_4 一直点亮。

(2)反常电压。如果电网电压超过 240 V,6 脚电位上升到稳压值(6 V)的 2/3 时,3 脚输出低电平,V_4 熄灭,红色发光二极管 V_3 点亮报警。

如果电网电压低于 180 V,则 4 脚电位低于 0.4 V,电路被强制复位,3 脚输出低电平,V_4 熄灭,红色发光二极管 V_3 也点亮报警。

另外,调节电位器 R_{P1} 和 R_{P2} 可分别调节电路报警时过压或欠压的相应值;在调节电路时还应保证 V_3 和 V_4 不可同时点亮,只有当 3 脚输出低电平,V_4 熄灭时,V_3 才能点亮。

实验9　集成稳压电路的工作原理

一、实验目的

(1)掌握测量稳压电路主要电路指标的方法。

(2)理解稳压电路的工作原理,熟悉集成稳压器 W317 及其稳压电路。

二、实验前的准备

(1)预习稳压电路的工作原理。

(2)熟悉集成稳压器 W317 及其稳压电路。

三、实验设备与器材

(1)实验电路箱和面包板。

(2)集成稳压器(W317)。

(3)调压器。

(4)万用表等。

四、实验原理说明

1. 稳压电路

整流滤波电路能将交流电压转变为比较平滑的直流输出电压,但在电网或负载发生变化时,直流输出电压会随之发生变化,为了得到比较稳定的输出电压,就必须在整流滤波电路后采用稳压电路。

常用的稳压电路一般分为分立稳压电路和集成稳压电路两种类型。不论哪种类型,其电路的组成和工作原理基本是一致的。其组成方框图如图 7.48 所示。

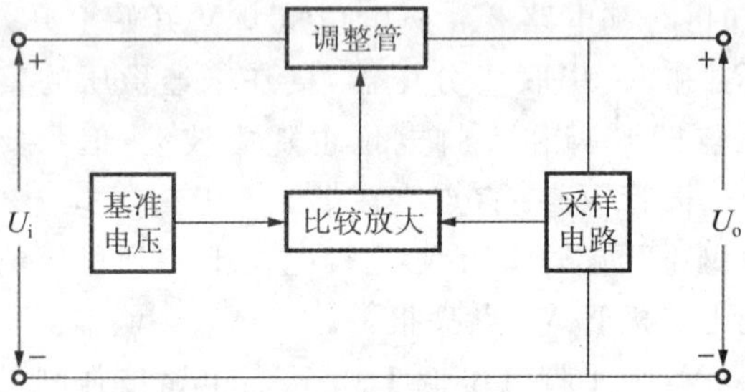

图 7.48 稳压电路组成方框图

2. 集成稳压器 W317 简介

本实验采用集成稳压电路,所用稳压器件为三端可调式集成稳压器 W317,其外形和符号如图 7.49 所示,主要参数如下:

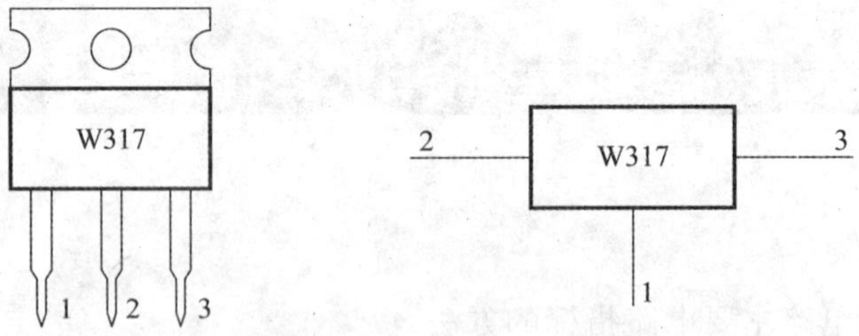

(a) 外形 (b) 符号

图 7.49 集成稳压器 W317 的外形和符号

图中,1 端为调整端,2 端为输出端,3 端为输入端。输出电压可调范围:1.25～35 V;输出最大电流:I_{OM}=1.5 A;输入/输出电压最大差:40 V;基准电压 U_{REF}=1.25 V。

3. 实验电路

实验电路如图 7.50 所示。

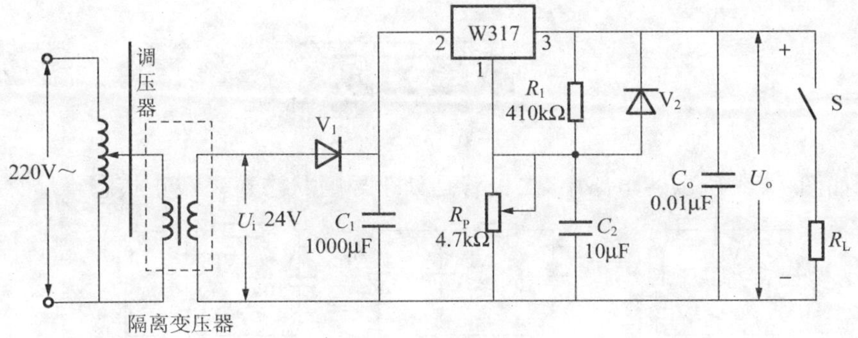

图 7.50　集成稳压实验电路

图中，U_i 为由 220 V 交流电压经过调压器（即可调变压器）得到的交流电压，电容 C_1 起滤波作用，R_P 用来调整输出直流电压 U_o 的大小，即

$$U_o = \left(1 + \frac{R_{RP}}{R_1} \cdot U_{REF}\right)$$

电容 C_2 起滤去 R_P 两端纹波电压的作用；二极管 V_1 起整流作用；二极管 V_2 给电容 C_2 提供放电回路，以防止集成稳压器损坏；电容 C_o 是为了防止输出信号自激。

五、实验内容及步骤

1. 测量负载对稳压电路输出电压的影响

(1)不接负载（开关 S 断开），调整电位器 R_P，使输出直流电压 U_o＝9 V（用万用表直流电压挡测量）。

(2)接入负载（开关 S 闭合），保持电路其他部分不变，用万用表直流电压挡测量此时的输出直流电压 U_o＝________ V。

2. 测量电网电压变动对稳压电路输出电压的影响

(1)接入负载（开关 S 闭合），调整电位器 R_P，使输出直流电压 U_o＝9 V。

(2)保持电路其他部分不变，调整调压器使输出交流电压（即稳压实验电路输入端电压 U_i）降到 18 V 交流电压（用万用表交流电压挡测量），用万用表直流电压挡测量此时的输出直流电压 U_o＝________ V。

六、注意事项

(1)本实验采用 220 V 工频交流电作为输入电压 U_i，要严格遵守操作规范，注意人身和仪器设备的安全。

(2)用万用表交流电压挡测量输入电压 U_i，用万用表直流电压挡测量输出电压 U_o，使用中要注意正确及时地转换挡位。

(3)实验中如出现任何异常情况，都要先切断电源，再视情况加以处理。

本章习题

1. 判断如图 7.51 所示各电路中，二极管是处于导通状态还是截止状态。

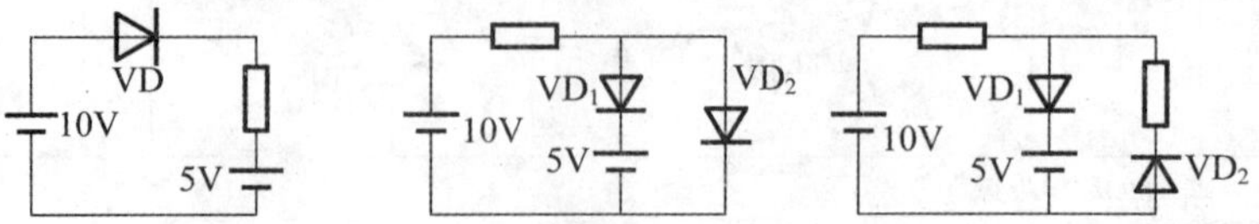

（a）（b）（c）

图 7.51

2. 将图 7.52 中二极管接成桥式整流电路，负载要求的直流电源极性如图所示。

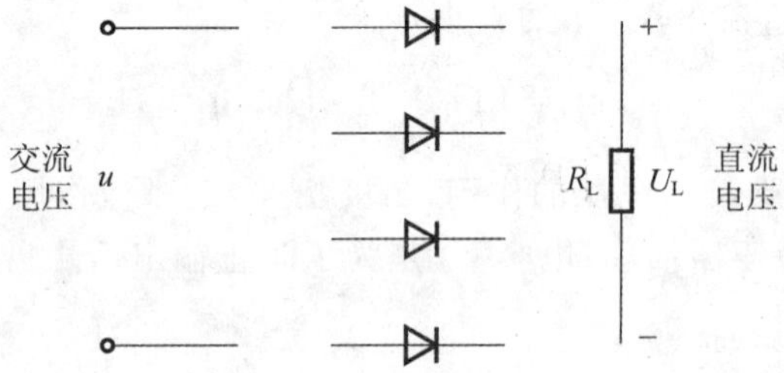

图 7.52

3. 三极管三个电极的电流哪个最大？哪个最小？哪两个相接近？

4. 在图 7.53 所示的各电路图中，$E=5$ V，$u_i=10\sin\omega t$，二极管 VD 的正向压降可忽略不计，试分别画出输出电压 u_o 的波形。

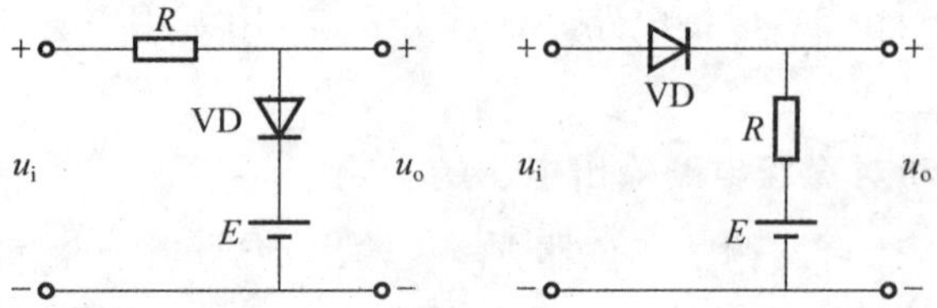

（a）（b）

图 7.53

5. 试分析比较图 7.54(a)和图(b)所示两种可控整流电路在交流电压有效值 U_2 和控制角 α 相同的情况下，它们的直流输出电压 U_o 相差多少？

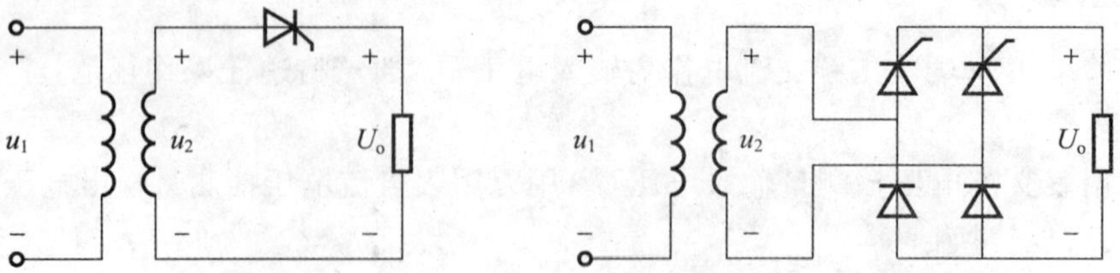

（a）（b）

图 7.54

6. 稳压管稳压电路中的稳压管接反了，会产生什么后果？

高等学校规划教材

机械设计基础

主　编　　马保吉
副主编　　朱育权　王丽君

西北工業大學出版社

【内容简介】 本书按照教育部机械基础系列课程教学基本要求编写，并结合教学实践和工业界对机械设计人才知识的需求，对内容进行了适当的扩充。

全书共18章，分为4个部分。第1部分以几种典型机器为例，引出一些基本概念，并介绍机械设计的一般过程和机械设计所需的一些基础知识。第2部分以平面机构为核心，介绍了机构的组成、常用机构及其应用和机器动力学基础知识。第3部分介绍了常用传动装置和通用零件的工作能力设计和结构设计。第4部分"机械传动系统设计"作为所学知识的综合应用，用以培养和训练综合应用知识能力和创新设计能力。

本书主要作为高等学校近机类和非机类各专业机械设计基础课程的教材，也可供工程技术人员参考。

图书在版编目（CIP）数据

机械设计基础/马保吉主编．—西安：西北工业大学出版社，2005.9(2024.12 重印)
ISBN 978-7-5612-1995-9

Ⅰ．机… Ⅱ．马… Ⅲ．机械设计—高等学校—教材 Ⅳ．TH122

中国版本图书馆 CIP 数据核字（2005）第 098912 号

出版发行： 西北工业大学出版社
通信地址： 西安市友谊西路 127 号 邮编：710072
电　　话： (029)88493844
网　　址： www.nwpup.com
印 刷 者： 陕西瑞升印务有限公司
开　　本： 787 mm×1 092 mm 1/16
印　　张： 18.875
字　　数： 459 千字
版　　次： 2005 年 9 月第 1 版 2024 年 12 月第 6 次印刷
定　　价： 57.00 元